普通高等教育智能制造系列教材

工业机器人集成与应用

陈友东　谭珠珠　唐冬冬　编著

机械工业出版社

本书为理论与实用技术兼顾的工业机器人集成与应用入门教材。全书共10章，包括工业机器人的简介、控制系统、基础功能、程序功能、通信功能及工业机器人系统集成与应用。书中内容配合实训案例操作，理论内容循序渐进，实训操作步骤清晰，以AUBO机器人为主，结合双机协作实训平台，让读者全面掌握工业机器人的结构原理、特点、控制方法和机器人系统的集成开发与应用。书中的例题和习题为学生提供理解和巩固所学知识的途径，注重培养学生的实践技能及应用能力。

本书可作为工业机器人技术、计算机应用、自动控制、机械制造及自动化等机电类相关专业的教材，也可供高等院校相关比赛参赛人员、机器人技术领域的科研工作者和工程技术人员参考。

图书在版编目（CIP）数据

工业机器人集成与应用/陈友东，谭珠珠，唐冬冬编著. —北京：机械工业出版社，2020.11（2023.2重印）

ISBN 978-7-111-66542-7

Ⅰ.①工…　Ⅱ.①陈…　②谭…　③唐…　Ⅲ.①工业机器人-教材
Ⅳ.①TP242.2

中国版本图书馆CIP数据核字（2020）第176966号

机械工业出版社（北京市百万庄大街22号　邮政编码100037）
策划编辑：赵亚敏　责任编辑：赵亚敏
责任校对：潘　蕊　封面设计：张　静
责任印制：单爱军
北京虎彩文化传播有限公司印刷
2023年2月第1版第4次印刷
184mm×260mm·10.75印张·262千字
标准书号：ISBN 978-7-111-66542-7
定价：35.00元

电话服务
客服电话：010-88361066
010-88379833
010-68326294

网络服务
机　工　官　网：www.cmpbook.com
机　工　官　博：weibo.com/cmp1952
金　书　网：www.golden-book.com
机工教育服务网：www.cmpedu.com

前　言

工业机器人能提高生产效率，降低工人的劳动强度，因其独有的优势而得到广泛的应用。从20世纪60年代开始，工业机器人主要应用于汽车制造领域。近些年，工业机器人备受关注，其技术发展迅速，在电子、工程机械、采矿等行业，工业机器人自动化生产线都有广泛的应用。

随着工业机器人应用的大众化，机器人向智能化方向发展是必然趋势，机器人技术将既改变生产，也改变生活，因此机器人技术也将成为一门重要的技术。为帮助工业机器人相关专业学习者和兴趣爱好者快速全面地掌握机器人技术技能，培养更多的从事工业机器人技术应用和开发的创新人才，普及工业机器人集成开发与应用的基础知识，我们编写了本书。希望可以让读者对工业机器人（尤其是AUBO机器人）集成应用有一个比较清晰的认识，了解机器人的广阔应用前景。

本书作为工业机器人集成开发与应用的入门教材，力求理论介绍和实训案例有良好的系统性和可操作性。本书共10章，分别讲述工业机器人的基础知识、工业机器人的控制组成与参数选型、工业机器人的基础功能操作及工业机器人的编程基础，全面介绍工业机器人的参数选型、应用类型、特点、原理、控制方法、核心技术，尤其结合实训平台重点讲解机器人集成应用上下料、码垛、焊接、视觉应用案例等。本书的最大特色在于阅读性和实用性强，突出工业机器人集成应用的可操作性，从第2章开始，以AUBO机器人为主，结合实训平台，配以相应的案例和实训，图文并茂，通俗易懂，并且每章后面均有习题，为巩固和加强学生解决实际应用问题的能力提供方向，习题答案可向出版社或作者索取。

工业机器人技术涉及力学、机械工程学、电子学、计算机科学和自动控制等专业知识，是一门综合型技术学科。因此，本书可作为工业机器人技术、计算机应用、自动控制、机械设计制造及其自动化等机电类相关专业的教材，也可供高等院校相关比赛参赛人员、机器人技术领域的科研工作者和工程技术人员参考。

本书的编写得到了遨博（北京）智能科技有限公司北京研发中心的大力帮助，以及方源智能（北京）科技有限公司技术中心团队的技术支持和悉心帮助，同时教材编写中参阅了相关图书和互联网资料，在此向有关人员表示衷心的感谢。

工业机器人技术的应用型教材建设目前处于探索阶段，由于作者水平有限，且技术不断发展，书中难免会有疏漏和不足之处，恳请读者提出宝贵意见和建议。

编　者

目　录

前言

第1章　工业机器人简介 …… 1

1.1　工业机器人定义及分类 …… 1

1.1.1　工业机器人定义 …… 1

1.1.2　工业机器人分类 …… 1

1.2　工业机器人系统组成 …… 2

1.3　工业机器人技术参数及选型 …… 3

1.3.1　工业机器人技术参数 …… 3

1.3.2　工业机器人选型 …… 5

1.4　工业机器人安全规范 …… 5

1.4.1　安全警示标志 …… 6

1.4.2　危险识别 …… 6

1.5　工业机器人安装使用 …… 7

1.5.1　机器人安装 …… 7

1.5.2　线缆连接 …… 8

1.5.3　机器人开机 …… 9

1.5.4　机器人关机 …… 10

思考与练习 …… 10

第2章　工业机器人控制系统 …… 11

2.1　工业机器人控制系统结构组成 …… 11

2.2　工业机器人控制器 …… 12

2.2.1　使用安全注意事项 …… 12

2.2.2　控制柜面板按钮 …… 13

2.3　工业机器人控制器接口 …… 14

2.3.1　通用输入/输出接口 …… 14

2.3.2　工具输入/输出接口 …… 15

2.3.3　安全输入/输出接口 …… 15

2.3.4　通信接口 …… 15

2.4　工业机器人示教器介绍 …… 16

2.4.1　示教器面板组成 …… 16

2.4.2　示教器软件介绍 …… 17

思考与练习 …… 24

第3章　工业机器人基础功能 …… 25

3.1　工业机器人位姿定义 …… 25

3.2　工业机器人坐标系定义 …… 26

3.2.1　世界坐标系 …… 26

3.2.2　基本坐标系 …… 27

3.2.3　法兰坐标系 …… 27

3.2.4　工具坐标系 …… 27

3.2.5　用户坐标系 …… 28

3.3　工业机器人基础功能 …… 28

3.3.1　工业机器人运动仿真功能 …… 28

3.3.2　工业机器人移动示教功能 …… 28

3.3.3　工业机器人步进控制功能 …… 29

3.3.4　工业机器人碰撞检测功能 …… 30

3.3.5　工业机器人联动模式功能 …… 30

3.4　工业机器人奇异位概述 …… 31

思考与练习 …… 32

第4章　工业机器人程序功能 …… 33

4.1　程序功能简介 …… 33

4.2　工程管理 …… 35

4.2.1　新建工程 …… 35

4.2.2　加载工程 …… 35

4.2.3　保存工程 …… 36

4.2.4　默认工程 …… 37

4.2.5　自动移动和手动移动 …… 38

4.2.6　过程工程 …… 39

4.3　基本条件命令 …… 40

4.3.1　Loop 命令 …… 40

4.3.2　Break 命令 …… 40

4.3.3　Continue 命令 …… 40

4.3.4　If…Else 命令 …… 41

4.3.5　Switch…Case…Default 命令 …… 42

4.3.6　Set 命令 …… 42

4.3.7　Wait 命令 …… 43

4.3.8　Waypoint 命令 …… 43

4.3.9　Move 命令 …… 44

4.4　高级条件命令 …… 48

4.4.1　Thread 命令 …… 48

4.4.2　Procedure 命令 …… 49

4.4.3　Script 命令 …… 49

4.4.4　Record Track 命令 …… 51

4.4.5　Offline Record 命令 …… 51

4.5　变量配置及使用 …… 52

4.5.1　变量定义及分类 …… 52

4.5.2　变量配置 …… 53

4.5.3　变量的使用 …… 55

思考与练习 …… 57
第 5 章 工业机器人通信功能 …… 59
5.1 AUBO-i 系列机器人控制柜电气接口简介 …… 59
5.2 通用输入/输出接口 …… 60
5.2.1 通用输入/输出接口功能介绍 …… 60
5.2.2 通用输入/输出接口接线举例 …… 60
5.3 末端工具输入/输出接口 …… 63
5.3.1 末端工具连接线缆 …… 63
5.3.2 末端工具接口电气参数 …… 63
5.4 安全输入/输出接口 …… 63
5.4.1 安全输入/输出接口功能介绍 …… 63
5.4.2 外围安全设备输入/输出接线举例 …… 64
5.5 系统内部输入/输出接口 …… 70
5.6 AUBO-i 系列机器人通用输入/输出接口控制应用 …… 70
5.7 SCARA 机器人控制柜输入/输出接口介绍 …… 72
思考与练习 …… 75
第 6 章 工业机器人系统集成 …… 76
6.1 工业机器人末端夹具 …… 76
6.1.1 气动夹具 …… 76
6.1.2 电动夹具 …… 76
6.1.3 柔性夹具 …… 77
6.2 外围电气控制设备——PLC …… 77
6.2.1 工业机器人与 PLC …… 77
6.2.2 常见 PLC 品牌 …… 79
6.3 工业机器人视觉系统 …… 81
6.3.1 智能相机 …… 82
6.3.2 PC-Based 视觉系统 …… 83
6.4 工业机器人外部轴系统 …… 83
6.4.1 外部轴功能分类 …… 84
6.4.2 外部轴控制分类 …… 84
6.4.3 外部轴基本组成 …… 85
6.5 工业机器人集成应用平台 …… 86
6.5.1 平台功能特点介绍 …… 86
6.5.2 设备与功能模组 …… 88
思考与练习 …… 91
第 7 章 工业机器人搬运应用 …… 92
7.1 搬运应用简介 …… 92
7.2 Inspire 电动夹爪应用 …… 93
7.2.1 电动夹爪功能模块介绍 …… 93
7.2.2 电动夹爪硬件连接 …… 94
7.2.3 电动夹爪插件安装 …… 94
7.2.4 电动夹爪搬运应用 …… 95
7.3 SRT 柔性夹爪应用 …… 100
7.3.1 柔性夹爪功能模块介绍 …… 100
7.3.2 柔性夹爪机械结构尺寸 …… 101
7.3.3 柔性夹爪抓取原理 …… 101
7.3.4 柔性夹爪快换装置 …… 102
7.3.5 柔性夹爪控制方法 …… 103
7.3.6 柔性夹爪搬运应用 …… 104
7.4 吸盘手爪应用 …… 109
7.4.1 真空吸盘手爪的组成 …… 109
7.4.2 真空吸盘的吸附原理 …… 109
7.4.3 真空发生器原理 …… 110
7.4.4 真空吸盘常见结构 …… 110
7.4.5 真空吸盘手爪搬运应用 …… 111
思考与练习 …… 117
第 8 章 工业机器人码垛应用 …… 118
8.1 码垛应用简介 …… 118
8.2 码垛应用基本组成单元 …… 119
8.3 码垛工艺包应用实训 …… 122
8.3.1 码垛功能模块介绍 …… 122
8.3.2 码垛工艺包操作流程演示 …… 126
思考与练习 …… 135
第 9 章 工业机器人焊接应用 …… 136
9.1 焊接应用简介 …… 136
9.2 焊接应用基本组成单元 …… 137
9.2.1 焊枪 …… 137
9.2.2 焊接电源 …… 138
9.2.3 变位机 …… 138
9.3 工业机器人焊接应用实训 …… 139
9.3.1 焊接功能模块介绍 …… 139
9.3.2 焊接模拟功能操作演示 …… 140
思考与练习 …… 142
第 10 章 工业机器人视觉应用 …… 143
10.1 视觉应用简介 …… 143
10.2 工业机器人视觉原理 …… 144
10.2.1 通信设置 …… 144
10.2.2 相机的标定 …… 149
10.2.3 相机图像采集 …… 153
10.3 工业机器人视觉定位抓取应用 …… 155
10.4 工业机器人视觉分拣应用 …… 160
思考与练习 …… 164
参考文献 …… 165

第 1 章　工业机器人简介

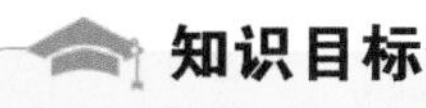

知识目标

- ✓ 了解工业机器人的定义及分类
- ✓ 了解工业机器人系统组成
- ✓ 了解工业机器人技术参数
- ✓ 了解工业机器人安全规范

技能目标

- ✓ 学会工业机器人选型
- ✓ 掌握机器人安全操作规范
- ✓ 初步学会使用工业机器人

1.1　工业机器人定义及分类

1.1.1　工业机器人定义

“工业机器人”一词由美国《金属市场报》于1960年首先提出，后经美国机器人协会定义为“用来进行搬运机械部件或工具的、可编程序的多功能操作器，或通过改变程序可以完成各种工作的特殊机械装置”，这一定义现已被国际标准化组织采用。

1.1.2　工业机器人分类

按技术发展过程，工业机器人分类见表1-1。

表1-1　工业机器人分类

类　　型	工作特点
手动操作器	人直接操控的机械手
固定程序机器人	按照预先设定的固定顺序、条件和位置逐个进行动作的机器
可变编程机器人	程序可以任意改变的操作器
示教再现机器人	通过示教方式的可变编程操作器
数控机器人	根据作业顺序、位置以及其他信息，按照离线编程方式进行控制的可变编程操作器
智能机器人	具有自主决策、规划和感知等功能的智能机器人

除了表1-1所示的分类方法，工业机器人还可以根据以下类别进行分类：

（1）按坐标形式分类　直角坐标机器人、柱坐标机器人、球坐标机器人等。

（2）按机构形式分类　串联（关节）机器人、并联机器人等。

（3）按用途分类　焊接机器人、喷涂机器人、装配/拆卸机器人、打磨抛光机器人、分拣机器人、搬运机器人等。

近几年，协作机器人开始出现于公众视野。由于其经济实惠、编程简单、安全性高、灵活便捷等优势，协作机器人已被广泛应用于工业、3C（Computer，Communication，Consumer Electronics）、汽车、医疗等领域。本书以 AUBO-i5 协作机器人为例，介绍工业机器人的组成和功能。以下如不特别提及，本书提到的机器人均为 AUBO- i5 协作机器人。

1.2　工业机器人系统组成

典型工业机器人系统组成如图 1-1 所示，包括电源、机器人本体、控制器、示教器和其他外围设备等。

（1）电源　通常使用 220V 单相或 380V 三相交流电源，是控制器和机器人本体的能量来源。

（2）机器人本体　包括基座、关节轴和法兰盘接口。基座用于机器人本体安装，可采用落地式、吊顶式、壁挂式安装。关节轴（J1 轴、J2 轴、J3 轴、J4 轴、J5 轴和 J6 轴）的轴线方向和转动方向定义如图 1-2 所示。法兰盘接口轴线方向与 J6 轴的轴线方向相同，用于安装末端工具。

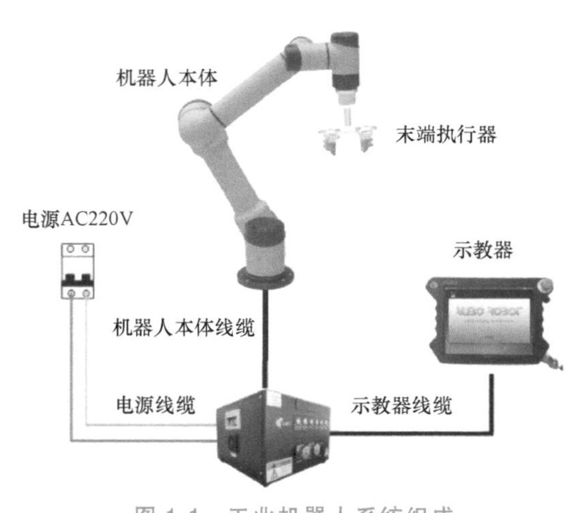

图 1-1　工业机器人系统组成

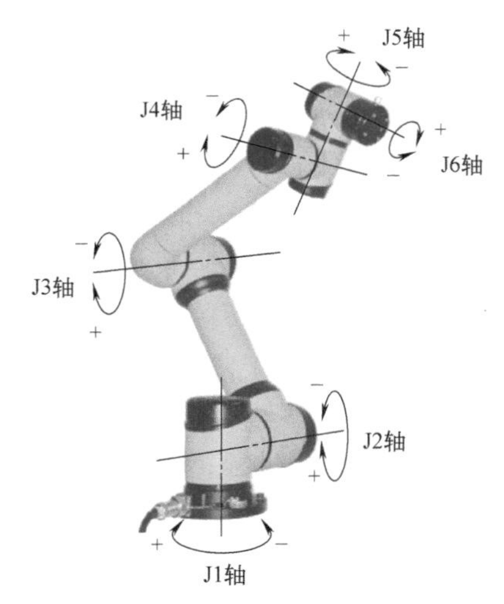

图 1-2　工业机器人关节轴定义

（3）控制器　控制器是工业机器人的大脑，所有控制指令都是从控制器发送给机器人本体的。控制器的主要任务是控制工业机器人的运动位置、姿态、轨迹、操作顺序及动作的时间等。控制器还具有编程简单、软件易操作、界面友好、操作提示和使用方便等特点。

（4）示教器　工业机器人示教器是人与机器人的交互接口。通过示教器，人可以查看机器人的运动状态，进行示教和在线编程，同时示教器还具有保护急停等功能。

（5）末端执行器　末端执行器是工业机器人直接用于抓取、吸附或夹持专用工具进行操作的部件。由于应用领域广泛，工业机器人的末端执行器种类繁多，如夹钳式操作手、焊接工具、激光切割工具、搬运执行器、多指灵巧手等。

（6）其他外围设备　除了以上组成部分，根据不同的应用领域，工业机器人系统组成还包括其他外围设备。如在压力机上的装卸作业中，还需要传送带、供料装置、定位装置等。当使用工业机器人进行操作时，需要对这些外围设备进行必要的改造，才能构成完整的工业机器人应用系统。

1.3 工业机器人技术参数及选型

1.3.1 工业机器人技术参数

工业机器人技术参数表征了工业机器人的性能水平，该参数一般由机器人厂商在机器人出厂时提供。工业机器人的技术参数主要包括运动自由度、绝对定位精度和重复定位精度、工作空间、最大负载等。表 1-2 列举了 AUBO-i5 工业机器人的技术参数。

表 1-2　AUBO-i5 工业机器人的技术参数

项　　目		技术参数
运动自由度		6
安装方式		落地式、吊顶式、壁挂式
驱动方式		有刷直流电动机
电动机容量/W	J1	500
	J2	500
	J3	500
	J4	150
	J5	150
	J6	150
转角范围/(°)	J1	−175～175
	J2	−175～175
	J3	−175～175
	J4	−175～175
	J5	−175～175
	J6	−175～175
最大速度/(°)·s^{-1}	J1	150
	J2	150
	J3	150
	J4	180
	J5	180
	J6	180
绝对定位精度/mm		0.8

（续）

项　　目	技 术 参 数
重复定位精度/mm	0.02
工作半径/mm	886
最大负载/kg	5
本体重量/kg	24
法兰盘末端最大速度/$m \cdot s^{-1}$	2.8

对于工业机器人，运动自由度、绝对定位精度和重复定位精度、工作空间、最大负载和法兰盘末端最大速度这些技术指标比较重要，本小节稍作详细介绍。

1. 运动自由度

如图 1-3 所示，一个在空间中自由运动的刚体具有六个自由度，即沿 *X* 轴、*Y* 轴和 *Z* 轴的三个平移自由度和三个转动自由度。对于关节型工业机器人，“运动自由度”指标一般指运动关节个数的总和。例如，图 1-2 所示的工业机器人共有六个运动关节，因此运动自由度数为六。此外，市场上还出现了具有七个或者更多关节数的机器人，这一类机器人关节数大于六，多出的自由度一般称为冗余自由度，这一类机器人一般被称为冗余机器人。

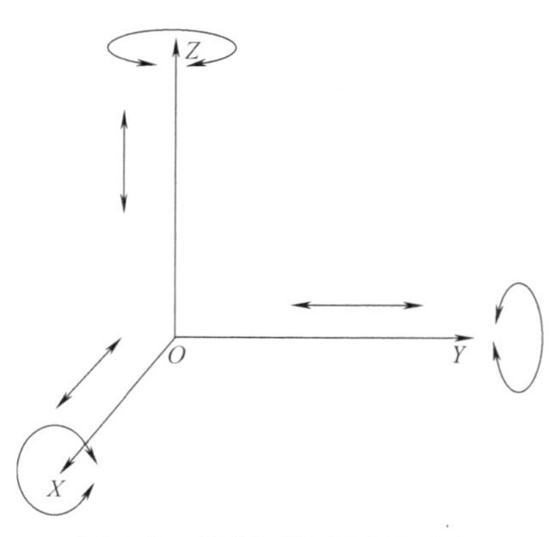

图 1-3　空间刚体运动自由度

2. 绝对定位精度和重复定位精度

绝对定位精度指工业机器人根据指令运行所到达的位置与理论位置的最大偏差。重复定位精度指工业机器人根据指令重复地运行到到达点与理论位置之间的最大偏差。如图 1-4a 所示，当理论位置为坐标原点时，机器人所到达的点均散落在原点周围，表明绝对定位精度较好。如图 1-4b 所示，同样，当理论位置为坐标原点时，机器人所到达的点离原点较远，但均散落在图中的圆圈内，表明机器人具有较好的重复定位精度，但绝对定位精度较差。

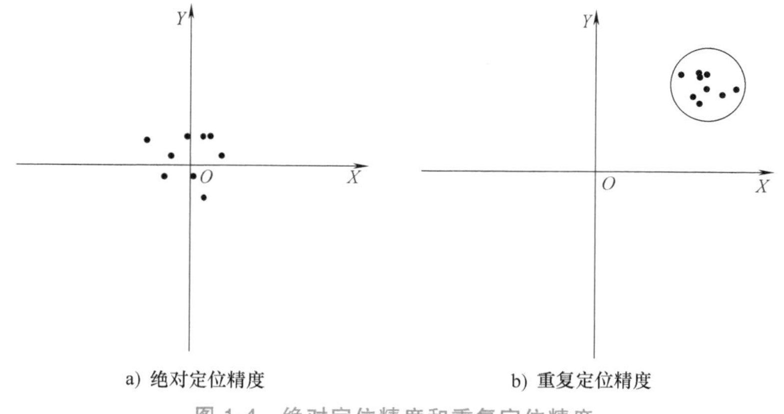

a) 绝对定位精度　　b) 重复定位精度

图 1-4　绝对定位精度和重复定位精度

目前，工业机器人大都具有较好的重复定位精度，但绝对定位精度一般比重复定位精度差 10 倍以上。工业机器人的重复定位精度一般只与位置传感器分辨率和减速器精度有关，而绝对定位精度除与这两个因素有关，还与机器人本体的加工装配精度、运动模型参数的精度以及算法等因素有关。

3. 工作空间

工业机器人的工作空间一般指在满足关节最大转动范围以及不发生自身碰撞的约束条件下，机器人末端工作点所能到达空间位置的集合。工作空间除了与机器人本体限制有关，还与末端工作点的选取有关。例如，选择长度较大的工具，其工作点所能到达的工作空间范围也越大。图 1-5 展示了 AUBO-i5 工业机器人的工作空间范围，其形状近似于一个球体，球体的半径为 886mm。

4. 最大负载

最大负载是衡量工业机器人性能的重要指标，表征了工业机器人的最大负载能力。最大负载除了与电动机转矩能力有关，还与机器人的连杆重量、运行速度、加速度以及机械臂构型有关，需要用较为复杂的动力学算法才能准确计算工业机器人的最大负载能力。因此，工业机器人厂商给出的最大负载一般指在工作空间中，能够以最大速度和最大加速度稳定运行的机器人所能承受的最大负载，一般为相对保守的值。例如，AUBO-i5 给出的最大负载为 5kg，实际上在低速和低加速度运行时，机器人所能承受的最大负载要大于该值。

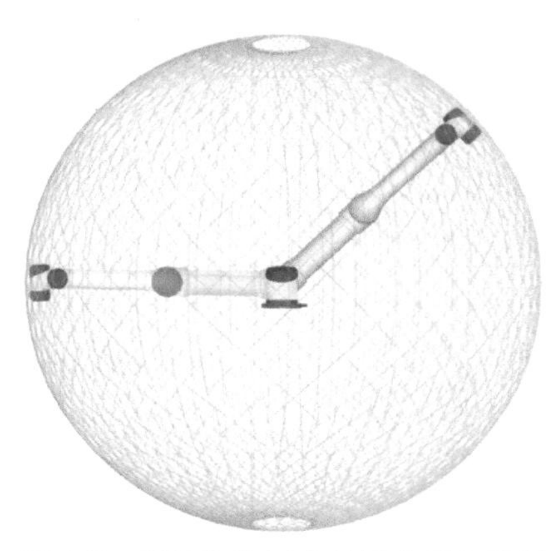

图 1-5　AUBO-i5 工业机器人工作空间

5. 法兰盘末端最大速度

法兰盘末端最大速度指工业机器人法兰盘末端工作点 X 方向、Y 方向和 Z 方向合成的最大速度。这一指标衡量了工业机器人的最大运行速度能力，主要与电动机的承载能力、机械臂本体重量及算法有关。

1.3.2　工业机器人选型

工业机器人的选型主要综合考虑以下三个因素：

（1）确定应用领域和执行任务　首先分析应用领域是否有特殊要求，例如，核工业领域需要选择抗辐射的工业机器人或特种机器人，强磁环境的应用领域需要选择具有抗磁能力的工业机器人等。随后分析执行任务，例如码垛任务可以选择专门的码垛机器人，打磨任务需要选择具有力控制功能的机器人，喷涂任务需要进行密封处理等。

（2）根据任务选择满足性能要求的工业机器人　例如，搬运任务需要满足最大负载要求，装配任务需要满足定位精度要求等。

（3）可靠性和成本　在满足功能和性能的前提下，尽量选择高可靠性和低成本的工业机器人。

1.4　工业机器人安全规范

操作机器人或机器人系统时应该遵守安全原则和规范，因此，用户必须认真阅读用户手册，带有警示标识的内容需要重点掌握并严格遵守。由于机器人系统复杂且危险性较大，用户需要充分认识操作的风险性，严格遵守并执行用户手册中的规范及要求。用户需要具备充分的安全意识并且遵守工业机器人安全规范 ISO 10218。

1.4.1 安全警示标志

以 AUBO-i5 工业机器人为例，机器人用户手册中有关安全的内容列在表 1-3 中。手册中有关警示标志的说明为重要内容，用户务必遵守。

表 1-3 AUBO-i5 安全警示标志

警示标志	说明
有电危险！	即将引发危险的用电情况，如果不避免，可导致人员伤亡或设备严重损坏
高温危险！	可能引发危险的热表面，如果接触，可造成人员伤害
危险！	即将引发危险的情况，如果不避免，可导致人员死亡或严重伤害
警告！	可能引发危险的情况，如果不避免，可导致人员伤害或设备严重损坏
注意！	可能引发危险的情况，如果不避免，可导致人员伤害或设备严重损坏； 标记有此种符号的事项，根据具体情况，有时会有发生重大后果的可能性
小心！	此种情况，如果不避免，可导致人员伤害或设备损坏； 标记有此种符号的事项，根据具体情况，有时会有发生重大后果的可能性

1.4.2 危险识别

使用工业机器人时，应进行危险识别和风险评估。风险评估应考虑正常使用期间操作人员与机器人之间所有潜在的接触以及可预见的误操作。操作人员的颈部、脸部和头部不应暴露，以免发生碰触。在不使用外围安全防护装置的情况下使用机器人需要首先进行风险评估，以判断相关危险是否会构成不可接受的风险。潜在的危险如下：

1）使用尖锐的末端执行器或工具连接器可能存在危险。

2）处理毒性或其他有害物质可能存在危险。

3）操作人员手指有被机器人底座或关节夹住的危险。

4）被机器人碰撞发生的危险。

5）机器人或连接到末端的工具固定不到位存在的危险。

6）机器人有效负载与坚固表面之间的冲击造成的危险。

用户或集成商必须通过风险评估来衡量此类危险及其相关的风险等级，并且确定和实施相应的措施，以将风险降低至可接受的水平。

1.5　工业机器人安装使用

本小节以 AUBO-i5 为例，简要介绍工业机器人的使用步骤。

1.5.1　机器人安装

工业机器人的安装主要分为三个步骤：确定工作空间、安装机器人本体和安装工具。

1）根据机器人所要完成的任务及机器人的工作空间，确定机器人的安装方式。如图 1-6 所示，安装方式包括在底座上安装、吊装和壁装等。

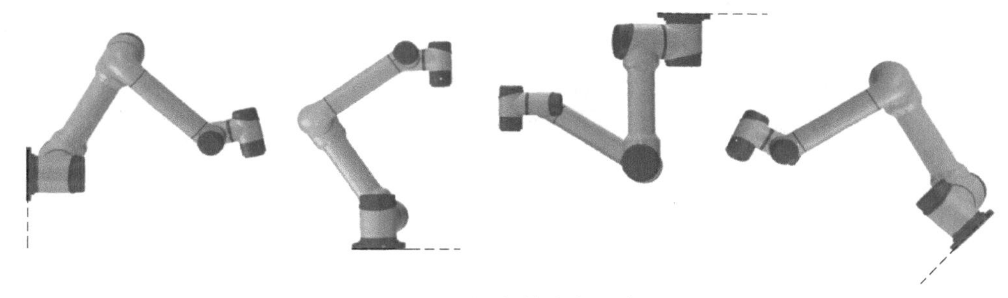

图 1-6　不同安装姿态示意图

2）确定安装方式后，根据机器人厂商的说明手册，安装固定机器人本体。

3）根据图 1-7 所示的机器人法兰盘结构，安装固定所要使用的末端工具。

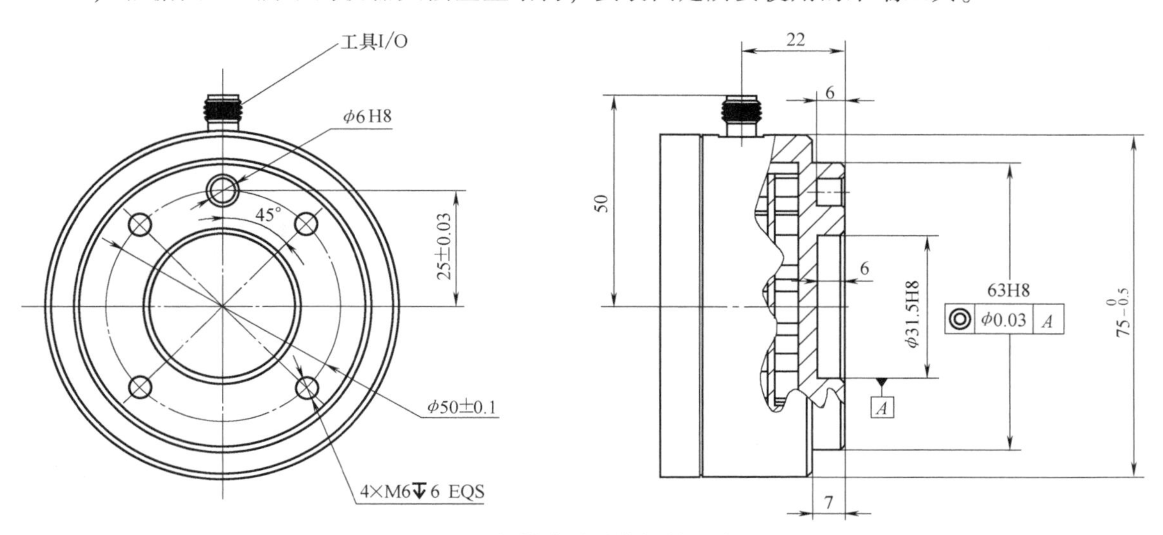

图 1-7　机器人法兰盘机械尺寸图

1.5.2 线缆连接

如图 1-8 所示，AUBO-i5 控制柜底部有 3 个接口，使用前要把对应的线缆插到接口中。

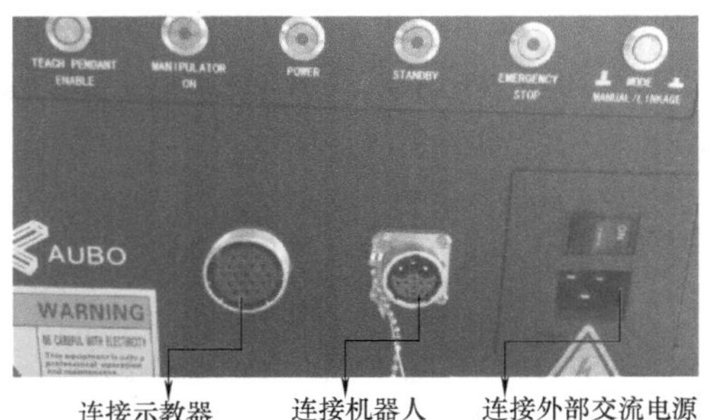

图 1-8 控制柜底部接口

1. 机器人电源线缆连接

从包装箱取出控制柜电源线缆，如图 1-9 所示，线缆一端为三角形插头（220V，16A），另一端为品字形插头。把品字形插头插到控制柜上，注意插入方向。

a) 电源线缆

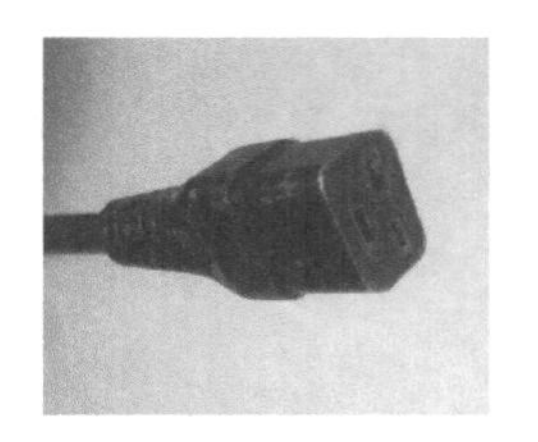

b) 电缆品字形插头

c) 控制柜电源接口

图 1-9 机器人电缆连接示意图

2. 机械臂与控制柜线缆连接

如图 1-10 所示，在将机器人线缆与机械臂本体进行连接前，先将机械臂接口上的防尘帽从插座上拧下来；分别将插头和插座的插针与插孔对准，判断的标志是插座上的豁口和插头上的凸起是否对齐，然后将插头插入插座中；将插头上的紧固螺母沿顺时针（沿插头向插座方向）旋转，直到听到“咔嚓”一声，即表示连接成功。线缆另一端与控制柜连接。

a) 控制柜接口

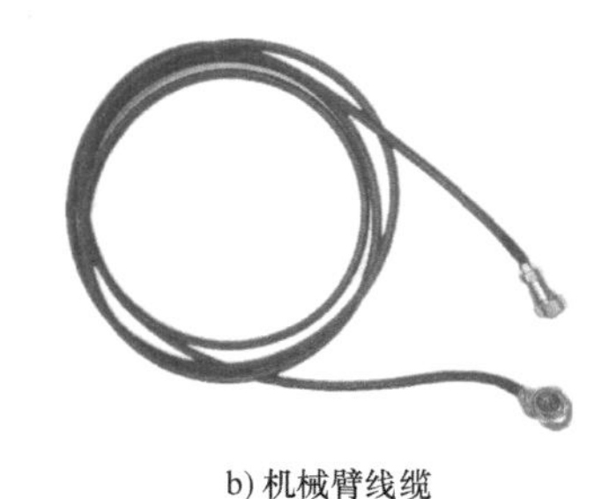

b) 机械臂线缆

c) 机械臂接口

图 1-10 控制柜与机械臂接口图

3. 示教器线缆连接

如图 1-11 所示，示教器线缆两端同样采用航空插头设计，参照机械臂航空插头连接方法，对示教器进行连接。

a) 控制柜接口

b) 示教器线缆

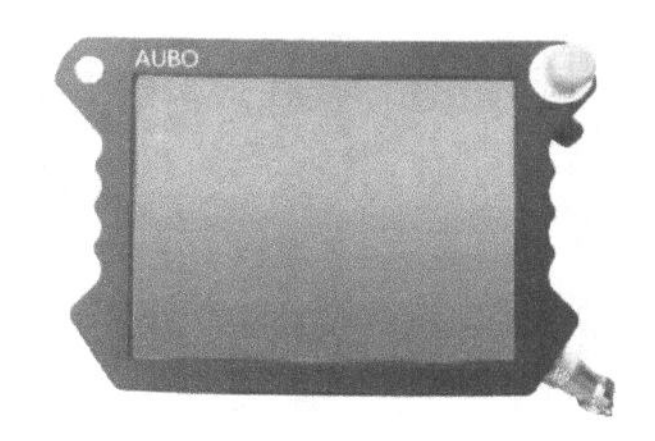

c) 示教器接口

图 1-11　示教器线缆连接

将示教器连接后，将线缆盘起，控制柜顶部有放置示教器的挂钩，可固定放置示教器；也可将挂钩取下，固定在周边设备的侧壁上，将示教器进行悬挂放置，如图 1-12 所示。

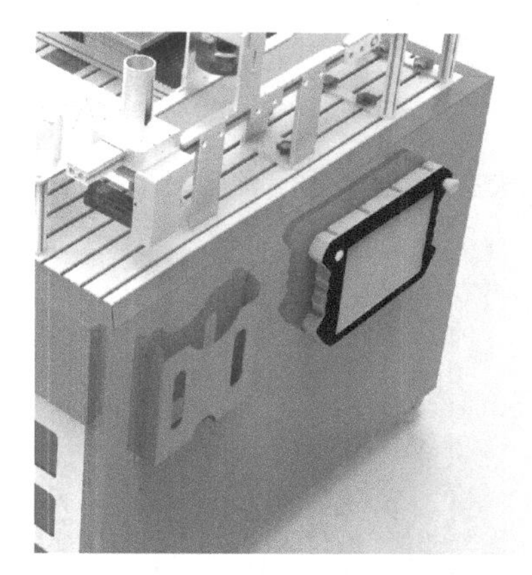

图 1-12　示教器侧壁悬挂放置

1.5.3　机器人开机

1. 开机前准备

机器人开机前应做好以下检查和准备：

1）检查机器人与控制柜是否连接完好。

2）检查示教器与控制柜之间是否连接完好。

3）检查控制柜电源电缆是否连接完好。

4）控制柜电源总开关在电源未接通时处于关闭状态。

5）控制柜和示教器急停开关处于弹起状态。

6）模式选择按钮处于正确的位置。

7）确保机器人不会碰到周围人员或设备。

2. 控制柜开机

如图 1-13 所示，把电源电缆三角插头插到工频交流电源插座上，然后把电源开关从 OFF 切换至 ON 状态，电源指示灯亮。

3. 示教器和机器人开机

1）通过“MODE MANUAL/LINKAGE”按钮选择 MANUAL 使用模式。

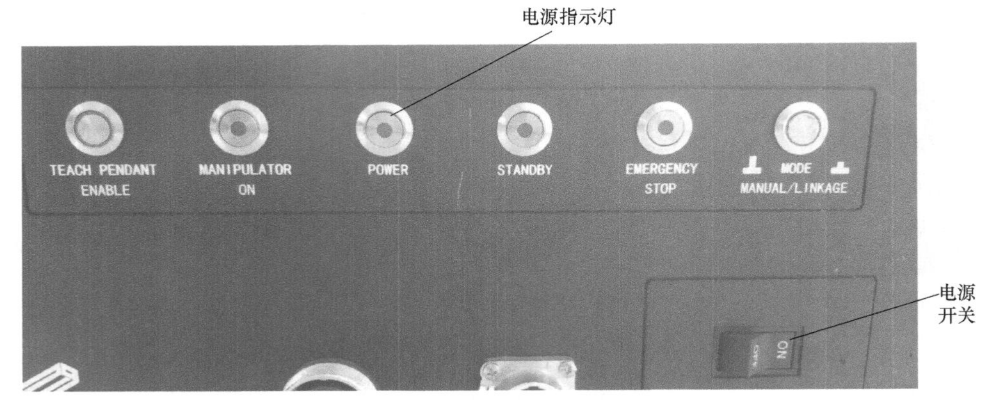

图 1-13 电源开关及电源指示灯示意图

2）等待白色指示灯（STANDBY）常亮，进入待机状态。

3）按下示教器左上角的启动按钮约 1s，蓝色灯亮，机器人与示教器一同启动，示教器屏幕被点亮。

4）示教器启动按钮及开机状态的 LED 指示灯如图 1-14 所示。

图 1-14 示教器启动按钮及开机状态的 LED 指示灯示意图

1.5.4 机器人关机

机器人关机顺序为：先断开机器人和示教器电源，再断开控制柜电源。

（1）断开机器人和示教器电源

1）正常退出：退出程序，按下示教器操作界面右上角软件关闭按钮，选择“关闭系统”。

2）强制关机：长按示教器左上角的启动按钮约 3s，蓝色灯灭，示教器和机器人断电。

（2）断开控制柜电源　把控制柜前面板上的电源开关切换至 OFF 位置。

思考与练习

1.1　简述 AUBO-i5 机器人的系统组成及各部分的功能。

1.2　AUBO-i5 机器人相对比较重要的技术参数有哪些？

1.3　AUBO-i5 机器人怎样安装和连接？

1.4　简述 AUBO-i5 机器人通电开、关机的步骤。

第2章　工业机器人控制系统

知识目标

✓ 了解工业机器人控制系统结构
✓ 了解工业机器人控制器各种接口
✓ 了解工业机器人示教器界面

技能目标

✓ 初步学会工业机器人控制器各种接口接线方法
✓ 初步学会使用工业机器人示教器

2.1　工业机器人控制系统结构组成

工业机器人的控制系统相当于人脑，它根据作业指令程序及从传感器反馈回来的信号支配机器人的执行机构完成规定的运动和功能。若工业机器人不具备信息反馈的特征，则为开环控制系统；若具备信息反馈特征，则为闭环控制系统。工业机器人控制器一般安装在执行部件的位置检测元件（如光电编码器）和速度检测单元（如测速电动机）中，可将检测量反馈到控制器中，用于闭环控制。

控制系统可分成两大部分：一部分用于对工业机器人的运动进行控制，另一部分用于工业机器人与周边环境的交互。如图2-1所示，工业机器人的控制器结构分为人机交互部分和运动控制部分。人机交互部分的功能有显示、通信、编程作业等，运动控制部分的功能有运动计算、伺服控制、输入/输出控制（PLC功能）等。

工业机器人中的控制器包括主控计算机和关节伺服控制器。如图2-2所示，主控计算机主要根据作业要求完成编程，并发出指令控制各个伺服驱动装置，使各个杆件协调工作，同时还要完成环境状况、周边设备之间的信息传递和协调工作。关节伺服控制器主要根据主控计算机的指令，按作业任务的要求驱动各关节运动，包括实现驱动单元的伺服控制、轨迹插补计算，以及系统状态的监测。

控制系统是工业机器人的核心，包含软件和硬件两部分。软件部分主要包括运动控制算法、示教器人机交互界面等功能程序代码的集合，硬件部分则为工业机器人的控制柜。

本章以AUBO-i5工业机器人为例，系统地介绍工业机器人控制系统的组成和使用。图2-3所示为AUBO-i5工业机器人控制系统的结构组成，即控制柜的主要组成。示教器是人机交互的接口，绝大多数操作都需要通过示教器来完成。输入/输出接口主要用于扩展控制

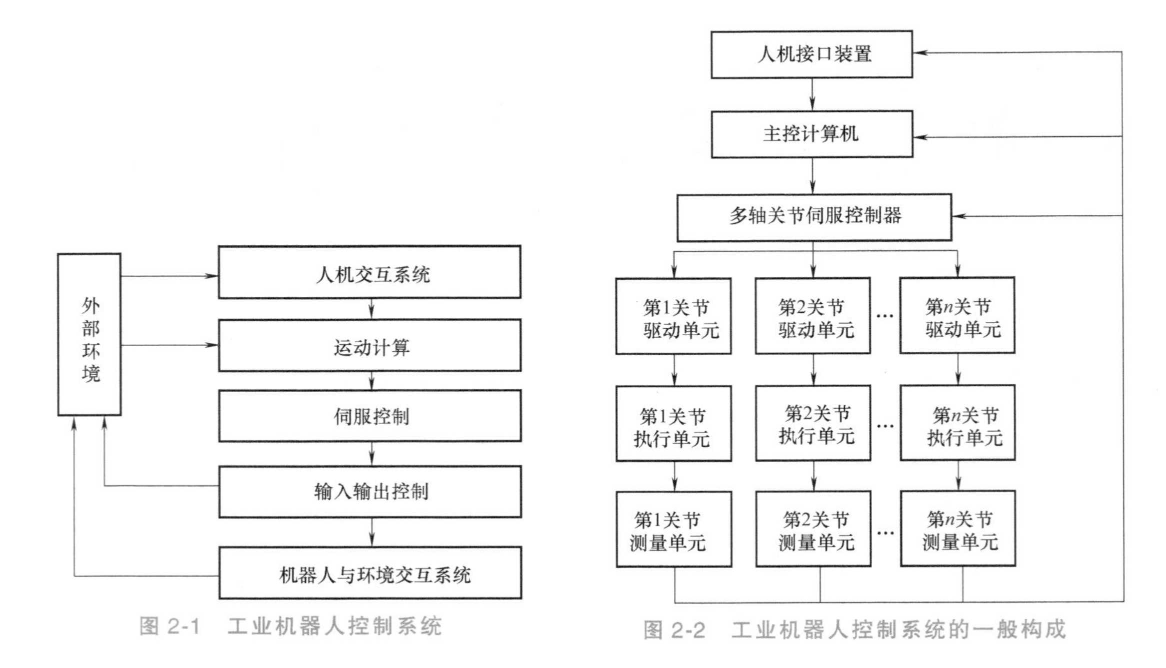

图 2-1 工业机器人控制系统

图 2-2 工业机器人控制系统的一般构成

柜的功能，使控制柜使用更加灵活。其他还包括各类指示灯、电源开关和急停开关等。

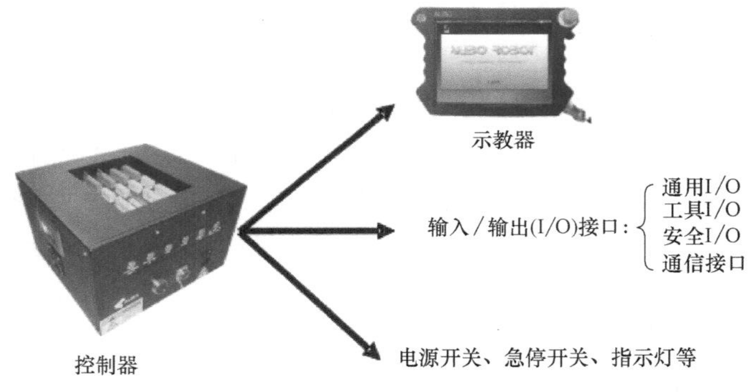

图 2-3 AUBO-i5 工业机器人控制系统结构组成

2.2 工业机器人控制器

2.2.1 使用安全注意事项

如图 2-4 所示，框线区域为交流 100~240V 和直流 48V 危险区，请勿直接用手碰触紧固螺钉和其他金属器件，切忌带电拆除接线。

使用前注意事项：

1）检查控制柜电源接头是否连接完好。

2）检查控制柜与机器人是否连接完好。

3）检查控制柜与示教器是否连接完好。

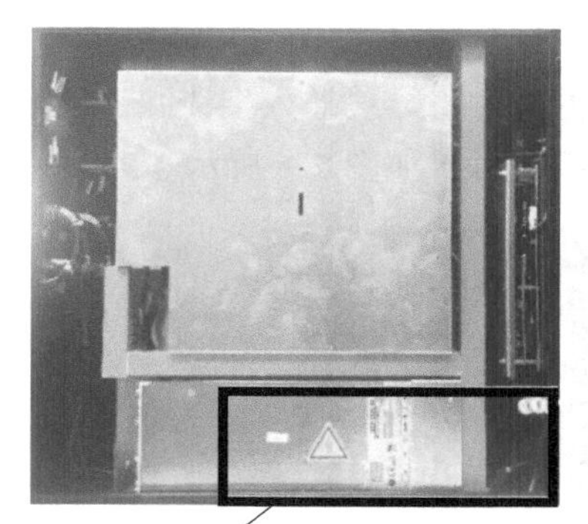

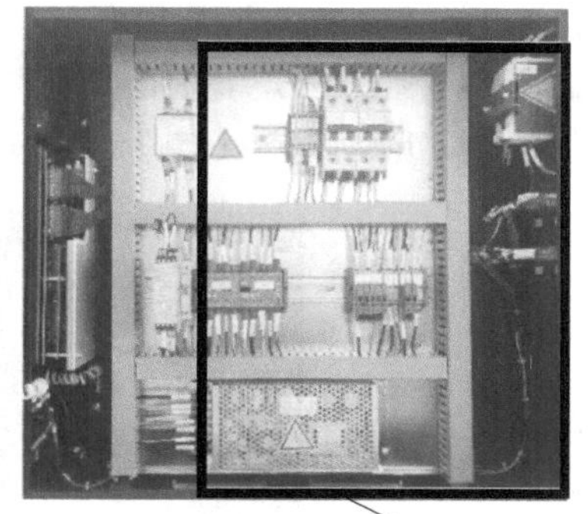

图 2-4　控制柜高电压区域示意图

4）检查控制柜支撑是否牢固、水平、不晃动。

控制柜箱内有 100~240V 交流和 48V 直流危险电压，非专业人士请勿带电打开机柜。

2.2.2　控制柜面板按钮

控制柜前面板结构如图 2-5 所示。

图 2-5　控制柜前面板按钮

面板上开关、按钮和指示灯的功能见表 2-1。

表 2-1　控制柜前面板按钮功能

名　称	功　能
STANDBY	指示灯亮表示控制柜接口面板程序初始化完成，可以按下示教器电源按钮给机器人通电
POWER	指示灯亮表示外部电源接通
EMERGENCY STOP	指示灯亮表示机器人处于急停状态
MODE MANUAL/LINKAGE	机器人手动模式和联动模式选择。按下按钮，机器人进入联动模式
MANIPULATOR ON	指示灯亮表示机器人电源接通
TEACH PENDANT ENABLE	示教器使能状态显示，手动模式下，指示灯常亮；联动模式下，指示灯灭表示可不使用示教器

控制柜背面接口板提供控制柜外部电气接口。如需连接导线，可按压端子排两端卡扣，将其拔下，将端子工具卡在按压开关上；按住的同时将导线插入接线孔，随后拿下端子工具并将接好导线的端子排重装回控制柜背面接口板即可，如图 2-6 所示。

图 2-6　控制柜接口

2.3　工业机器人控制器接口

为了满足不同用户的使用需求，工业机器人控制器通常会提供许多电气接口。工业机器人常见的电气接口包括：通用输入/输出（也可简称 I/O，以便与机器人系统对应）接口、工具输入/输出接口、安全输入/输出接口以及通信接口等。本小节将以 AUBO-i5 工业机器人控制柜为例，简要介绍各种电气接口的含义与功能。如图 2-7 所示为控制柜接口。

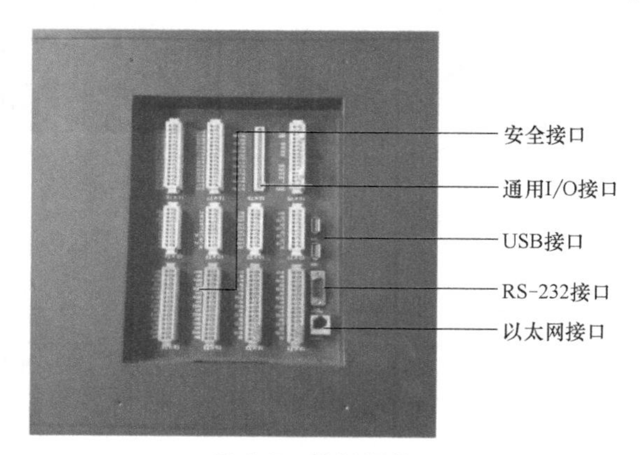

图 2-7　控制柜接口

2.3.1　通用输入/输出接口

工业机器人控制器通用输入/输出接口可满足大多数用户对数字信号和模拟信号的控制

需求。通用输入/输出接口主要包括数字信号输入接口、数字信号输出接口、模拟信号输入接口和模拟信号输出接口。本节将简要介绍这四个通用输入/输出接口的功能。

（1）数字信号输入接口　用于读取开关按钮、传感器、PLC（Programmable Logic Controller）和工业机器人的动作信号等。

（2）数字信号输出接口　可直接控制负载，也可与PLC或工业机器人进行通信。

（3）模拟电压信号输入接口　用于读取外部传入的模拟电压信号，用户可根据读取的电压值进行各类控制。

（4）模拟信号输出接口　可输出用户期望的电压控制信号和电流控制信号，实现对外部设备的控制。

在使用工业机器人控制器的通用输入/输出接口时，务必了解接口的电气性能，如数字信号接口耐压范围、模拟信号输入/输出范围以及各类接口信号的输入/输出精度等。

2.3.2　工具输入/输出接口

工业机器人通常在靠近末端位置提供一些电气接口，用户可通过这些接口为机器人末端使用的特定工具（夹持器等）提供电源和控制信号。这些电气接口同样包括数字信号输入/输出接口和模拟信号输入/输出接口。用户在使用工具输入/输出接口时，同样务必先了解该接口的电气性能。工具输入/输出接口如图2-8所示。

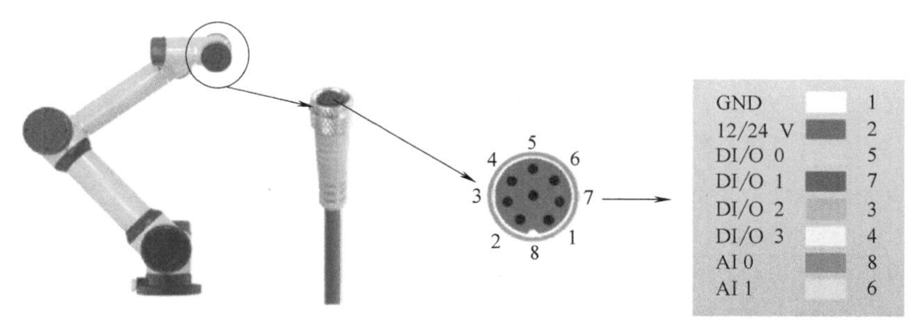

图2-8　工具输入/输出接口

2.3.3　安全输入/输出接口

为了保证运行安全，工业机器人控制器通常会提供安全输入/输出接口。以AUBO-i5工业机器人为例，其安全输入/输出接口均具备双回路安全通道（冗余设计），可确保在发生单一故障时不会丧失安全功能。在使用时，安全装置及设备必须按照安全说明安装，并经过全面的风险评估后，方可使用。

2.3.4　通信接口

工业机器人控制器通常会提供多种通信接口，包括以太网接口、RS-232接口、USB（Universal Serial Bus）接口等。各个接口的应用为：

1）以太网接口可用于工业机器人的远程访问和控制。

2）USB接口可用于更新软件，导入和导出工程文件。

3）RS-232 接口可连接至串口设备。

4）以太网及 USB 接口均可连接到系统工控单元。

2.4 工业机器人示教器介绍

2.4.1 示教器面板组成

示教器是 AUBO 机器人重要的组成部分，用户通过示教器可读取机器人的日志信息，可用示教的方式让机器人做动作，还可对机器人进行简单编程。

如图 2-9 所示，示教器主要包括：一块 12.1 寸 LCD（Liquid Crystal Display）触摸屏、一个电源开关、一个急停按钮、一个力控开关和一个示教器连接线插口。LCD 触摸屏不仅可以向用户清晰地展现机器人运动的细节及位置姿态参数等，还可方便用户操作，所有操作都可通过直接单击屏幕上的按键来完成。

示教器外壳的设计兼具美学和人体工程学，其背后有一根尼龙绳带和两个挂环，前者用于持握示教器，利用后者可将示教器悬挂在电控柜上。

力控开关属于三位置使能开关，可实现回避危险的 OFF（放开）⇒ON⇒OFF（按压）的三位置动作。当力控开关处于 ON 状态时，可拖动机器人进行示教操作。

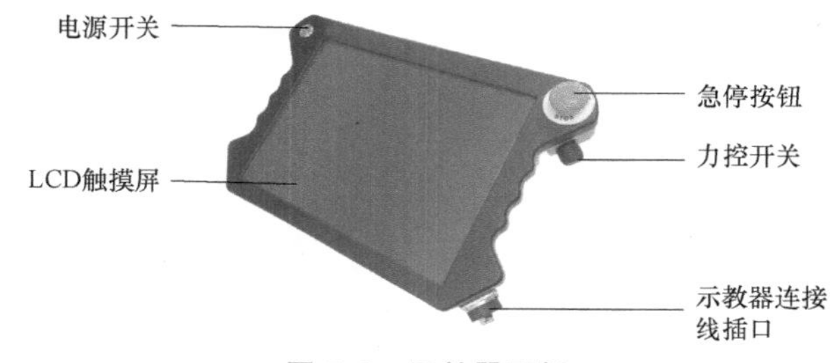

图 2-9 示教器面板

示教器使用步骤如下：

（1）打开示教器　如图 2-10 所示，按下屏幕左上方电源开关约 1s，电源蓝色灯光亮起，示教器开机。

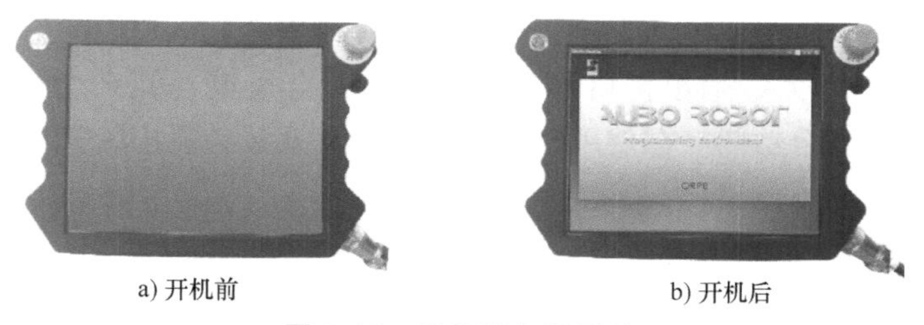

a) 开机前　　b) 开机后

图 2-10 示教器电源开关

（2）关闭示教器　可通过示教器软件关机和电源关机两种方式关闭示教器。

软件关机：单击示教器操作界面右上角关机图标。

电源关机：长按电源开关按钮直至关机。

2.4.2 示教器软件介绍

1. 初始界面

如图 2-11 所示，示教器软件开机后会弹出初始界面窗口。

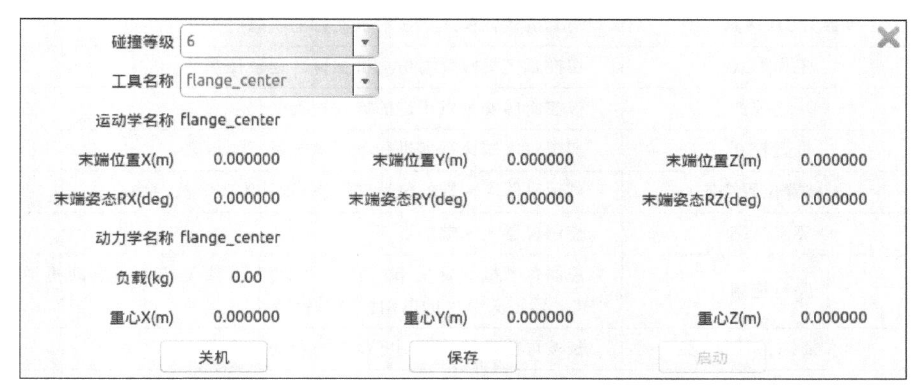

图 2-11 初始界面

“碰撞等级”为安全等级设置，有 1~10 共 10 个安全等级。等级越高，机械臂碰撞检测后停止所需的力越小。第 6 级为默认等级。

“工具名称”默认选择的是 flange_center（工具法兰中心）。

依次单击“保存”→“启动”按键后，进入示教界面。

2. 机械臂示教界面

如图 2-12 所示，机械臂示教界面是人机交互的操作与控制界面，用户可单击界面上的图标来移动机器人。同时，界面也会将机器人的运动信息反馈给用户。界面各部分名称和功能见表 2-2。

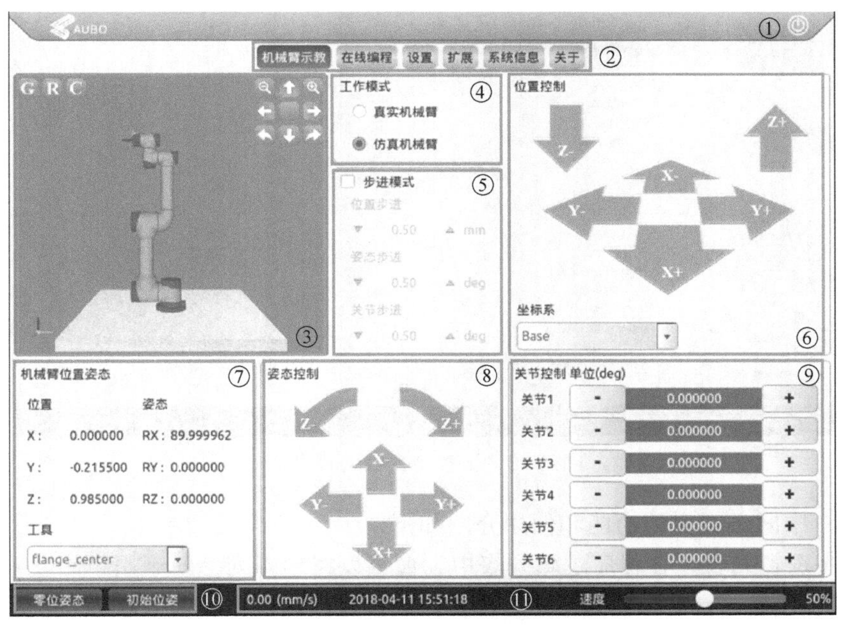

图 2-12 机器臂示教界面

表 2-2　机械臂示教界面各部分名称及功能

编号	名　　称	功 能 说 明
①	软件关闭按钮	关闭示教器
②	面板选择	包括机械臂示教、在线编程、设置等
③	机器人 3D 仿真界面	仿真机械臂模式下显示机械臂的状态
④	工作模式	切换真实机械臂与仿真机械臂的运动控制
⑤	步进控制	被控制的变量以步进的方式精确变化
⑥	位置控制	实现对末端执行器进行不同坐标系下的示教
⑦	机械臂位置姿态	显示机器人末端的位置和姿态，默认为工具法兰中心
⑧	姿态控制	控制机器人末端的姿态
⑨	关节控制	控制每个机械臂关节的转动，“+”表示该关节中的电动机逆时针转动，“−”表示该关节中的电动机顺时针转动
⑩	零位姿态，初始位姿	长按可使机械臂回到零位姿态和初始姿态
⑪	机器人时间显示、运动速度控制及显示	通过控制滑条来调整机械臂示教时的运动速度

3. 在线编程界面

AUBO-i5 机器人提供了便捷的编程方法，用户仅需少量的编程基础即可对 AUBO-i5 进行编程，极大地提高了工作效率。用户对 AUBO-i5 的编程主要在在线编程界面中进行。如图 2-13 所示，该界面分为三部分：左侧为工具栏，中间为逻辑树，右侧为功能操作区域。

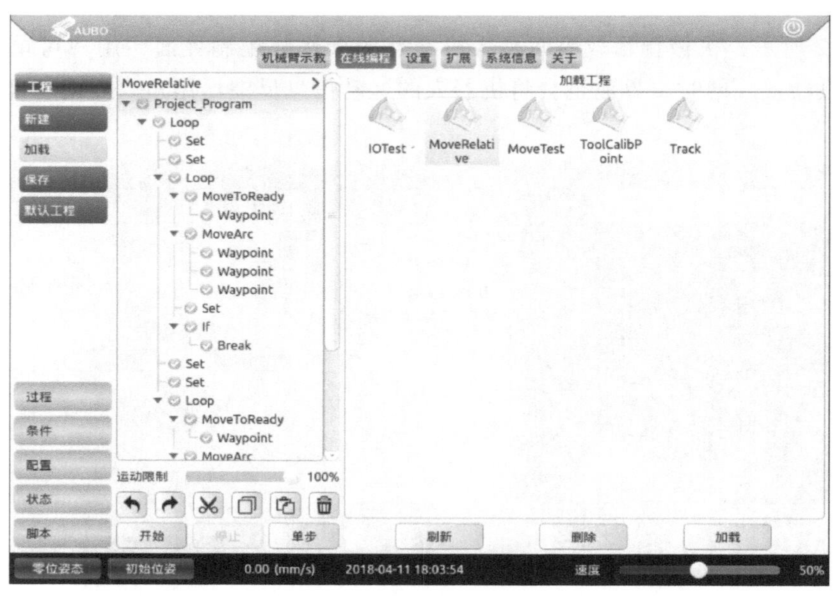

图 2-13　示教器在线编程界面

对图 2-13 中间逻辑树的功能和使用介绍如下。

（1）程序逻辑列表　在程序逻辑列表中，命令以树形排列，便于用户阅读修改程序。

（2）运动限制　拖动运动限制滑块可限制工程运行速度，目前只针对 Move 函数下的运行速度控制。

（3）程序控制按钮

1）开始：单击“开始”，程序开始运行，“开始”变为“暂停”。在机器人运行过程中，单击“暂停”可暂停机器人的运动，同时“暂停”变为“继续”。单击“继续”，机器人继续动作。

2）停止：在机器人运行过程中，单击“停止”可停止机器人运动；若要让机器人重新动作，只能单击“开始”，且只能按程序从头开始运行。

3）单步：单击“单步”，机器人将按照程序逻辑（New Project）顺序执行第一个路点程序，再单击“单步”则执行下一个路点程序。

（4）程序操作按钮

1）撤销命令：撤销是程序编辑控制指令，可恢复到上次的程序编辑状态，最多可撤销 30 次。单击“撤销”按钮可恢复到上次的程序编辑状态。

2）撤销恢复命令：撤销恢复是程序编辑控制指令，可恢复上次的撤销命令。单击“恢复撤销”按钮可恢复到上次撤销命令的状态。

3）剪切、复制、粘贴命令：剪切、复制和粘贴命令是程序编辑控制指令，可实现对程序段的剪切、复制和粘贴操作。

4）删除命令：删除是程序编辑控制指令，可删除同级目录下的程序段。

图 2-13 左侧各个选项卡的功能见表 2-3。

表 2-3　在线编程界面选项卡功能

选项卡名称	功能说明
工程	编写一个新的程序，必须新建一个工程，程序是以工程的形式保存的
过程	过程工程，可编辑重复使用的程序段，可以很方便地加载到其他项目程序段中
条件	条件选项卡是编程环境里最重要的部分，包含基础条件、高级条件及外设条件，用于编写命令及对选中命令状态进行配置
配置	进行变量配置和记录轨迹
状态	查看变量状态，设置定时器并进行仿真
脚本	对脚本文件进行编辑、新建、加载及保存处理

4. 设置界面

设置界面主要包括 I/O 设置界面、机械臂安装设置界面和机器人系统设置界面。

（1）I/O 设置界面　如图 2-14 所示，I/O 设置界面分为控制器 I/O 设置、用户 I/O 设置、工具 I/O 设置。

1）控制器 I/O 设置：可实现机械臂与外部一台或多台设备（机械臂等）通信，从而进行协同运动。安全 I/O 接口保持冗余配置可确保单一故障不会导致安全功能失效。

2）用户 I/O 设置：DI 和 DO 为通用数字 I/O，共有 16 路输入和 16 路输出，可直接驱动继电器等电器设备。

3）工具 I/O 设置：末端工具的 I/O 设置状态显示。用户通过管脚 3/4/5/7 可配置 4 路数字 I/O；管脚 6/8 可配置为模拟输入，模拟电压输出范围为 0~10V；管脚 2 可配置 0V、

12V 和 24V 三种电压输出。

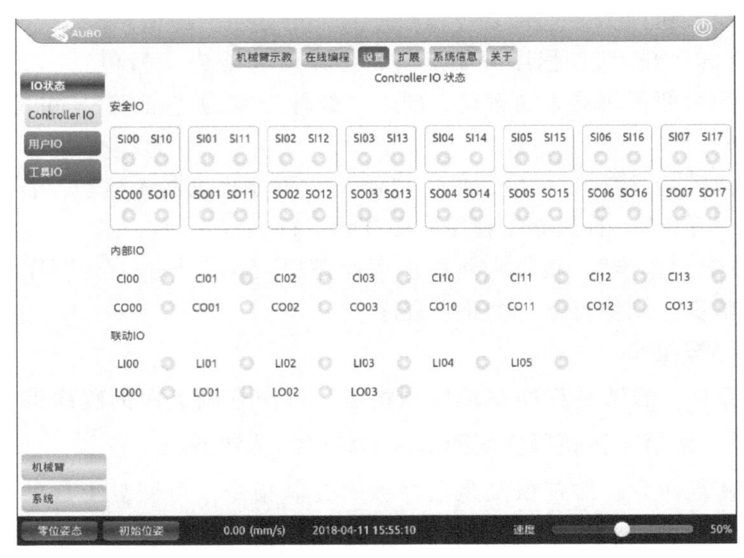

图 2-14　I/O 设置界面

(2) 机械臂设置界面

1) 初始位姿标定界面。如图 2-15 所示，可通过操作示教器上的示教界面或直接拖动机械臂来设定机器人初始的位置。设置完成后同步到示教界面下方的初始位姿。

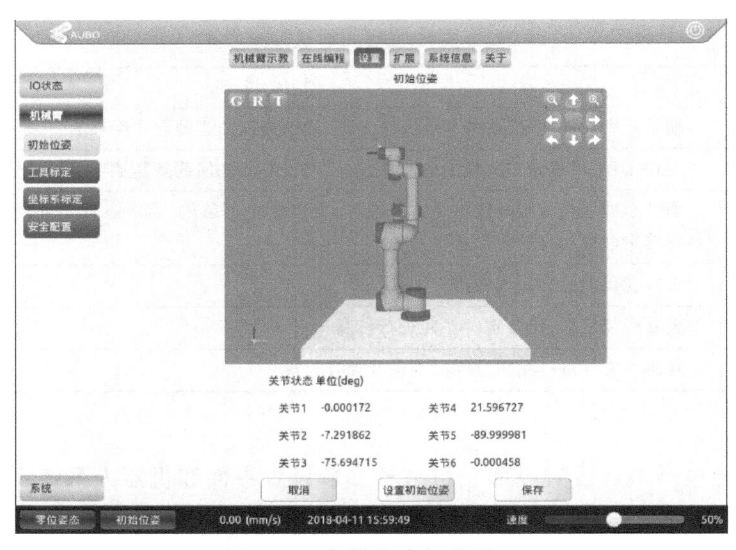

图 2-15　初始位资标定界面

2) 工具标定界面。工具标定分工具标定、运动学标定和动力学标定三个标定界面。应先标定工具的运动学参数和动力学参数，再进入工具标定界面，为工具选择一个运动学和动力学属性，输入工具名称，之后添加工具。

如图 2-16 所示，工具标定中的运动学标定包括位置标定和姿态标定。标定位置参数需要大于等于四个路点；标定姿态参数需要有且仅有两个路点（不计参考点）；删除按钮功能为删除左侧列表中选中的标定路点。在标定工具运动学参数之前，应先确保机械臂已安装好工具。建议先确定位置标定点，之后确定姿态标定点。

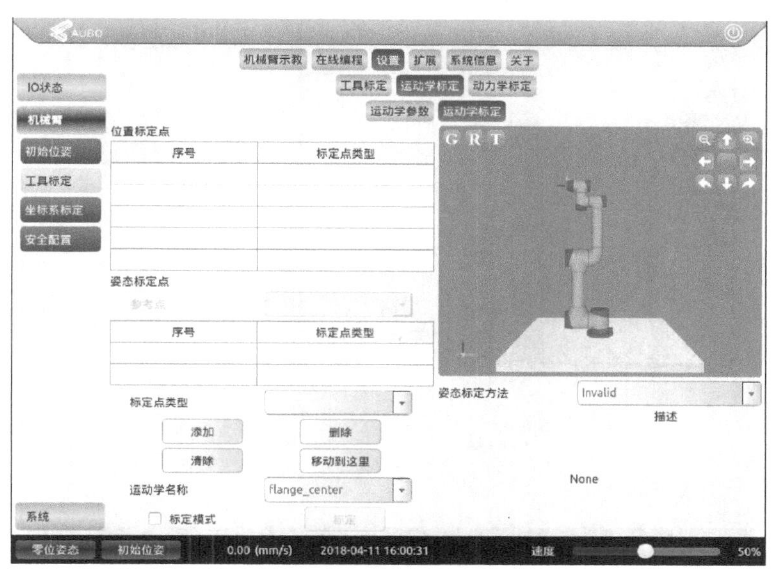

图 2-16　工具标定界面

3）坐标系标定界面。图 2-17 所示为坐标系标定界面。坐标系有九种类型，分别为：*XOY*、*YOZ*、*ZOX*、*XOXY*、*XOXZ*、*YOYZ*、*YOYX*、*ZOZX*、*ZOZY*。坐标系标定时先确定所标定坐标系的类型，通过坐标系标定方法选择所需的坐标系类型。然后选中标定方法模式的"Point1"，单击"设置路点"，进入示教界面，标定坐标系原点。用同样的方法标定"Point2"和"Point3"。输入坐标系名称，单击"添加"按钮保存坐标系参数。

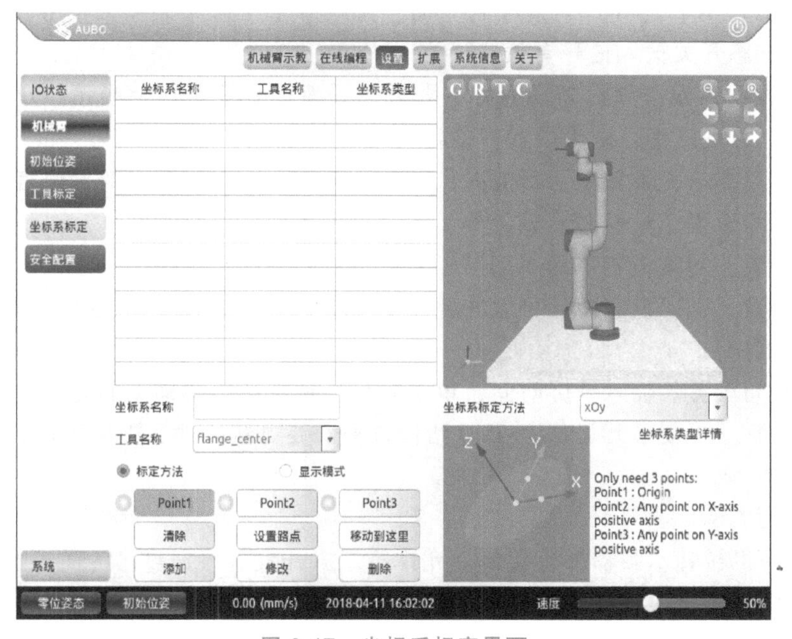

图 2-17　坐标系标定界面

4）安全配置界面。如图 2-18 所示，安全配置主要包括缩减模式、重置防护停止选项和操作模式选项设置。

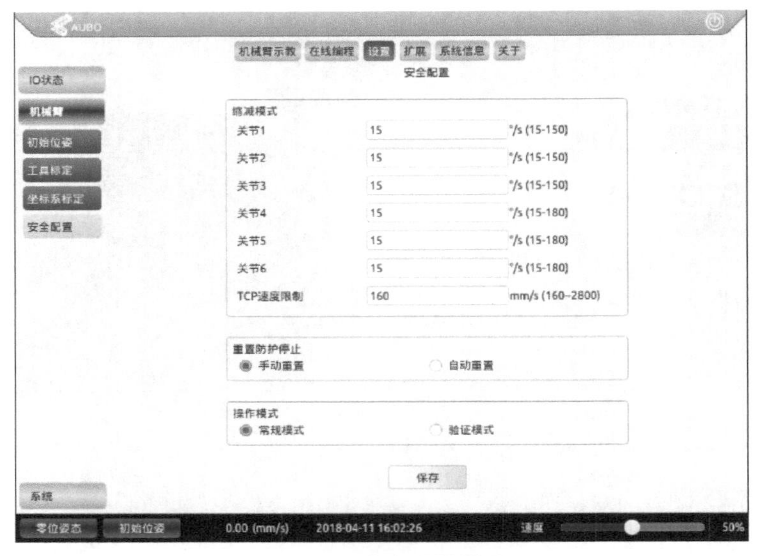

图 2-18　安全配置界面

① 缩减模式：该模式被激活后，机械臂在关节空间中的运动速度将受到限制，相应文本框中的数值即为各关节运动速度的极限值。

② 重置防护停止：选择“手动重置”时，防护停止信号无效、防护重置外部输入信号有效方能解除保护；选择“自动重置”时，忽略外部输入防护重置输入信号，当防护停止信号无效时自动解除保护。

③ 操作模式配置：选择“常规模式”时，忽略外部三态开关输入信号；选择“验证模式”时，外部三态开关输入信号有效。

（3）系统设置界面　如图 2-19 所示，机器人设置面板下有六个单元，分别为语言设置，日期时间设置，网络设置，密码设置，锁屏时间设置等。

1）语言设置。语言设置单元目前提供英文、中文、法文和德文四种语言设置。

2）日期时间设置。日期时间设置单元可以设置系统日期和时间。

3）网络设置。网络设置单元用于第三方接口控制的网络设置。

4）密码设置。密码设置单元可以在此设置锁屏密码（默认密码为 1）和锁屏时间（默认锁屏时间为 200s）。

5）锁屏时间设置。输入锁屏时间，单击确认，可更新屏幕锁定的时间。

6）更新设置。更新单元可从 USB 存储设备来安装更新软件和固件程序，以及恢复出厂设置。

5. 扩展界面

扩展模块为机械臂示教器插件接口，允许第三方开发者根据自己的需求扩展示教器软件功能，使得软件具有无限扩展的能力（扩展界面如图 2-20 所示）。例如，将 Modbus、PLC、Robotiq 等设备添加到示教器软件中。

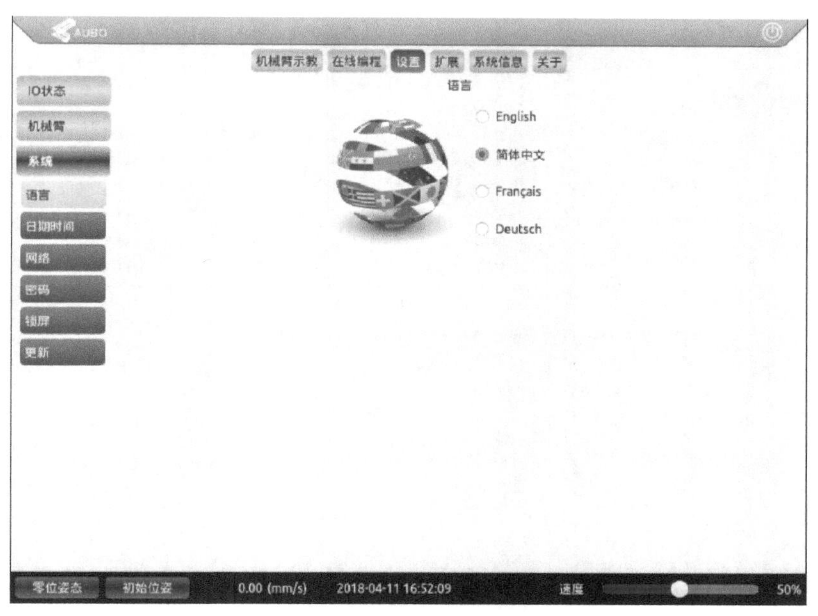

图 2-19　系统设置界面

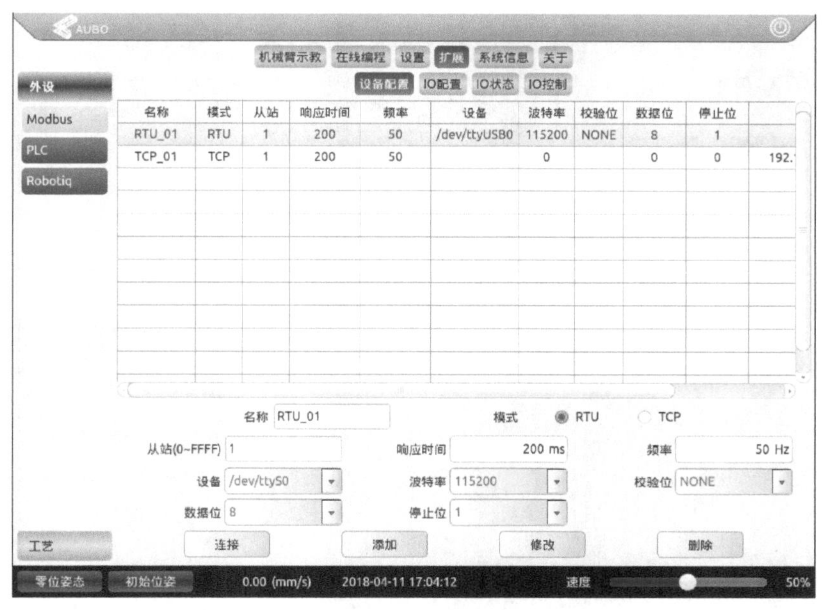

图 2-20　扩展界面

6. 系统信息界面

系统信息界面如图 2-21 所示，会显示机械臂的状态日志，包括电源状态、关节状态、机器人的工作日志和运行时间信息等。当机器人出现问题时，用户可通过滑动机器人工作日志信息栏右侧滑条查看日志，找出错误原因。

7. 版本信息界面

如图 2-22 所示，版本信息界面显示软件及其他硬件设备的版本信息。

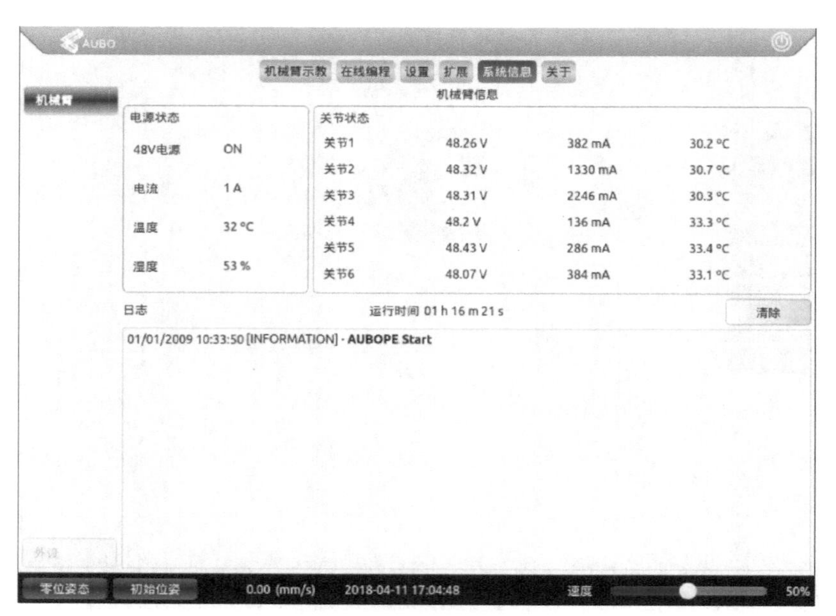

图 2-21　系统信息界面

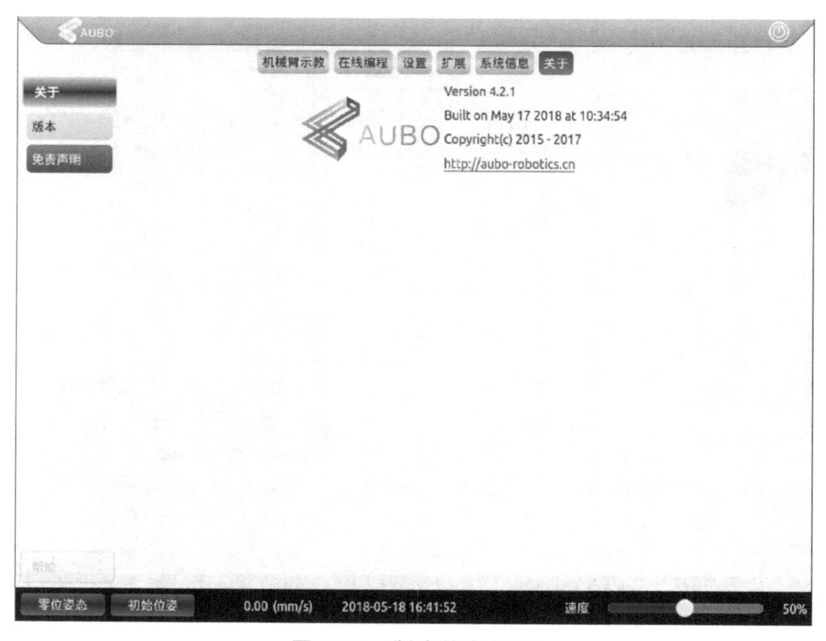

图 2-22　版本信息界面

思考与练习

2.1　简述 AUBO-i5 机器人控制系统的结构。

2.2　工业机器人的控制器接口有哪些？

2.3　简述 AUBO-i5 机器人示教器界面各部分的功能。

第 3 章　工业机器人基础功能

知识目标

✓ 了解工业机器人位姿定义
✓ 了解工业机器人常用坐标系概念
✓ 了解工业机器人典型功能
✓ 了解工业机器人奇异位并了解如何规避

技能目标

✓ 学会使用工业机器人轴动控制功能
✓ 学会使用工业机器人轨迹控制功能
✓ 学会使用工业机器人步进控制功能
✓ 学会如何避免和过渡奇异位

3.1　工业机器人位姿定义

刚体参考点的位置和刚体的姿态统称为刚体的位姿，要确定机器人在空间中的位姿，即确定机器人某点的位置和刚体的空间姿态。点的位置可以通过矢量来描述，刚体的姿态可以采用固连在刚体上的坐标系来描述。

相对参考坐标系，空间中任意一点的位置可用一个 3×1 的位置矢量来描述。如图 3-1 所示，用三个正交的单位矢量来表示坐标系 $\{A\}$，那么对于空间任意一点 P 可用矢量 ${}^{A}\boldsymbol{P}$ 来表示，左上标表示其参考的坐标系 $\{A\}$。矢量 ${}^{A}\boldsymbol{P}$ 在各个坐标轴上的投影即为其在相应坐标轴上的距离，分别用 P_X、P_Y 和 P_Z 表示。那么位置矢量 ${}^{A}\boldsymbol{P}$ 可表示为：

$$
{}^{A}\boldsymbol{P}=\begin{bmatrix} P_X \\ P_Y \\ P_Z \end{bmatrix} \tag{3-1}
$$

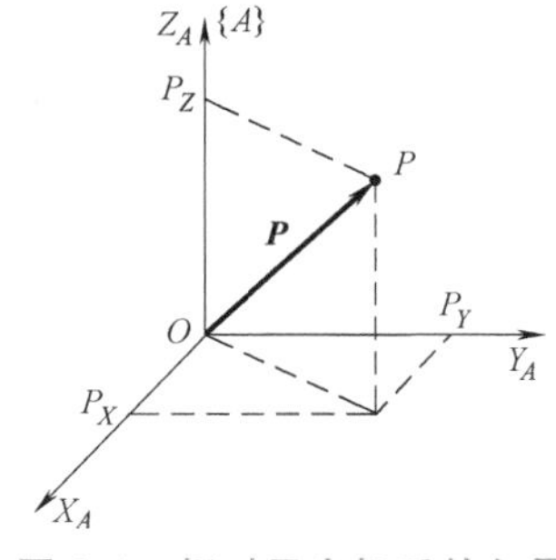

图 3-1　相对于坐标系的矢量

为了描述刚体的姿态，可在刚体上固定一个坐标系，再将该固连的坐标系在空间中表示出来。由于这个坐标系一直固连在刚体上，因此该刚体相对于坐标系的位置为已知。只要该坐标系可在空间中表示出来，就可得到该刚体相对于固定坐标系的位姿。

要描述一个坐标系相对于另一个坐标系的关系，必须给出坐标系原点的位置和它的坐标轴方向。如图 3-2 所示，取刚体上一点 P，该点相对于参考坐标系的位置矢量 $^{A}\boldsymbol{P}$ 可由位置描述给出。按照右手定则，在点 P 处建立坐标系 $\{B\}$ 固定在物体上，则坐标系 $\{B\}$ 相对于坐标系 $\{A\}$ 的描述就可表示出刚体的位姿。

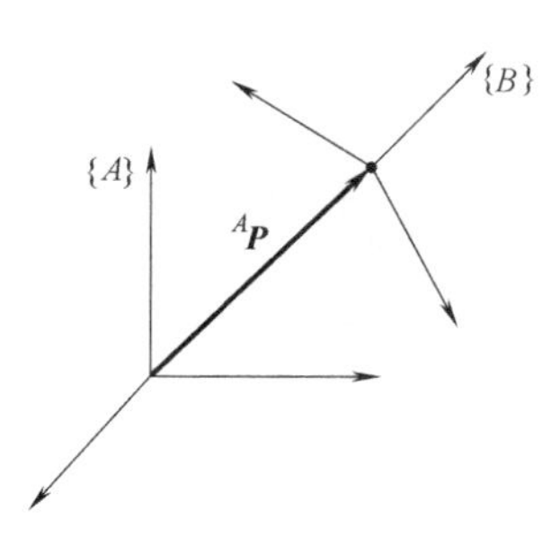

图 3-2 位置和姿态的确定

用 $\boldsymbol{X}_B$、$\boldsymbol{Y}_B$ 和 $\boldsymbol{Z}_B$ 来表示坐标系 $\{B\}$ 主轴方向的单位矢量。当该单位矢量在参考坐标系 $\{A\}$ 中表达时，可表示为 $^{A}\boldsymbol{X}_B$、$^{A}\boldsymbol{Y}_B$ 和 $^{A}\boldsymbol{Z}_B$，那么坐标系 $\{B\}$ 相对于坐标系 $\{A\}$ 的表达可由旋转矩阵 $^{A}_{B}\boldsymbol{R}$ 表示：

$$^{A}_{B}\boldsymbol{R}=[\,^{A}\boldsymbol{X}_B \quad ^{A}\boldsymbol{Y}_B \quad ^{A}\boldsymbol{Z}_B\,]=\begin{bmatrix} r_{11} & r_{12} & r_{13} \\ r_{21} & r_{22} & r_{23} \\ r_{31} & r_{32} & r_{33} \end{bmatrix} \tag{3-2}$$

式中，$^{A}\boldsymbol{X}_B$、$^{A}\boldsymbol{Y}_B$ 和 $^{A}\boldsymbol{Z}_B$ 分别为单位矢量 $\boldsymbol{X}_B$、$\boldsymbol{Y}_B$ 和 $\boldsymbol{Z}_B$ 在坐标系 $\{A\}$ 中的投影，可由单位矢量的点积表示，即坐标轴各分量之间夹角的余弦。按照一定的顺序进行三次绕主轴的旋转，可得到 24 种角坐标系表示法，其中 12 种为固定角坐标系表示法，另外 12 种为欧拉角坐标系表示法，本小节将简单介绍几种常用的位姿表示方法。

1. *XYZ* 固定角坐标系

XYZ 固定角坐标系又称为 RPY 角表示法，是描述船舶在海中航行时姿态的一种方法。按照定义，首先将坐标系 $\{B\}$ 和已知坐标系 $\{A\}$ 重合，然后将 $\{B\}$ 绕 $\boldsymbol{X}_A$ 旋转 γ 角，再绕 $\boldsymbol{Y}_A$ 旋转 β 角，最后绕 $\boldsymbol{Z}_A$ 旋转 α 角。每次旋转都是绕着固定参考坐标系 $\{A\}$ 的轴，随后的“*ZYX* 欧拉角”与“*ZYZ* 欧拉角”中的旋转同理，不再赘述。

2. *ZYX* 欧拉角

ZYX 欧拉角依次绕运动坐标系 $\{B\}$ 的 Z、Y、X 轴旋转。首先将坐标系 $\{B\}$ 和已知坐标系 $\{A\}$ 重合，然后将 $\{B\}$ 绕 $\boldsymbol{Z}_B$ 旋转 α 角，再绕 $\boldsymbol{Y}_B$ 旋转 β 角，再绕 $\boldsymbol{X}_B$ 旋转 γ 角。

3. *ZYZ* 欧拉角

ZYZ 欧拉角依次绕运动坐标系 $\{B\}$ 的 Z、Y、Z 轴旋转。首先将坐标系 $\{B\}$ 和已知坐标系 $\{A\}$ 重合，然后将 $\{B\}$ 绕 $\boldsymbol{Z}_B$ 旋转 α 角，再绕 $\boldsymbol{Y}_B$ 旋转 β 角，再绕 $\boldsymbol{Z}_B$ 旋转 γ 角。

3.2 工业机器人坐标系定义

3.2.1 世界坐标系

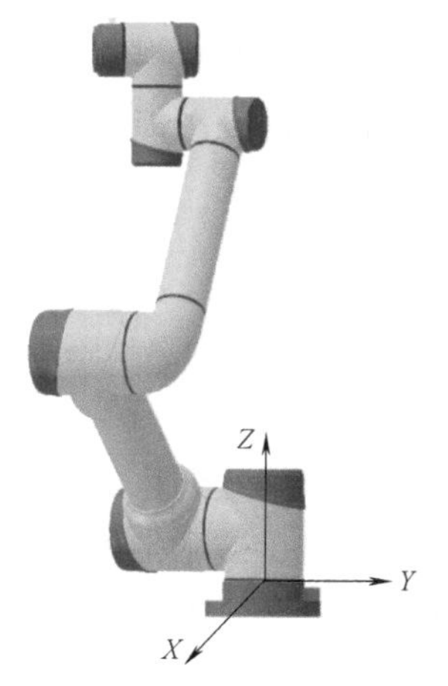

图 3-3 世界坐标系

世界坐标系（World Coordinate System）又称为大地坐标系或绝对坐标系，是以地球为参照系的固定笛卡儿坐标系，与机器人的运动无关。在没有建立其他坐标系之前，机器人上所有点的位置都基于该坐标系来确定，如图 3-3 所示。

在使用世界坐标系时，机器人在空间中的运动始终是唯一的，因为世界坐标系的原点和坐标方向始终固定已知。对于单台机器人，世界坐标系和基本坐标系通常重合；但是对于两台或多台共同协作的机器人，很难预测相互协作运动的情况，此时可定义一个共同的世界坐标系取而代之。

3.2.2　基本坐标系

基本坐标系（Base Coordinate System）又称为基座坐标系，固连在机器人的静止部位，通常位于机器人基座上，与世界坐标系重合（图 3-3）。基本坐标系是最便于描述机器人从一个位置移动到另一个位置的坐标系。基本坐标系在机器人基座中有相应的零点，在正常配置的机器人系统中，可通过移动底座来移动该坐标系。

3.2.3　法兰坐标系

法兰坐标系（Flange Coordinate System）又称为机械 IF（Interface）坐标系，是以机器人最前端法兰面为基准确定的坐标系。如图 3-4 所示，其坐标原点位于法兰中心，与法兰面垂直的轴为 Z 轴，Z 轴正向朝外；法兰中心与定位销孔的连接线为 Y 轴。法兰坐标系固连在法兰面上，当法兰转动时，法兰坐标系会随着法兰面转动。

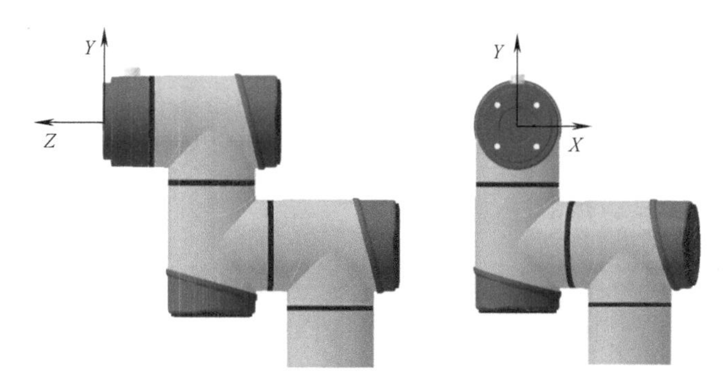

图 3-4　法兰坐标系

3.2.4　工具坐标系

如图 3-5 所示，工具坐标系（Tool Coordinate System）是以工具中心为基准点建立的坐标系。安装在末端法兰盘上的工具需要在其中心点定义一个工具坐标系，通过坐标系的转换，可操作机器人在工具坐标系下运动，从而方便操作。由于工具坐标系是在法兰坐标系的基础上建立的，若工具磨损或更换，只需重新定义工具坐标系，而不用更改程序。

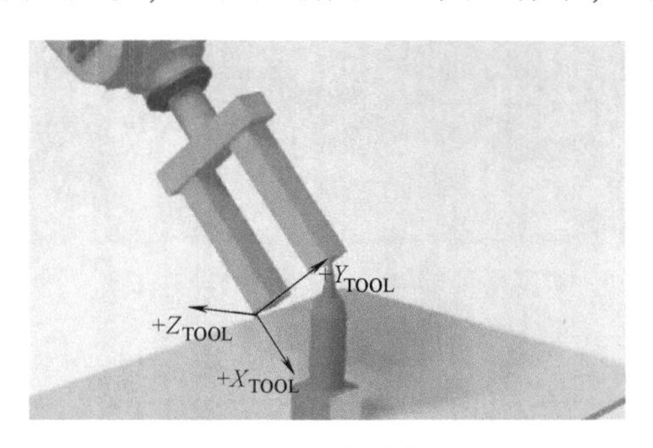

图 3-5　工具坐标系

3.2.5 用户坐标系

用户坐标系（User Coordinate System）通常在基本坐标系或者世界坐标系下建立，机器人可与不同的工作台或夹具配合工作，在每个工作台上建立一个用户坐标系。机器人大部分采用示教编程的方式，步骤繁琐，对于相同工件，若放置在不同工作台进行操作，不必重新编程，只需相应变换到当前用户坐标系下，如图 3-6 所示。

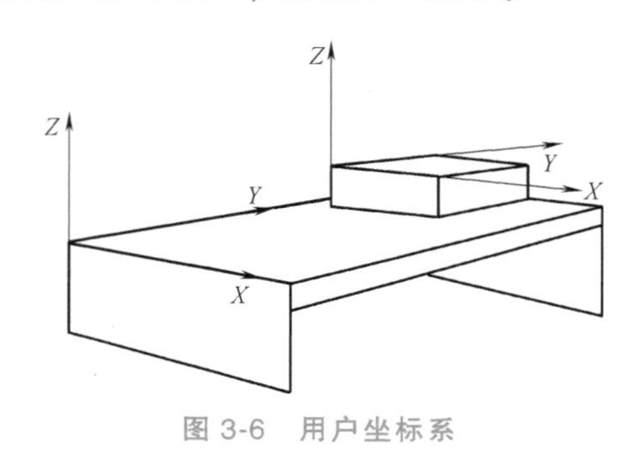

图 3-6 用户坐标系

3.3 工业机器人基础功能

3.3.1 工业机器人运动仿真功能

工业机器人运动仿真功能是为了在不使用真实机械臂的情况下，验证用户编写的程序。其原理是根据仿真环境，通过示教器上的虚拟按键，来检验机器人的控制程序是否合理正确。仿真界面如图 3-7 所示。

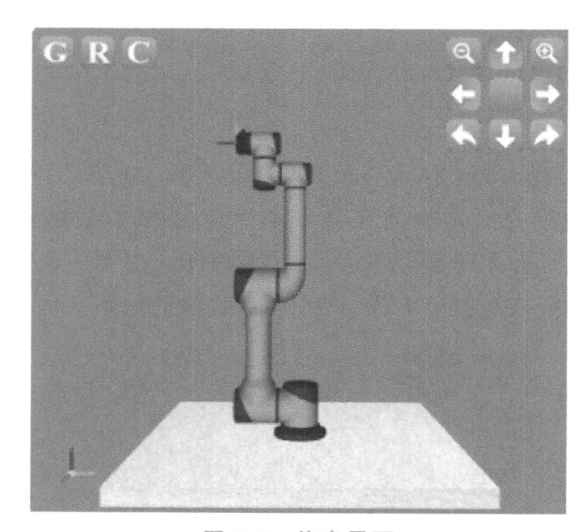

图 3-7 仿真界面

3.3.2 工业机器人移动示教功能

对于六轴工业机器人，有六个转动关节，共有六个自由度，如图 3-8 所示，从下到上的每个关节分别命名为关节 1～关节 6，分别对应机器人的六个关节。用户只需使用示教界面上的关节控制按钮就可控制每个机械臂关节的转动。其中，“+”表示该关节中的电动机逆时针转动，“-”表示该关节中的电动机顺时针转动。

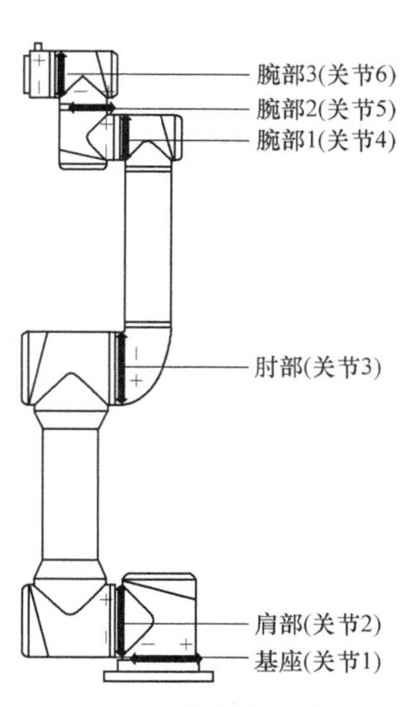

图 3-8　轴动控制功能

工业机器人在移动示教时，通过 6 个转动关节联动配合作用于 TCP（TCP 的全称是 Tool Centre Position，工具中心点）上，转化为末端工具的运动，从而实现用户需要完成的工作。机器人运动分为三类：轴动运动、直线运动和轨迹运动，如图 3-9 所示。

1）轴动运动：轴动运动适合空间足够的环境。轴动运动只保证目标路点的位置，不对运行路径进行限制，一般两个路点之间接近一条直线。这种运动方式，各关节变化角度较小，速度较快。适合过程路径，不适合工作路径。

2）直线运动：直线运动既可以保证目标路点的位置，也能保证从一个路点运动到下一个路点时的运动轨迹为直线。对于一些要求严格的工件，建议使用直线运动。

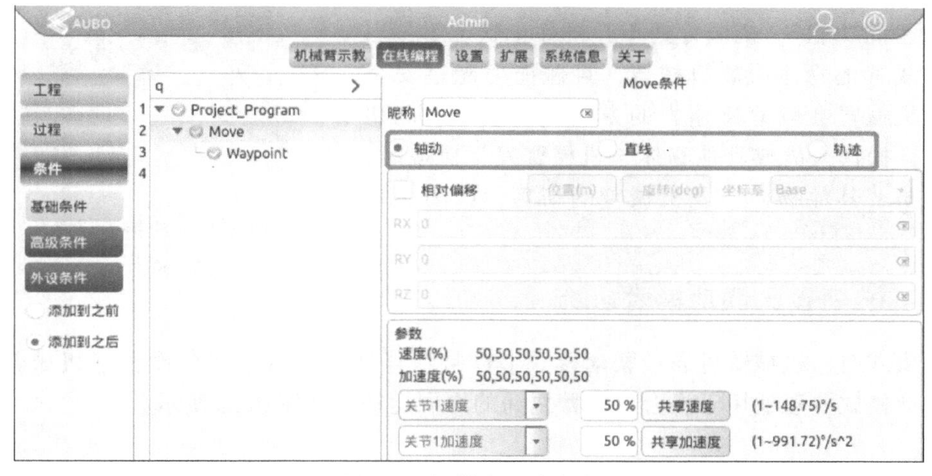

图 3-9　机器人运动方式

3）轨迹运动：轨迹运动中包含多种运动轨迹，多用于曲线运动。包括圆弧运动、圆周运动、直线轨迹的圆弧平滑过渡、B 样条曲线等。一般轨迹运动命令下，至少包含 3 个路点，才可以确定机器人需要运行的运动轨迹。

3.3.3　工业机器人步进控制功能

工业机器人步进控制是指让被控制的变量以步进的方式精确变化，从而增加示教的精度。用户可通过示教器来调整机械臂运动的步长。

位置步进控制表示控制末端位置移动的步长，单位为 mm，可设置范围为 0.10～10.00mm。姿态步进控制表示控制末端姿态运动角度的步长，单位为度，可设置范围为 0.10°～10.00°。关节步进控制表示控制各个关节运动角度的步长，单位为度，可设置范围为 0. 10°~10. 00°。步进控制只对末端控制及关节轴控制有效，如图 3-10 所示，通过“+”和“-”可调节步长范围。

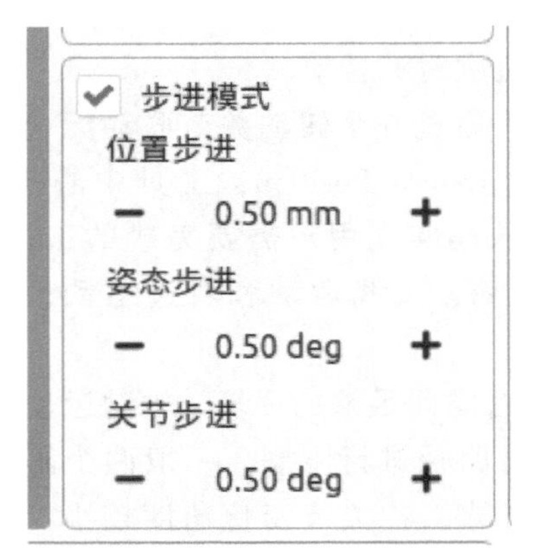

图 3-10　步进控制

3. 3. 4　工业机器人碰撞检测功能

机器人配置有对“碰撞而产生的异常”进行检测的“碰撞检测功能”。机械臂处于开机静止状态下，当操作人员或其他物体误碰机械臂，且碰撞力超过安全阈值时，机械臂会顺着碰撞力的方向被动移动。此功能可以保证操作人员或其他物体与机械臂发生碰撞时，减少对人员、其他物体以及机械臂的伤害，如图 3-11 所示。

图 3-11　机器人碰撞检测

3. 3. 5　工业机器人联动模式功能

联动模式时，机械臂可通过联动模式 I/O 接口与外部一台或多台设备（机械臂等）进行通信。此模式一般适用于多台机械臂之间的协同运动，如图 3-12 所示。

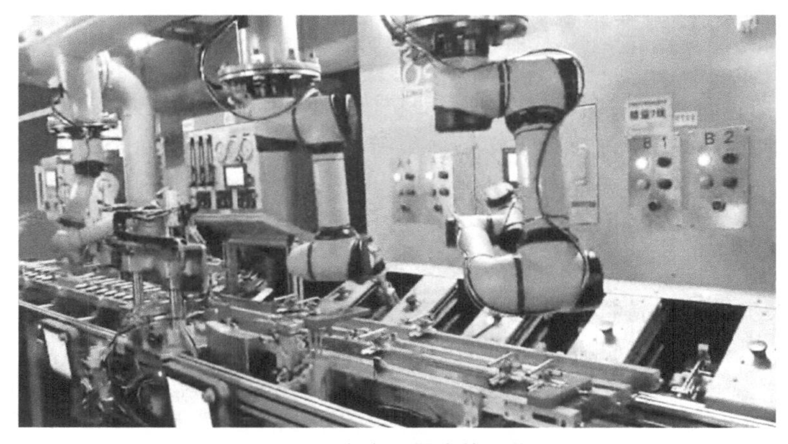

图 3-12　多台机器人协同作业

3.4　工业机器人奇异位概述

1. 奇异位的定义

工业机器人奇异位置通常出现在操作臂完全伸展开或者收回，使得末端执行器处于工作空间边界的情况，或者由于工作空间内出现两个或者两个以上的关节轴线共线而引起，如图 3-13 所示。

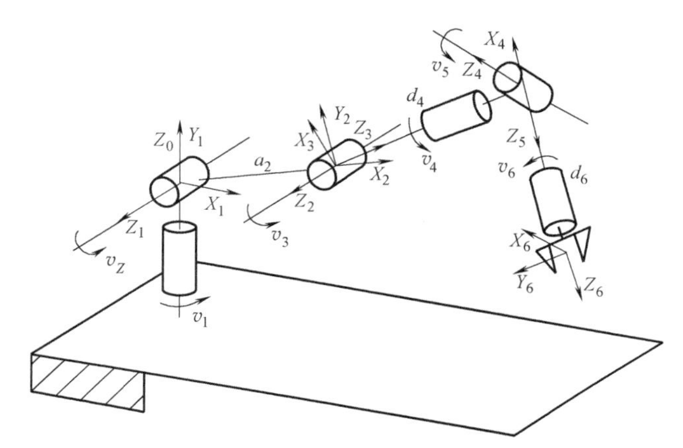

图 3-13　六轴串联机器人空间直角坐标

在六轴串联工业机器人中，奇异位分别是：顶部奇异位、延伸奇异位、腕部奇异位。很多机器人都会存在这种奇异位，这种现象与机器人的品牌无关，只和结构有关。

（1）顶部奇异位　如图 3-14 所示，腕关节中心点为 4、5、6 轴的交点，当其位于一轴轴线上方时，机器人处于顶部奇异位。

（2）延伸奇异位　当 J2 和 J3 轴的延长线经过腕关节中心点时，机器人处于延伸奇异位，如图 3-15 所示。

（3）腕部奇异位　当 J4 轴与 J6 轴平行即 J5 轴关节值为 0 附近时，机器人处于腕部奇

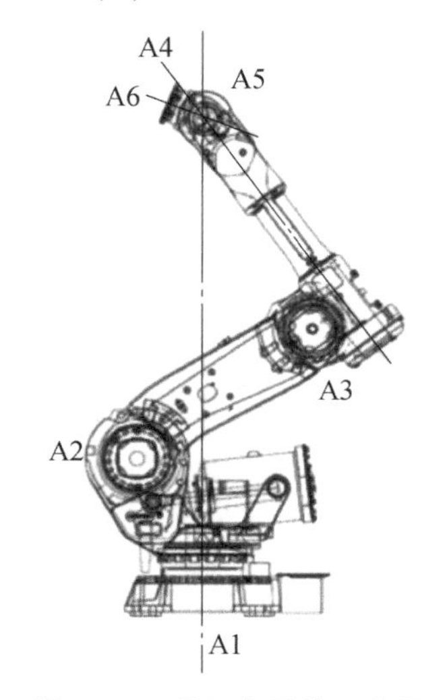

图 3-14　顶部奇异位示意图

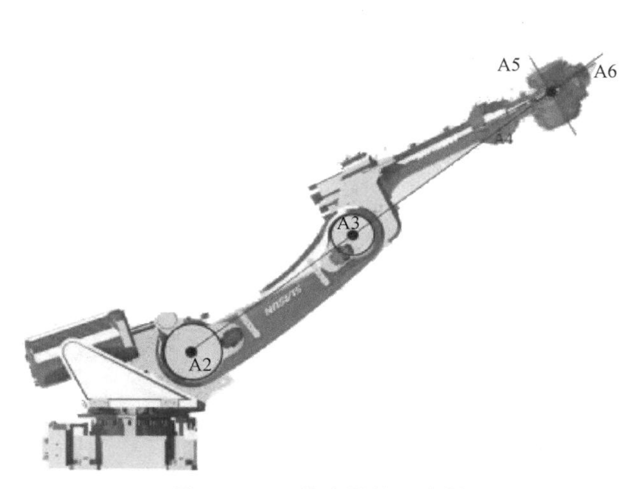

图 3-15　延伸奇异位示意图

异位，如图 3-16 所示。

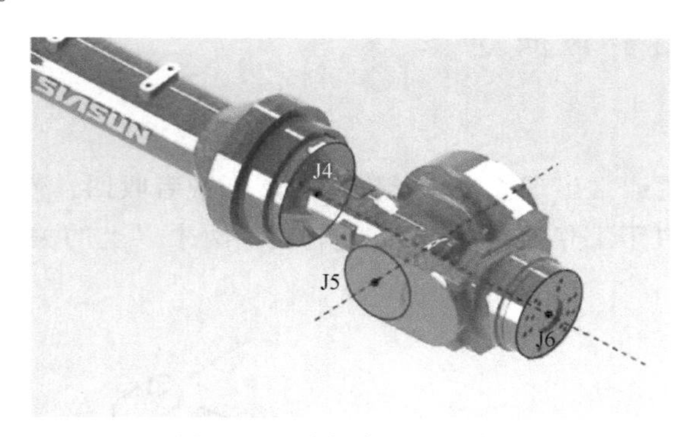

图 3-16　腕部奇异位示意图

2. 奇异位的危害

当机器人位于奇异位时，从轴运动学计算，机器人某轴可以得到无数解，致使此轴会得到多个自由度结果，机器人将无法正确规划运动，造成机器人某个轴运动失控，瞬间暴走极速旋转，机器人会报警，可能会造成设备损伤或人员伤害。因此，这时在笛卡儿空间的某个方向上，无论选择什么样的速度都不能使机器人手臂在这个方向上运动。

3. 如何避免奇异位

当手动使用笛卡儿坐标系操作机器人需要经过奇异位时，应在经过奇异位前切换到轴坐标系，使用单独轴运动来进行奇异位过渡，再切换回笛卡儿坐标系操作机器人。

当设计机器人应用方案时，要考虑机器人和各个设备之间的摆放位置布局，应对机器人的运动轨迹进行规划，还应考虑机器人夹具在工作中对机器人姿态的影响，尽量避开机器人经过奇异位的位置布局，如升高机器人底座。

思考与练习

3.1　简述工业机器人位姿的定义。

3.2　简述工业机器人的几种坐标系。

3.3　简述工业机器人的基本功能。

3.4　简述工业机器人的奇异位种类。

第 4 章　工业机器人程序功能

知识目标

✓ 熟悉工业机器人程序创建的方法
✓ 熟悉工业机器人运动命令的使用方法
✓ 熟悉工业机器人运动方式的选择
✓ 熟悉变量的使用方法

技能目标

✓ 熟练掌握工业机器人程序的创建及编辑
✓ 使用工业机器人运动指令进行基础编程
✓ 完成工业机器人的手动程序调试
✓ 掌握工业机器人的简单轨迹编程

4.1　程序功能简介

“示教”这个词是从机器人取代手工作业而来的。用机器人代替人进行作业时，必须预先对机器人发出指示，规定机器人应该完成的动作和作业的具体内容，这个过程就是对机器人的示教编程。当然，不同的设备采用示教编程的方式都是告诉机器要执行的步骤。机器人的示教编程一般是操作人员通过手持示教器让机器人运动到目标点，然后选择机器人的运动指令，并逐点记录的过程。本章将重点介绍 AUBO-i 系列协作机器人示教器的在线编程功能的实现。

AUBO-i 系列机器人提供了便捷的编程方法，用户通过示教器上的机器人指令并设置一些简单的参数就可以控制机器人运动，工作效率高。AUBO-i 系列机器人的编程主要是在示教器的界面中进行设置，如图 4-1 所示。图中各部分介绍见表 4-1。

表 4-1　在线编程界面各部分定义

序　号	名　称	序　号	名　称
①	菜单栏	⑤	程序操作
②	工具栏	⑥	程序控制
③	程序列表	⑦	属性窗口
④	运动限制		

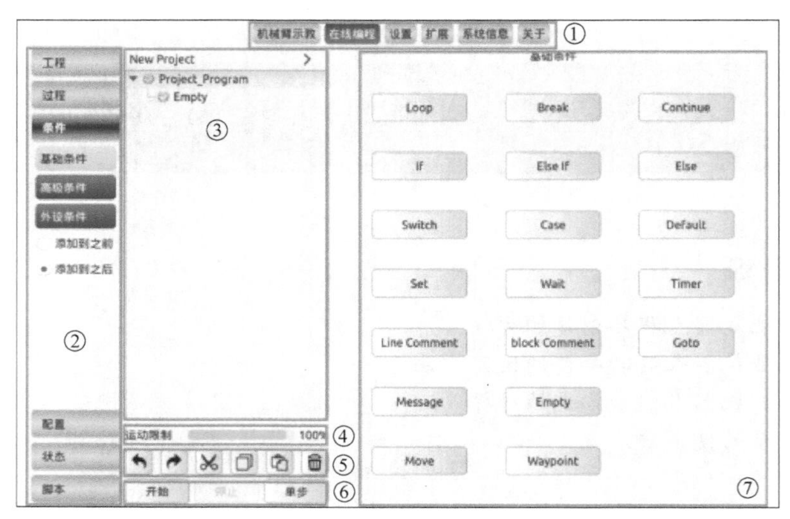

图 4-1　在线编程界面示意图

用户对 AUBO 机器人的编程主要在在线编程面板里进行，面板主要分为以下几个部分：

（1）菜单栏　可以在不同面板间进行切换，选中的按钮显示浅色字体、深色背景。

（2）工具栏　采用抽屉式按钮，用户可以根据不同的任务需求进行选择。

（3）程序列表　采用逻辑树方式排列，显示工程文件中的每一个命令节点，便于用户阅读修改程序。

（4）运动限制　拖动运动限制滑块可以限制工程运行速度，目前只针对 Move 函数下的运行速度控制。

（5）程序操作　可以对程序列表中的命令进行操作。

1）↶：撤销命令，是程序编辑控制指令，可以恢复到上次的程序编辑状态，最多可撤销 30 次。单击“撤销”按钮可恢复到上次的程序编辑状态。

2）↷：撤销恢复命令，是程序编辑控制指令，可以恢复上次的撤销命令。单击“恢复撤销”按钮可恢复到上次撤销命令。

3）✂：剪切命令，是程序编辑控制指令，可以实现对程序段的剪切操作。

4）□：复制命令，是程序编辑控制指令，可以实现对程序段的复制操作。

5）📋：粘贴命令，是程序编辑控制指令，可以实现对程序段的粘贴操作。

6）🗑：删除命令，是程序编辑控制指令，可以删除同级目录下的程序段。

（6）程序控制　包括开始、停止和单步。

1）开始：机器人程序启动的第一步。

2）停止：在机器人运行过程中，单击“停止”按钮可以停止机器人运动，要想让机器人重新动作，只有单击“开始”按钮，且只能按程序从头开始运行。

3）单步：单击“单步”按钮，机器人将按照程序（New Project）的逻辑顺序执行第一个路点程序，再次单击则执行下一个路点程序。

（7）属性窗口　根据菜单和工具栏中的不同选项提供不同的显示面板，可对特定的功能进行操作、显示及参数设置。

4.2　工程管理

操作人员编写一个新的程序，必须首先新建一个工程。程序是以工程的形式保存的。在工程项目选项卡内有四个按钮：新建、加载、保存和默认工程。

4.2.1　新建工程

新建工程的步骤如下：

1）单击“新建”按钮可创建一个新的工程。左边的程序逻辑列表会出现一个根节点（New Project）（图4-2），此后的程序命令都在该根节点下，并且选项卡自动切换到基础条件界面。

2）单击“Project_Program”，出现工程根条件，此处可修改名称。

3）如果在当前工程文件有修改且未保存的情况下就进行其他操作，系统会出现弹窗提示，用户可以根据实际的情况选择该工程是否保存。

4）工程创建完成后，对在线编程界面进行操作时，如果勾选“添加到之前”单选按钮，则可在选定命名前插入一条新命令。同理，勾选“添加到之后”单选按钮，则可在选定命令后插入一条新命令，如图4-2所示。

图4-2　新建工程

4.2.2　加载工程

加载工程的步骤如下：

1）单击“加载”按钮，找到目标程序，加载工程。

2）打开工程后，程序逻辑列表会载入打开的程序，如图4-3所示。

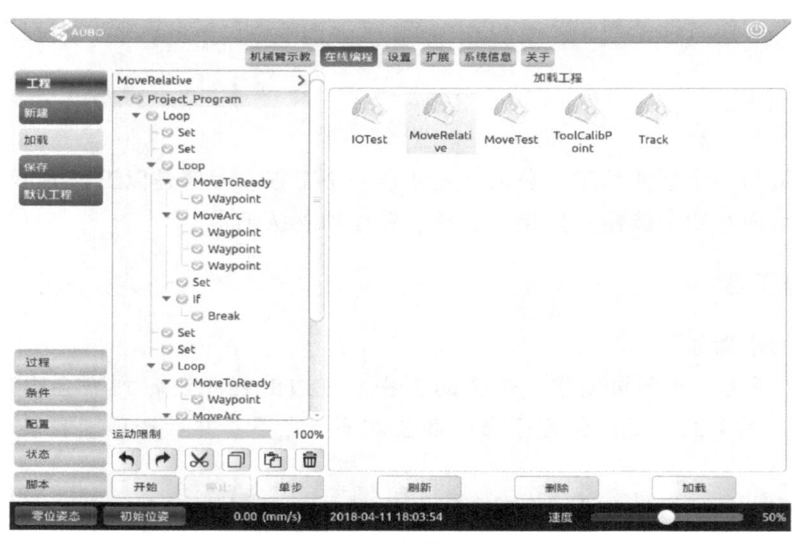

图 4-3　加载工程

3）单击界面左下角的“开始”按钮，进入“移动机械臂到准备点”界面（图 4-4）；按住“自动移动”按钮移动机械臂到起始位置，依次单击“OK”→“开始”按钮，机器人便会开始动作，并且选项卡自动切换到仿真模型界面。

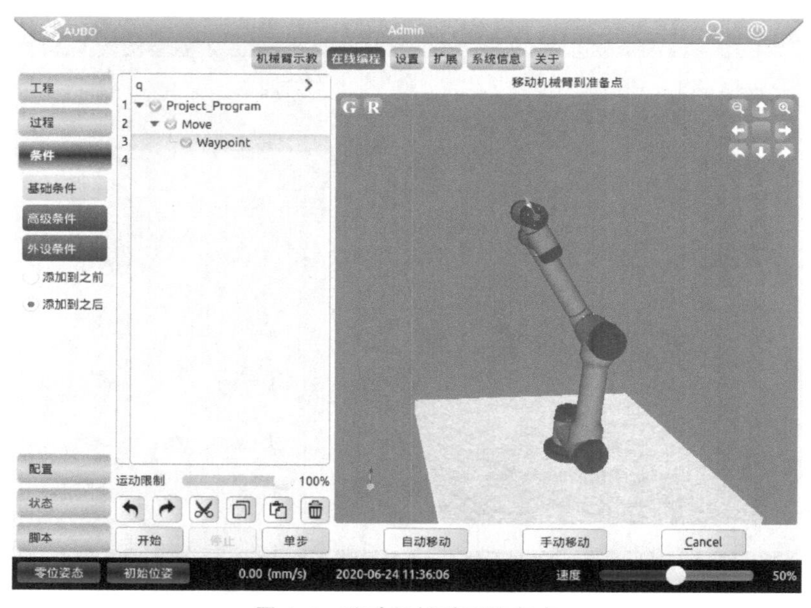

图 4-4　移动机械臂到准备点

4.2.3　保存工程

保存工程的步骤如下：

1）单击界面最左侧的“保存”按钮进行工程的存储。如果是新建立的工程，则需要输入新工程的名称，然后再单击“保存”按钮，如图 4-5 所示。

2）工程文件以 .XML 的格式保存。

3）保存后的文件如果进行了编辑，则需要再次进行保存操作。

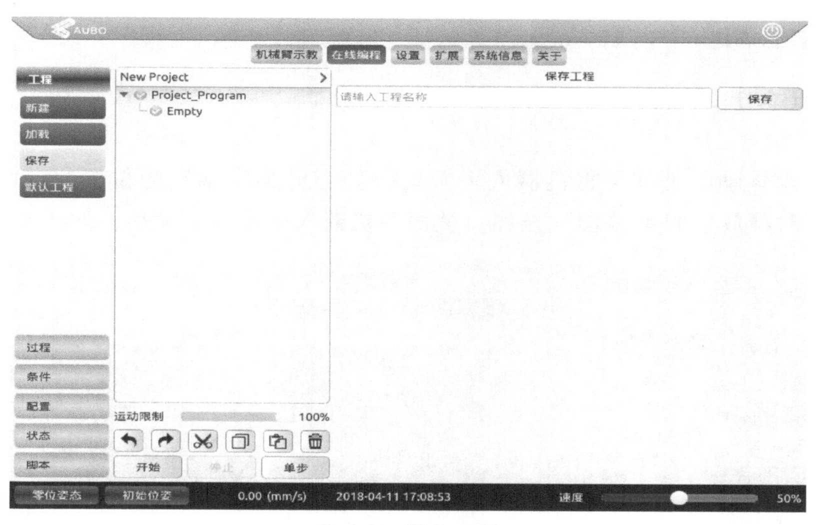

图 4-5　保存工程

4.2.4　默认工程

默认工程的操作步骤如下：

1）单击“默认工程”按钮，在默认工程文件列表处选择需要操作的工程，根据需求勾选不同选项。

2）如果勾选“自动加载默认工程”选项，则打开编程环境后将自动载入默认工程。

3）如果勾选“自动加载并运行默认工程”选项，则打开编程环境后将自动载入并运行默认工程。然后单击“确认”按钮，如图 4-6 所示。

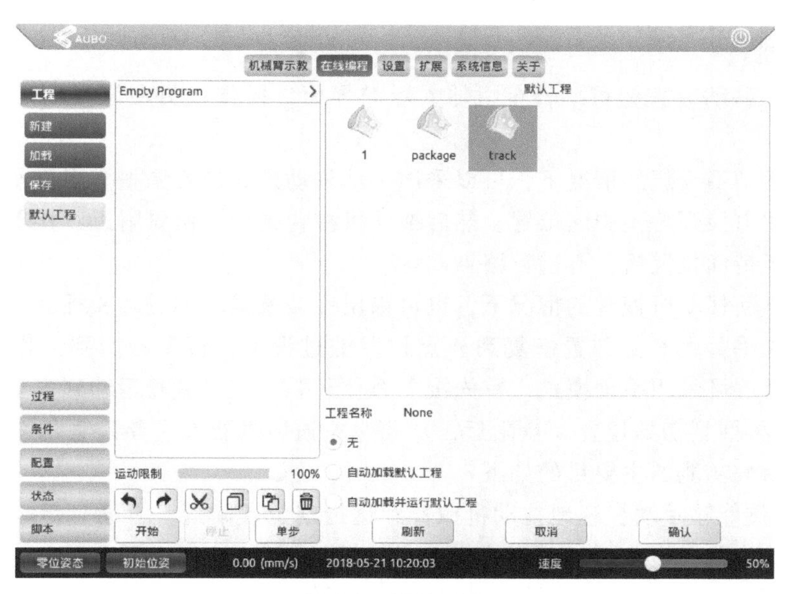

图 4-6　默认工程

进行以上操作后，下次启动会直接加载该工程，不需要多余的配置操作，可满足工厂自动化生产的需求。

4.2.5 自动移动和手动移动

机械臂的运动模式包括自动移动和手动移动两种。

1. 自动移动

长按“自动移动”按钮可将机器人手臂运行到当前程序指定的位置。在此过程中，操作人员可以随时释放“自动移动”按钮，从而使机器人手臂停止运动，如图 4-7 所示。

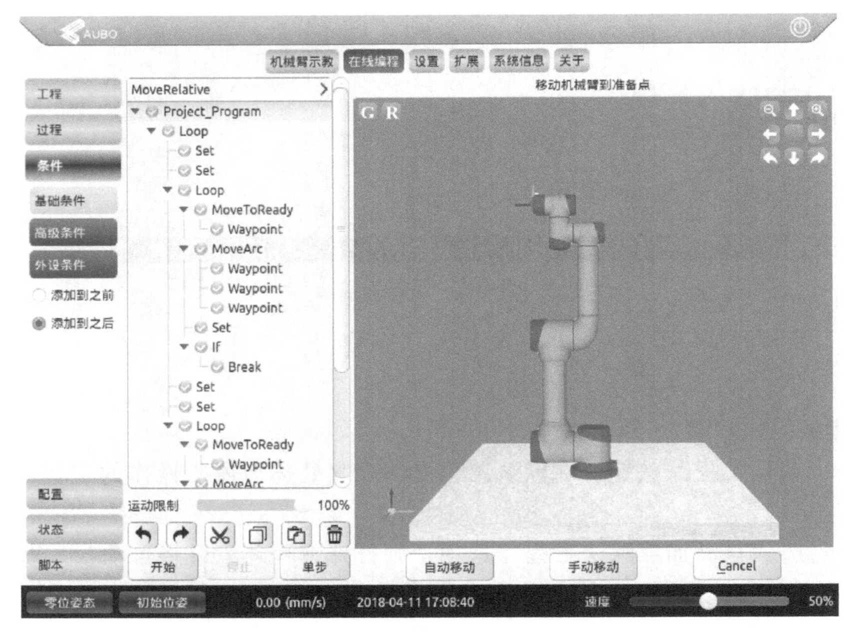

图 4-7 自动移动示意图

2. 手动移动

按下“手动移动”按钮可跳转至机器人示教界面，操作人员在该界面可手动移动机器人手臂。

在机械臂运动不理想的情况下，可以采用手动移动模式进行调整。当操作人员进行拖动示教时，需按住力控开关到中间位置，然后拖动机械臂到指定位置附近；接着，通过示教器界面手动微调至精确位置后，再进行路点确认。

在不适于自动移动机械臂的情况下，也可采用手动模式，如图 4-8 所示。例如，在自动模式下，机器人手臂由 C 点位置恢复到 A 点位置的过程中，将要碰撞到工作平面或者障碍物时，操作人员就可采用手动模式。首先按下力控开关，使机械臂运动到安全位置（比如 B 点附近），然后再回到初始位置 A 点附近，从而避免损坏机器人或者其他设备。

产品拖动示教功能的主要目的如下：

1）操作人员能够手动快速地拖动机械臂到达指定位置附近，再通过示教器的二次示教达到最终精确的位置。

2）发生危险时，操作人员能够通过拖动示教器使机械臂快速地离开危险区域。

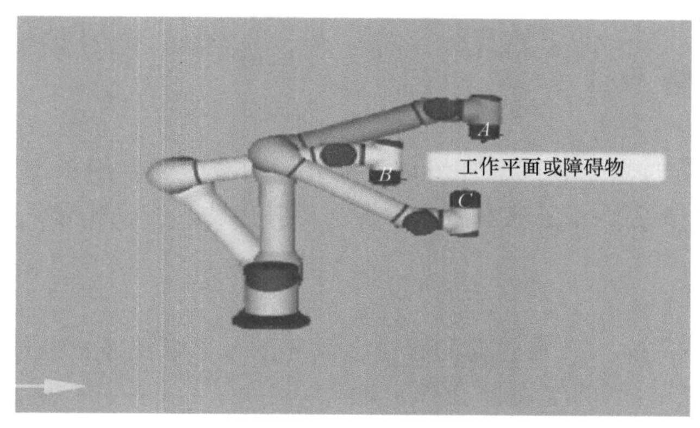

图 4-8 手动移动示意图

操作人员对比仿真机器人和真实机器人手臂的位置，确保机器人手臂可以安全地运动，而不会碰撞到工作平面或者障碍物。

4.2.6 过程工程

过程工程（子工程）能够用于很多程序文件中，可以用于一项任务中的独立文件，也可以被调用到其他程序文件中多次使用。过程工程可以是控制工程也可以是被控工程。

过程工程中包含的程序数据，仅为当主程序中的子工程被激活时的数据。过程工程可以基于某些条件（例如，变量的值或者外部设备的输入信号）从主程序中的一个或多个位置进行调用。

1）过程工程可以对复用的程序段进行编辑，以方便加载到其他的项目程序段中。

2）过程工程的新建、加载及保存方法与前面章节所述一致，如图 4-9 所示。

3）建立的子工程文件可以应用到本章 4.4.2 节的 Pocedure 命令中。

图 4-9 过程工程

4.3 基本条件命令

“基本条件命令”选项卡是编程环境里最重要的部分，通常用于编写命令以及对选中命令状态进行配置。本节主要介绍基本命令的含义及其用法，方便操作人员编写程序。

4.3.1 Loop 命令

Loop 是循环命令，Loop 节点包含的程序会循环运行，直到终止条件成立。

1）单击“昵称”右侧的空白处会弹出输入框，操作人员可修改命令的名称，如图 4-10 所示。

2）勾选“无限循环”单选按钮并设置循环次数，当程序循环到达次数后将会退出循环。

3）选择“Loop 条件”单选按钮并设置循环条件表达式，当表达式成立时程序便进入循环；表达式不成立时程序将退出循环。可单击“清除”按钮清空表达式。

4）单击“确认”按钮确认此命令状态配置并保存。

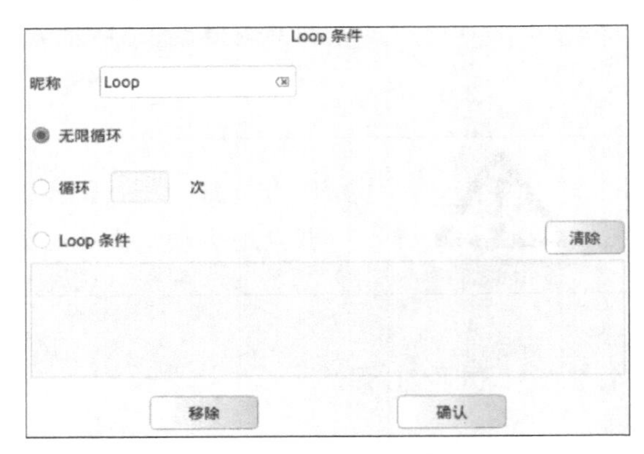

图 4-10　Loop 命令

4.3.2 Break 命令

Break 命令是跳出循环命令，当 Break 条件成立时，程序将跳出循环。

1）单击“昵称”右侧的空白处会弹出输入框，操作人员可修改命令的名称，如图 4-11 所示。

2）Break 命令只能用于 Loop 循环中，并且 Break 命令前必须有一条 If 命令。当 If 命令中的判断条件成立时，运行 Break 命令，程序将跳出循环；否则，界面会弹出错误提示。

3）单击“移除”按钮，则删除此 Break 命令。

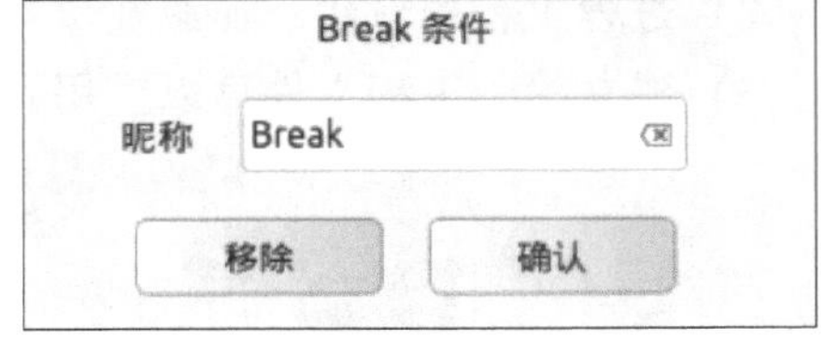

图 4-11　Break 命令

4.3.3 Continue 命令

Continue 是结束单次循环命令，当 Continue 条件成立时，程序将结束本次循环。它与 Break 命令的区别在于：Break 命令跳出整个循环后，不会再次进入循环；而 Continue 命令跳出的是单次循环，并且在下个循环周期还会再次进入循环之中。

1）单击“昵称”右侧的空白处将会弹出输入框，操作人员可修改命令的名称，如图 4-12 所示。

2）Continue 命令也只能用于 Loop 循环中，并

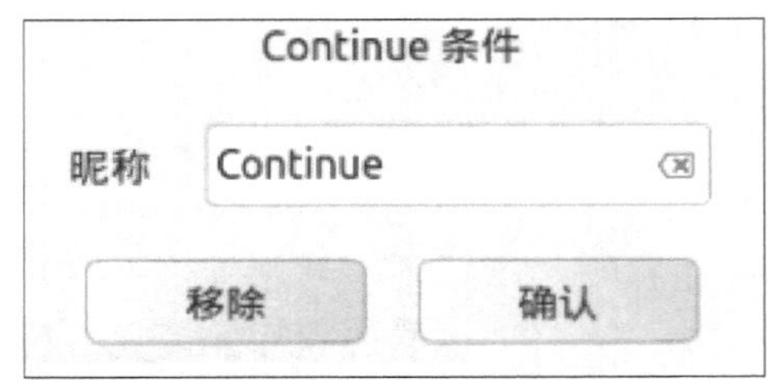

图 4-12　Continue 命令

且 Continue 命令前必须有一条 If 命令。当 If 命令中的判断条件成立时，执行 Continue 命令，跳出本次循环；否则，界面将弹出错误提示。

3）单击“移除”按钮，则删除此 Continue 命令。

4.3.4　If…Else 命令

If…Else 是选择判断命令，通过判断条件来运行不同的程序分支。

1）单击“昵称”右侧的空白处会弹出输入框，操作人员可修改命令的名称，如图 4-13 所示。

图 4-13　If…Else 命令界面

2）单击 If 条件下的空白窗口会弹出如图 4-14 所示的输入框，操作人员可输入选择判断条件表达式，表达式的运算遵循 C 语言运算规则。当表达式成立时，执行 If 节点包含的程序；若表达式不成立，则执行 Else 或 Else If 节点包含的程序。

3）单击“清除”按钮清除表达式。

4）单击“添加 Else If”按钮可添加一个 Else If 节点，一个 If 命令可以添加多个 Else If 节点。

5）单击“添加 Else”按钮可添加一个 Else 节点，与当前 If 节点构成一个 If…Else 组合。一个 If 命令只能添加一个 Else 节点。

6）单击“移除”按钮可删除此 If 条件命令，并且与此 If 条件对应的 Else If 命令及 Else 命令也会被删除。

7）单击“确认”按钮保存状态配置（图 4-13）。

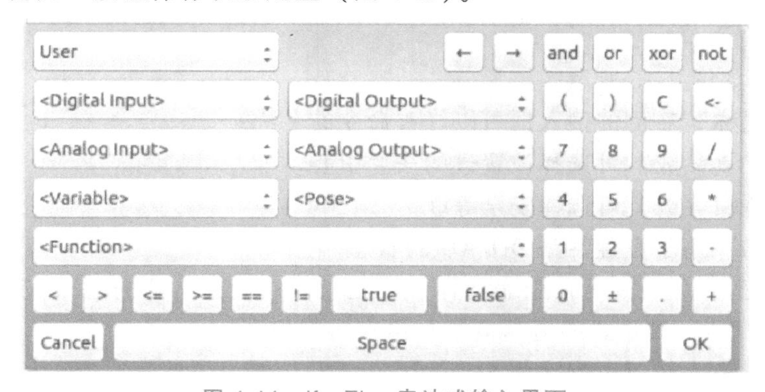

图 4-14　If…Else 表达式输入界面

4.3.5 Switch…Case…Default 命令

Switch…Case…Default 是条件选择命令，通过判断条件来选择运行不同的 Case 程序分支。

1）单击“昵称”右侧空白处会弹出输入框，操作人员可修改命令的名称，如图 4-15 所示。

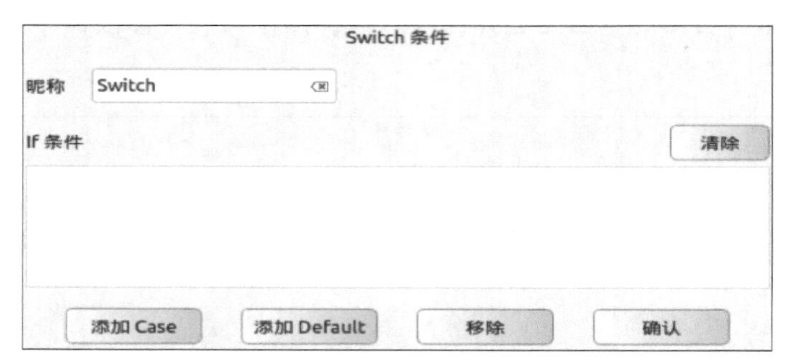

图 4-15 Switch…Case…Default 命令

2）单击“条件”按钮下的空白窗口将会弹出输入框，操作人员可输入选择判断的条件表达式，表达式的运算遵循 Lua 语言运算规则。当运行 Switch 命令时，程序会首先计算表达式的数值，然后与下面 Case 语句的条件数值依次比较：若相等，则执行该 Case 下面的程序段；若没有满足条件的 Case 数值，则执行 Default 对应的程序段。

3）判断真伪只能用 true/false，不能用 1/0 代替。

4）单击“移除”按钮清除表达式。

5）单击“添加 Case”按钮则可添加一个 Case 节点，与当前 Switch 节点构成一个 Switch…Case 组合。一个 Switch 命令可添加多个 Case 节点。

6）单击“添加 Default”按钮则可添加一个 Default 节点。一个 Switch 命令只能添加一个 Default 节点。

7）单击“移除”按钮可删除选中的 Switch 命令，并且与之对应的 Case 及 Default 语句也会一并被删除。

8）单击“确认”按钮，保存状态配置（图 4-15）。

4.3.6 Set 命令

Set 命令界面如图 4-16 所示。

1）单击“昵称”右侧的输入框可以修改命令的名称。

2）勾选“工具参数”可选择设置过的法兰中心。

3）勾选“碰撞等级”可选择安全等级。

4）勾选“IO”用于设置某路 DO/AO 的状态。

5）勾选“变量”，在其下拉列表选择一个变量。然后在右侧的输入框中写入一个表达式给选中的变量赋值，表达式的运算遵循 C 语言运算规则。

6）单击“移除”按钮可删除此 Set 命令。

7）单击“确认”按钮保存此命令状态配置。

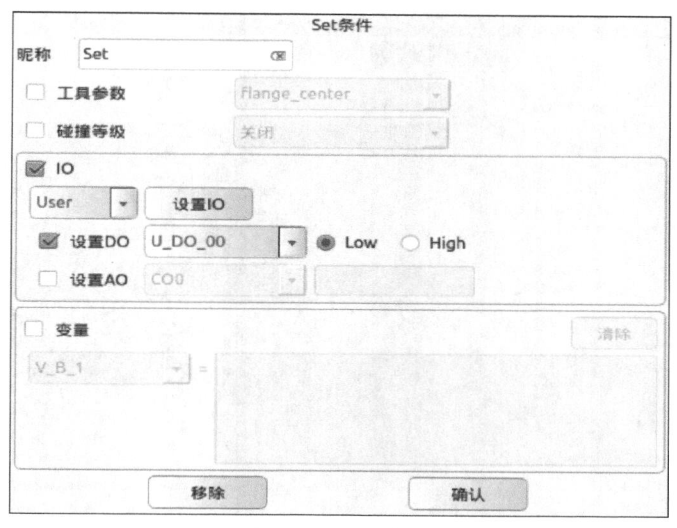

图 4-16　Set 命令

1）在实际操作过程中，设置数据填写得不精确将会导致机械臂在运动过程中容易出现误停及其他错误的运动。

2）如果出现设置错误，机器人手臂和控制柜将无法正常工作，并会对周围的人或设备造成危险。

4.3.7　Wait 命令

Wait 命令界面如图 4-17 所示。

1）单击“昵称”右侧的输入框可修改命令的名称。

2）勾选“等待时间”复选框，时间值可由用户设置。

3）勾选“Wait 条件”复选框，可通过输入表达式来设置等待方式。

4）单击“清除”按钮，可清除条件内容。

5）单击“确认”按钮可保存 Wait 条件。

6）单击“移除”按钮可删除此 Wait 命令。

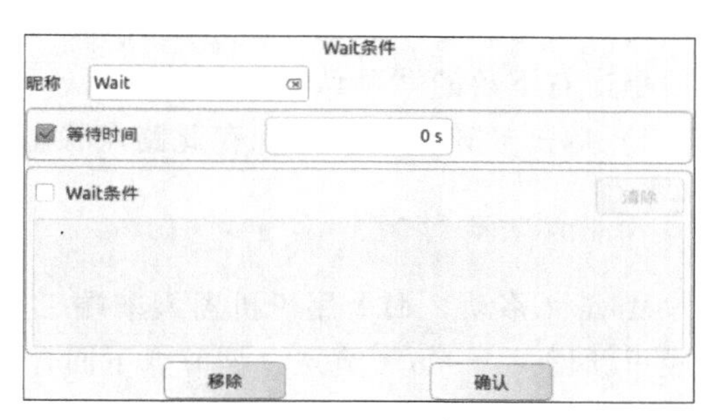

图 4-17　Wait 命令

4.3.8　Waypoint 命令

Waypoint（路点）命令是 AUBO-i5 机器人程序重要的组成部分，它表示机器人末端将要到达的位置点。通常，机器人末端的运动轨迹由两个或多个路点来构成。

1）单击“昵称”右侧输入框可修改命令的名称，如图 4-18 所示。

2）Waypoint 只能添加于 Move 命令之后。

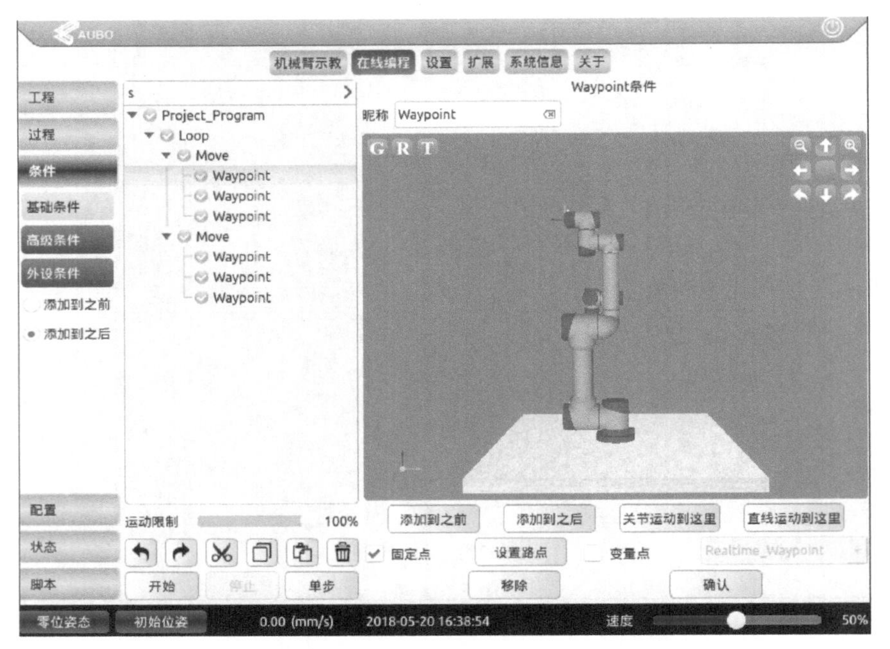

图 4-18　Waypoint 命令界面

3）单击“添加到之前”单选按钮，则可在该路点前添加一个新路点。

4）单击“添加到之后”单选按钮，则可在该路点后添加一个新路点。

5）单击“关节运动到这里”按钮或者“直线运动到这里”按钮，则可让机器人运动到当前路点，该选项只针对真实机器人有效。

6）单击“移除”按钮，则可删除此路点。

7）单击“设置路点”按钮，则可设置路点的位置姿态。当操作人员单击设置路点后，界面将自动切换为“机械臂示教”界面。此时，用户可以移动机器人末端到新路点的位置，然后单击右下角的“确认”按钮。

8）单击“确认”按钮保存此路点状态配置。这时，将有弹窗跳出显示条件已被保存。

4.3.9　Move 命令

Move（移动）命令用于机器人末端工具中心点在路点间的移动操作。操作人员在程序列表里新增一个 Move 节点，该节点下面含有一个 Waypoint 节点。

1）选中 Move 节点，条件选项卡界面会自动弹出，如图 4-19 所示。此时，操作人员可以对 Move 命令进行状态配置。

2）单击“昵称”右侧的输入框可修改命令的名称。

3）机械臂运动属性有三种选择：轴动运动、直线运动和轨迹运动。

4）勾选“相对偏移”复选框，则用户通过填写 X、Y、Z 的值对机器人手臂或者末端工具坐标进行调整。

5）可根据基本坐标系以及用户自定义平面（plane）坐标系选择相应坐标系。

6）交融半径仅用于轨迹运动中的 MoveP 模式（指多个直线轨迹间的圆弧平滑过渡），范围为 1～50mm，如图 4-20 所示。交融半径的运行特点在于它是一种连续运动，并且不会在该路点停止。

7）单击“翻转”按钮可以倒序复制 Move 节点下的所有 Waypoint 路点。

8）单击“移除”按钮，可删除此 Move 命令。

9）单击“确认”按钮保存状态配置。

图 4-19　Move 命令

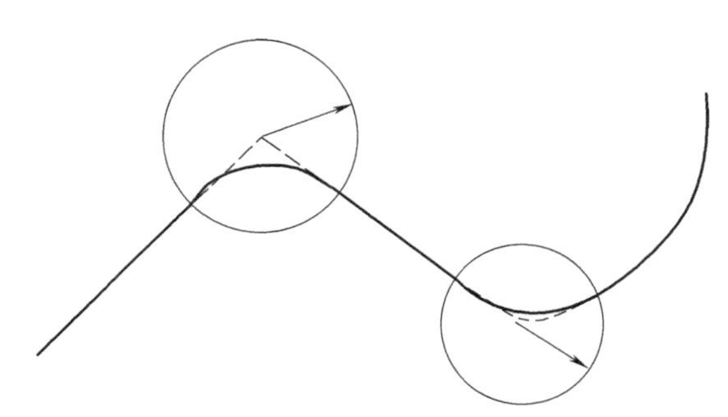

图 4-20　交融半径运动轨迹

Move 命令有三种配置方式：轴动运动、直线运动和轨迹运动。

1. 轴动运动

轴动运动的状态配置如图 4-21 所示。操作人员预先设定好电动机的最大速度和加速度（六个机械臂的公共参数）。然后，根据运行角度，路点间的各个关节以最快的速度同步到达目标路点（始末速度均为零）。在整个运行过程中，操作人员都可以通过轨迹显示功能观察机械臂的末端运行轨迹。如果希望机器人手臂在路点之间能够快速移动，而不用考虑 TCP 在这些路点之间的移动路径，则轴动运动是个不错的选择。

轴动运动适用在空间足够的环境下，用最快的方式移动，如图 4-22 所示。

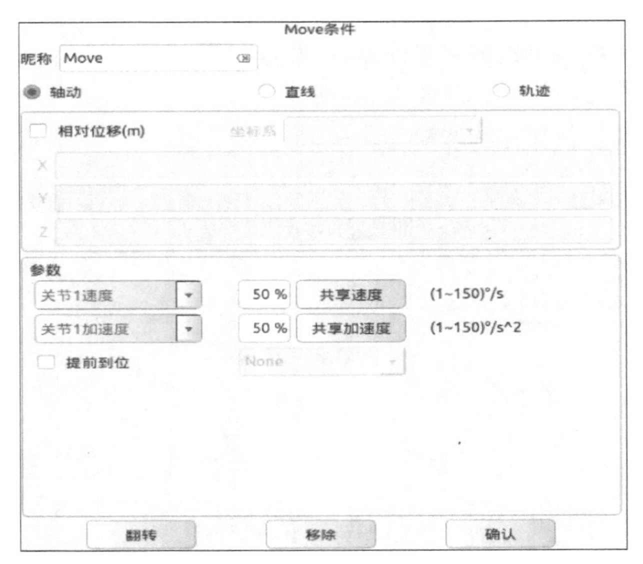

图 4-21 轴动运动设置

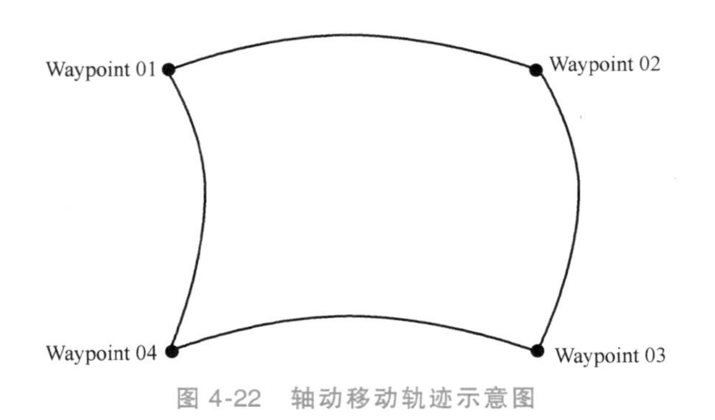

图 4-22 轴动移动轨迹示意图

注意：

1）电动机运动速度的最大值为 3000r/min。但是，建议用户实际使用时最大不超过 2800r/min。电动机运动加速度（即每秒增加的电动机速度）的最大值为 330r/s^2。

2）机器人的关节速度定义为电动机速度与转速之比。AUBO-i5 的关节 J1～J3、J4～J6 的转速比分别为 121 和 101。

3）关节运行中可分别设置关节 J1 至关节 J6 的最大角速度和最大角加速度百分比，并且单击“共享”按钮可将速度或加速度复制到其他关节处。

4）勾选“提前到位”复选框，则此项 Move 命令下的 Waypoint 会依据用户设置目标位置的距离或者时间对机器人进行运行轨迹的调整，从而提高机械臂工作效率。在此过程中，会出现不经过某一个或多个 Waypoint 设定路点的情况。

2. 直线运动

该运动将使工具在路点之间进行线性移动，如图 4-23 所示。这意味着每个关节都会执行更为复杂的移动，使工具保持在直线路径上。适用于此移动类型的参数包括所需工具的最大速度和最大加速度，它们的单位分别为 mm/s 和 mm/s^2。与轴动运动类似，工具速度能否达到和保持最大速度取决于直线位移和最大加速度参数。

如图 4-24 所示，操作人员可以设置直线运动的末端线性速度和末端线性加速度。一方面，直线运动以及轨迹运动中的 Arc_Cir 和 MoveP 运动模式属于笛卡儿空间轨迹规划，需要用逆运动学求解，因而可能存在无解、多解或者近似解的情况；另一方面，由于关节空间和笛卡儿空间的非线性关系，可能会出现直线运动超出其最大速度和加速度限制的情况。

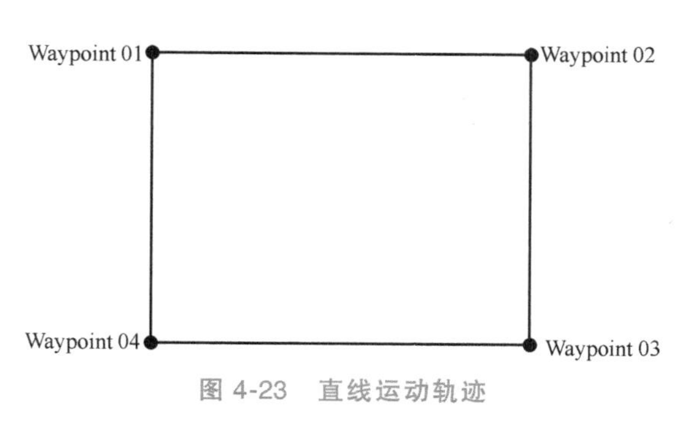

图 4-23　直线运动轨迹

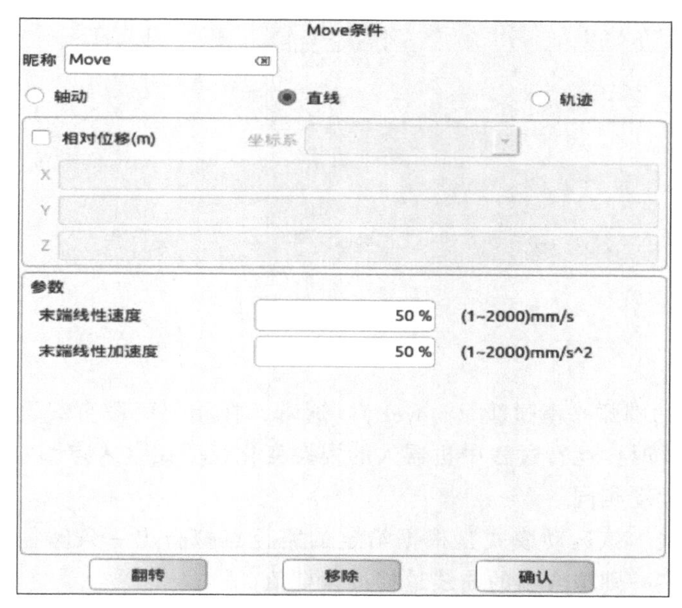

图 4-24　直线运动设置

3. 轨迹运动

在多个路点的轨迹运动过程中，相应的关节空间或笛卡儿空间的运行速度、加速度是连续的，而始末路点速度为零，轨迹运动状态设置如图 4-25 所示。其中，轨迹类型选项目前支持 Arc_Cir（圆弧圆周）、MoveP（直线轨迹的圆弧平滑过渡）和 B_Spline（B 样条曲线）三种模式。操作人员编写轨迹运动时，每个 Move 条件下至少需要三个路点，而上限可以为任意数值。

（1）圆弧运动　根据三点法确定圆弧，并按照顺序进行从起始路点运动至结束路点，它属于笛卡儿空间轨迹规划。弧运动的姿态变化仅受始、末点影响，其最大速度和加速度的含义与直线运动相同。当轨迹类型选择 Arc_Cir 时，右侧文本输入的循环次数为 0 时，即为圆弧运动。

（2）圆周运动　与圆弧运动相似，也是根据三点法确定轨迹及运动方向，完成整个圆周运动后又回到了起点。圆周运动过程中起始点姿态保持不变，其最大速度和加速度的含义与直线运动相同。当轨迹类型选择 Arc_Cir 时，右侧文本输入的循环次数大于 0 时，即为圆

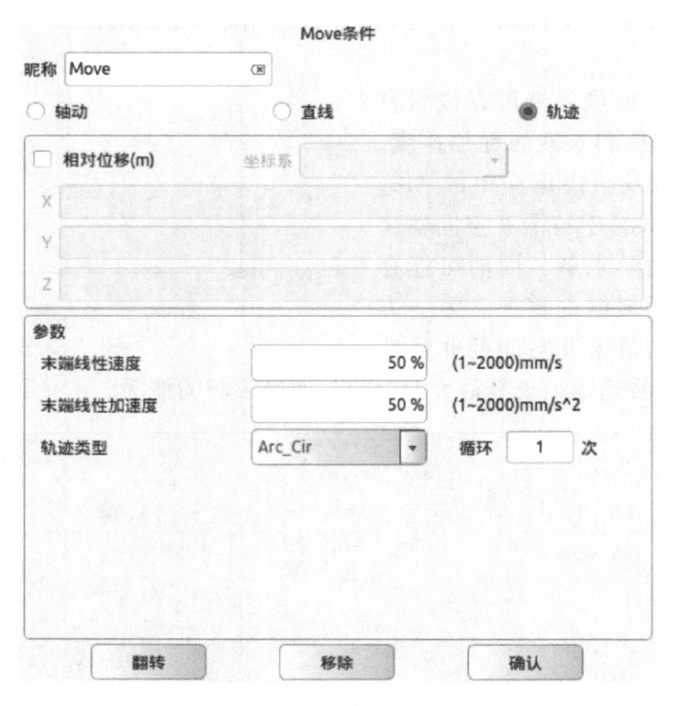

图 4-25 轨迹运动设置

周运动。

(3) 直线轨迹的圆弧平滑过渡（MoveP） 通常，在相邻两段直线设置的交融半径处选择圆弧平滑过渡方式时，运行过程中机器人的姿态变化仅受始、末点影响，其最大速度和加速度的含义与直线运动相同。

(4) B 样条曲线 该运动模式是根据给定的路径点拟合出一条路径曲线。生成拟合曲线所使用的路点越多，则拟合出的曲线越接近预期值。

操作人员在对机械臂进行轨迹运动和直线运动编程时，应确保两个 Move 命令相邻的路点连续，即上一个 Move 命令的最后一个路点和下一个 Move 命令的第一个路点需要保持一致。值得注意的是，当机械臂做圆周运动时，该 Move 命令的最后一个路点实际上即为第一个路点，此时，首尾路点将重合。当程序逻辑列表中出现 Loop 循环命令时，还应使第一个 Move 命令的第一个路点和最后一个 Move 命令的最后一个路点保持一致。

4.4 高级条件命令

4.4.1 Thread 命令

Thread 为多线程控制命令。在 Thread 程序段里，必须有一个 Loop 循环命令，而在该 Loop 循环中，可以实现与主程序的并行控制。操作人员在使用 Thread 命令时应尽量避免多个线程的使用。若必须使用多线程，则需注意主线程和辅线程的并行逻辑与时序应匹配。

Thread 命令配置界面如图 4-26 所示。

1）单击“昵称”右侧的输入框，可修改命令的名称。

2）单击“移除”按钮，可删除此选中的 Thread 命令。

3）单击“确认”按钮保存状态配置。

图 4-26　Thread 命令

4.4.2　Procedure 命令

Procedure 是过程编辑命令。在 Procedure 程序段里，操作人员可以编辑用于复用的程序段，从而方便地加载到其他项目程序段中。值得注意的是，Procedure 程序段中不能插入 Thread 程序。

1）单击“昵称”右侧的输入框可修改工作目录的名称，如图 4-27 所示。

2）单击“刷新”按钮，则可检索当前文件保存目录，并更新显示文件，如图 4-28 所示。

3）单击“移除”按钮，则可删除此选中的 Procedure 命令。

4）单击“确认”按钮保存。

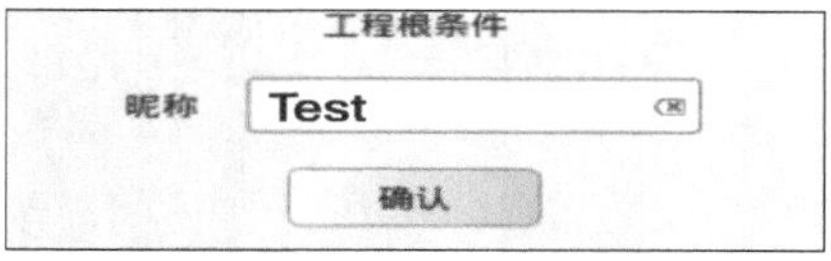

图 4-27　Procedure 命令工程根条件

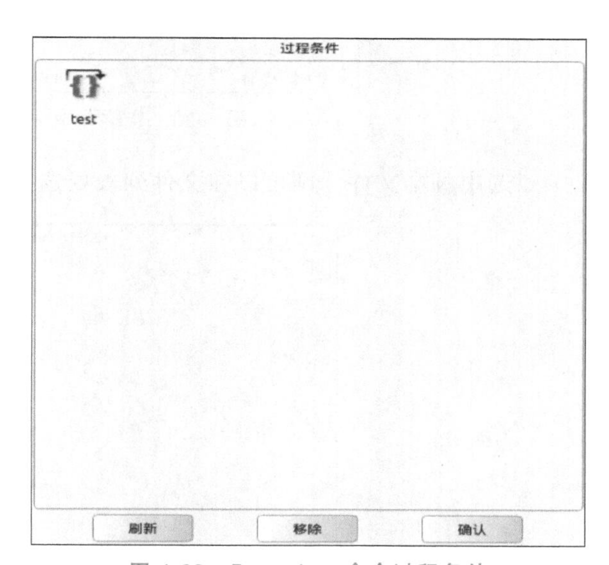

图 4-28　Procedure 命令过程条件

4.4.3　Script 命令

Script 是脚本编辑命令。在 Script 中，可以选择添加行脚本和脚本文件，如图 4-29 所示。

1）单击“昵称”右侧的输入框可修改命令的名称。

2）选中“行脚本”单选按钮，则可在下方输入框中输入一行脚本控制指令。

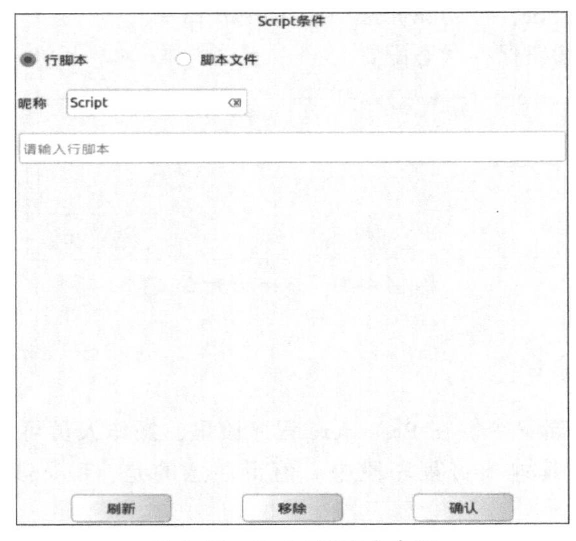

图 4-29　Script 脚本命令行

3）将脚本文件拷入到目录，如图 4-30 所示。

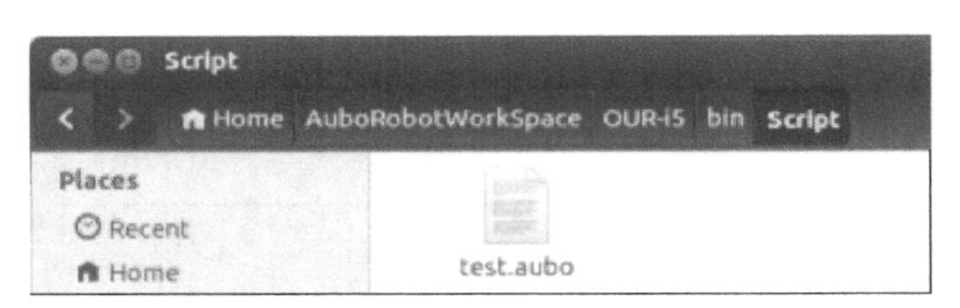

图 4-30　将脚本文件拷入至指定目录

4）选中脚本文件，则可以在文件列表处选择需要加载的脚本文件，如图 4-31 所示。

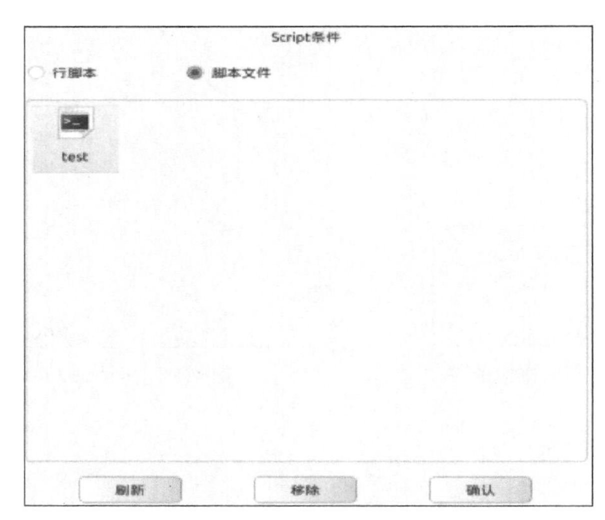

图 4-31　Script 命令-脚本文件

5）单击“刷新”按钮，检索当前文件保存目录，并更新显示文件变动。

6）单击“移除”按钮可删除此选中的 Script 命令。

7）单击“确认”按钮保存状态配置。

4.4.4　Record Track 命令

Record Track 命令是轨迹回放命令，如图 4-32 所示。当操作人员选中轨迹图标，然后单击“确认”按钮，则可将轨迹记录加载到工程逻辑中。

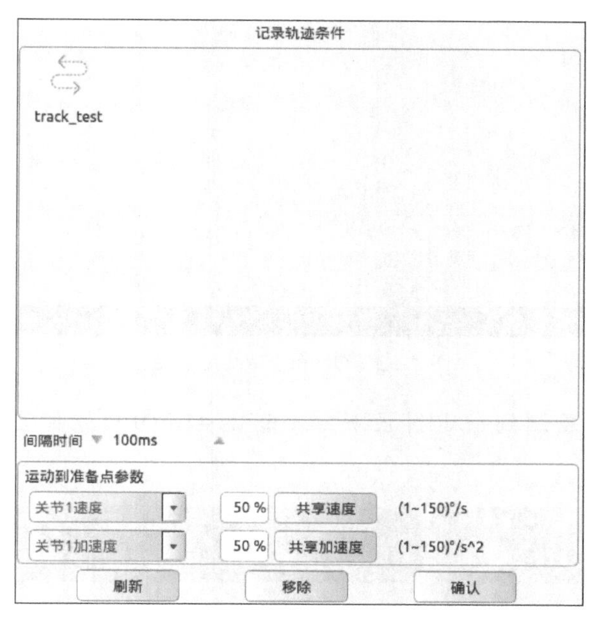

图 4-32　Record Track 命令

图中各项说明如下：

1）“间隔时间”表示轨迹记录的采样频率。设置的间隔时间越短，与记录的轨迹越吻合。

2）在“运动到准备点参数”的输入框中可以设置机械臂运动到准备点时各个关节的速度及加速度。修改完毕后请单击“确认”按钮。

3）单击“刷新”按钮，可检索当前文件保存目录，并更新显示文件。

4）单击“移除”按钮，可删除工程逻辑处的 Track_Record 命令。

4.4.5　Offline Record 命令

Offline Record 命令可以将离线编程软件生成的轨迹文件嵌入到在线编程中，如图 4-33 所示。

1）选中离线文件，单击“确认”按钮进行保存。

2）“运动到准备点参数”选项中，可以设置机械臂运动到准备点时各个关节的速度及加速度。修改完毕后单击“确认”按钮。

3）导入的轨迹文件格式的每行必须包含六个关节角，并且单位为弧度。

4）导入的轨迹文件后缀需以 . offt 结尾。

图 4-33 Offline Record 命令

5）导入文件需要复制到指定目录下，才能在 AUBOPE 软件界面中显示，如图 4-34 所示。

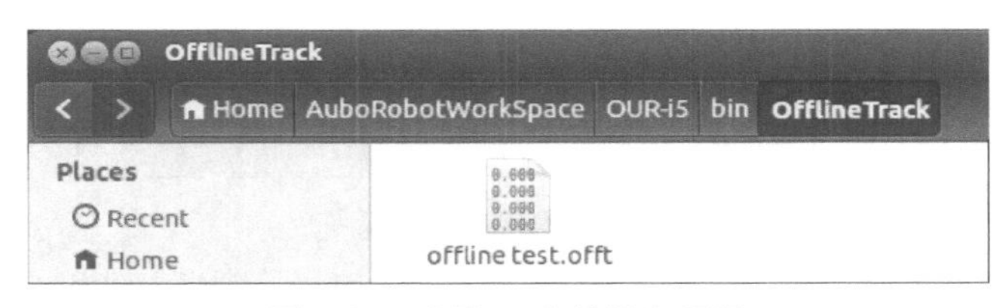

图 4-34 Offline 文件导入目录

4.5 变量配置及使用

4.5.1 变量定义及分类

变量是计算机编程的一个重要概念，它是一个可以存储值的字母或名称。我们可以使用变量来存储数字，例如，建筑物的高度；或者用它来存储单词，例如，人的名字。简单地说，可以使用变量表示程序所需的任何信息。

变量可以分为以下三种类型：

（1）Bool 型变量　Bool 指布尔型变量，即逻辑型变量的定义符。布尔型变量的值只有真（true）和假（false）。布尔型变量通常用于逻辑表达式中，也就是“或”、“与”、“非”之类的逻辑运算，大于、小于之类的关系运算。逻辑表达式运算结果为真或为假。

（2）Int 型变量　Int（Integer）是用于定义整数类型变量的标示符。它有正负的区分，通常用于定义整数。

（3）Double 型变量　Double 即 Double float，指双精度浮点型变量，属于计算机中的实数型变量，通常用于小数的定义。表 4-2 列出了三种类型的变量说明。

表 4-2　变量类型及说明

变量类型	变量值	应用场合
Bool	true 和 false	逻辑表达式
Int	-99999～99999	整数变量
Double	-99999.99～99999.99	小数变量

4.5.2　变量配置

示教器在线编程的变量配置界面如图 4-35 所示。图中表格处将显示所有当前已配置的变量列表，包括变量名称（name）、变量类型（type）和变量值（value）。选中表格中的某个变量，该变量信息才会显示到下方的变量类型下拉列表，变量名称输入框和变量值输入框。

图 4-35　变量配置

我们还可以选择添加变量、修改变量和删除变量，具体操作如下：

1. 添加变量

首先选择变量类型，此时变量值选项中会出现对应类型的输入选项框。然后，输入变量名称和变量值，单击“添加”按钮。如果添加成功，则新添加的变量将显示到列表底部，如图 4-36 所示。**注意：**变量名称必须唯一，并且只能包含数字、字母和下划线，否则会有弹窗提示保存不成功。

2. 修改变量

在表格中选中一个变量，这时该变量的信息将全部显示在下方的操作区域，如图 4-37 所示。然后，单击“修改”按钮来更改变量名称和变量值。**注意：**变量类型不能修改，否则会有弹窗跳出，提示失败。变量名称虽然可以修改，但是如果该变量已经在其他工程文件

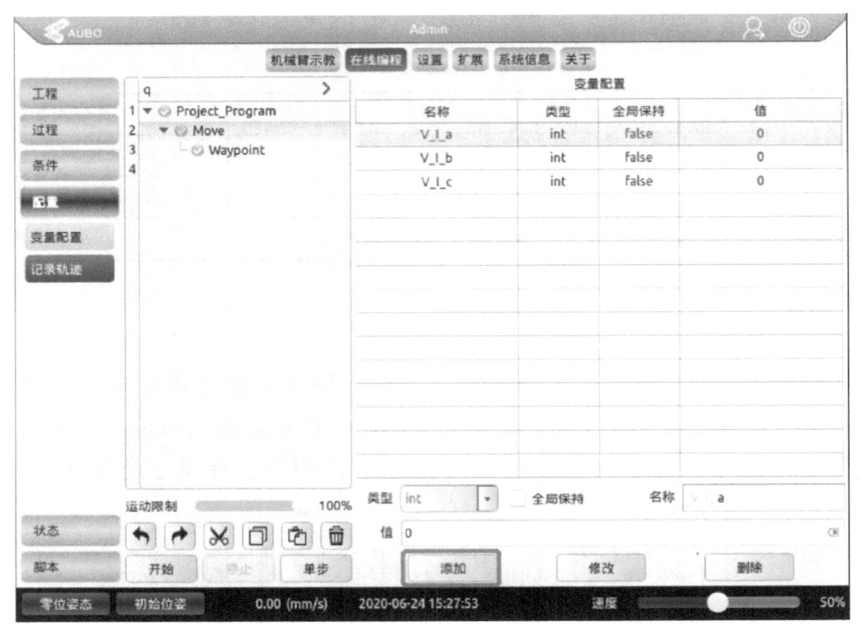

图 4-36 添加变量

中被使用过，那么只有在重新加载该工程时才会提示“使用到旧变量名的条件为未定义的”。变量在修改完毕后，一定要重新加载工程才可以运行，以避免出现未知问题。

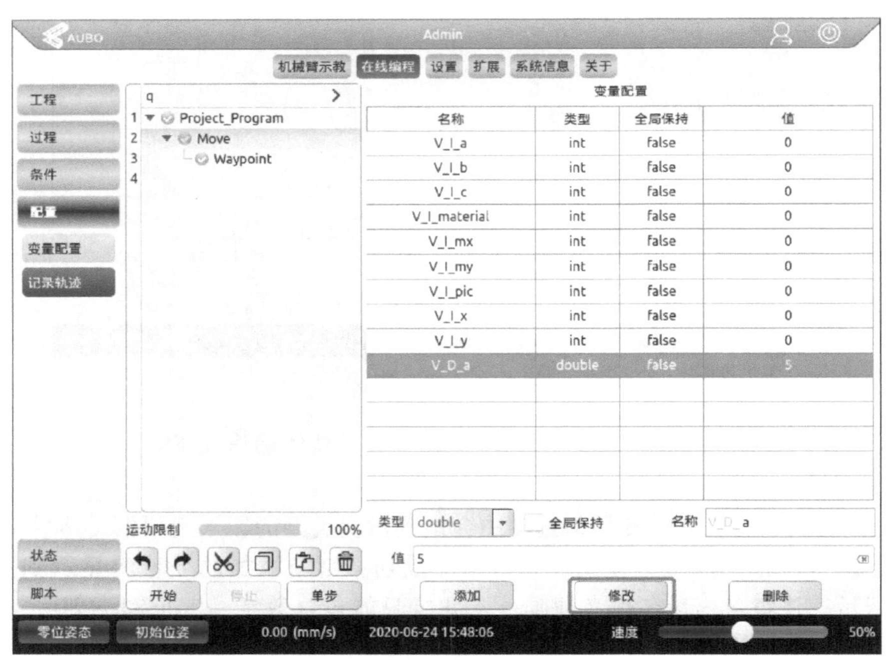

图 4-37 修改变量

3. 删除变量

在表格中选中一个变量，单击“删除”按钮，如图 4-38 所示。**注意**：删除变量与修改变量类似，删除变量后，如果在其他工程文件中使用了该变量，那么只有在重新加载该工程时才会提示“使用到该变量的条件为未定义的”。所以删除变量后，一定要重新加载工程才可以运行，以防出现未知问题。

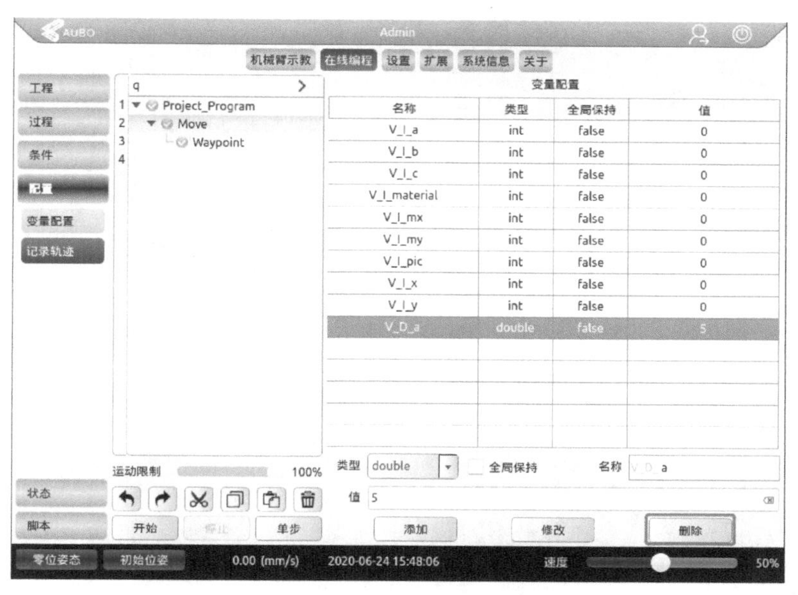

图 4-38　删除变量

4.5.3　变量的使用

在示教器中，变量的使用步骤为：

1）选择“在线编程”→“条件”→“基础条件”命令，在弹出的控制逻辑面板上选择 Set 按钮，如图 4-39 所示。

图 4-39　控制逻辑界面

2）单击“Set”按钮之后，在工程面板上会出现一行“Set Undefined”的提示，如图4-40所示。单击“Set Undefined”后，我们将要对Set条件进行设置。Set条件设置除了变量，还有工具参数、碰撞等级以及IO设置，本操作我们只进行变量的配置。

图4-40　Set条件设置界面

3）勾选“变量”单选按钮，下方将出现一个下拉列表，该列表保存了之前存储的所有变量。选择一个定义过的整数型变量，例如V_I_x，初始值输入为0，单击确认，保存变量条件。整个过程如图4-41～图4-43所示。

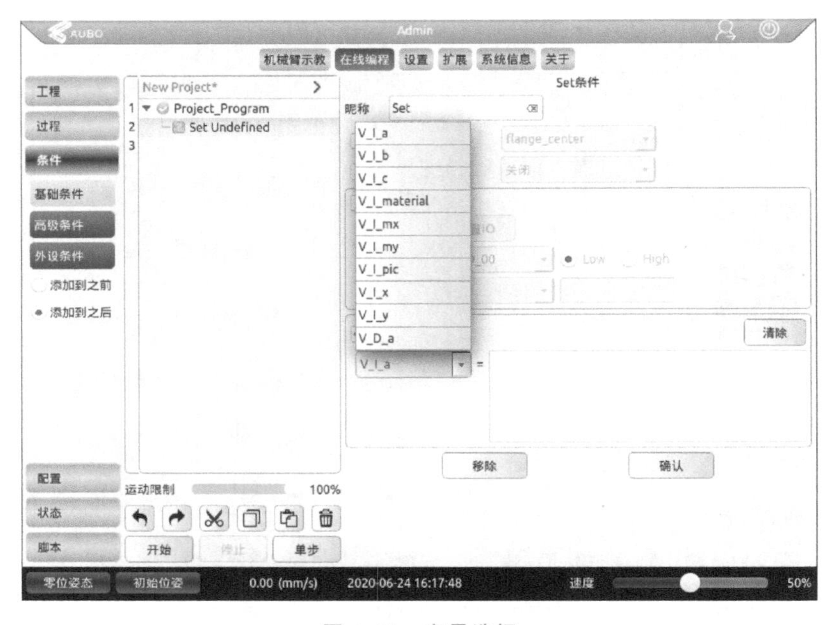

图4-41　变量选择

图 4-42　变量赋值

图 4-43　变量条件保存

思考与练习

4.1　简述建立一个完整工程需要几个步骤？

4.2　简述在轨迹类型选择 Arc_Cir 时，右侧文本输入循环次数为多少时，机械臂分别做圆弧运动和圆周运动？

4.3　简述如何获取机械臂的 IO 状态？

4.4　练习使用“Move”指令编程控制机器人移动。

4.5　练习配置使用变量。

第5章　工业机器人通信功能

知识目标

✓ 了解 AUBO-i 系列工业机器人安全 I/O 接口电气特性
✓ 了解 AUBO-i 系列工业机器人通用 I/O 接口电气特性
✓ 了解 AUBO-i 系列工业机器人末端 I/O 接口电气特性
✓ 了解 AUBO-i 系列工业机器人通信接口
✓ 了解 SCARA 机器人的 I/O 接口特性

技能目标

✓ 掌握机器人各类接口的接线方式
✓ 掌握机器人各类接口的作用
✓ 掌握通过程序控制 I/O 信号的方法

5.1　AUBO-i 系列机器人控制柜电气接口简介

如图 5-1 所示，AUBO-i 系列机器人控制柜提供多种电气接口，用来连接外部设备及工

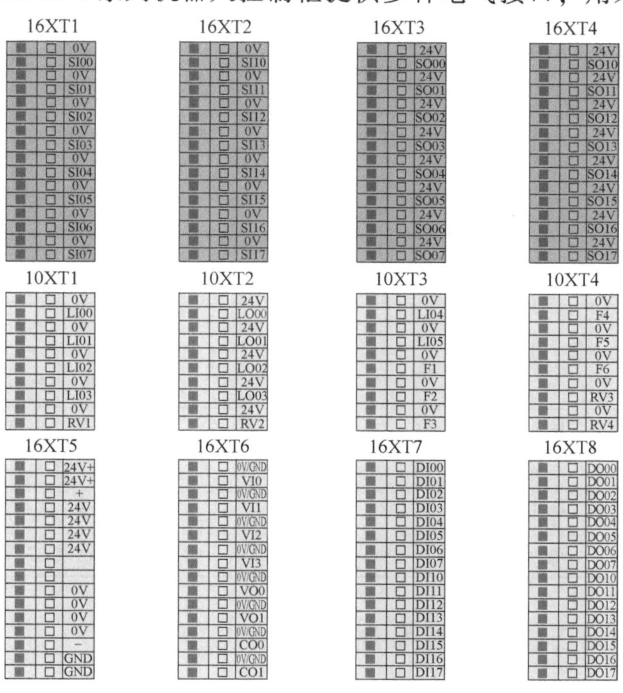

图 5-1　AUBO-i 系列机器人控制柜面板 I/O 接口分布示意图

具端，用户可方便地使用这些接口。控制柜的电气接口主要分为安全I/O接口和通用I/O接口。控制柜上共有16个通用数字输入接口（16XT7）、16个通用数字输出接口（16XT8）、4对模拟电压输入接口（16XT6）、2对模拟电压输出接口以及2对模拟电流输出接口（16XT6），其电气参数误差在±1%。

5.2 通用输入/输出接口

5.2.1 通用输入/输出接口功能介绍

表5-1和表5-2列出了各个I/O接口的功能定义，表5-3和表5-4给出了各个接口的电气特性。其中，电压输入/输出范围为0~10V，精度为±1%；电流输出范围为0~20mA，精度为±1%。用户使用时务必按照表中的要求。此外，控制柜面板上的按钮和开关占用了部分I/O接口，使用时要注意。

表5-1 联动模式I/O接口功能定义

接口类型	地址	作用	接口类型	地址	作用
输入	LI00	联动——程序启动输入	输入	LI03	联动——回初始位置输入
	LI01	联动——程序停止输入		LI04	远程开机
	LI02	联动——程序暂停输入		LI05	远程关机
输出	LO00	联动——程序运行输出	输出	LO02	联动——暂停输出
	LO01	联动——程序停止输出		LO03	联动——回初始位置输出

表5-2 用户通用数字输入/输出接口符号

接口类型	地址							
输入	DI00	DI01	DI02	DI03	DI04	DI05	DI06	DI07
	DI10	DI11	DI12	DI13	DI14	DI15	DI16	DI17
输出	DO00	DO01	DO02	DO03	DO04	DO05	DO06	DO07
	DO10	DO11	DO12	DO13	DO14	DO15	DO16	DO17

表5-3 用户通用数字输入/输出接口电气参数

接口类型	参数类型	参数
输入	输入信号形式	漏型输入 无电压触点输入 NPN开集电极晶体管
	输入方式	输入信号电流
	电气规格	5mA/DC24V
输出	输出形式	晶体管（漏型）
	电气规格	300mA/DC24V

5.2.2 通用输入/输出接口接线举例

本小节详细介绍通用输入/输出接口的配置和使用。

表 5-4　用户可用通用模拟输入/输出接口电气特性

接口类型	地址	作用	接口类型	地址	作用
输入	VI0	模拟电压输入	输入	VI2	模拟电压输入
	VI1	模拟电压输入		VI3	模拟电压输入
输出	VO0	模拟电压输出	输出	CO0	模拟电流输出
	VO1	模拟电压输出		CO1	模拟电流输出

1. 数字输入端

控制柜上 16 个用户用通用数字输入端（后面以“DI 端”表示数字输入端），其都以 NPN（低电平有效）的方式工作，即 DI 端与地导通可触发动作，DI 端与地断开则不触发动作。

DI 端可读取开关按钮、传感器、PLC 或者其他 AUBO 机器人的动作信号。

（1）DI 端连接按钮开关　如图 5-2 所示，DI 端可通过常开按钮连接到地（GND）。当按钮按下时，DI 端和 GND 导通，触发动作；当没有按下按钮时，DI 端和 GND 断开，则不触发动作。

（2）DI 端连接二端传感器　如图 5-3 所示，DI 端和 GND 之间连有传感器，当传感器工作时，OUT 端和 GND 端电压差很小，可触发动作。当传感器不工作时，回路断开，不触发动作。其中，单个 DI 端输入电压最小值为 0V，最大值为 24V。

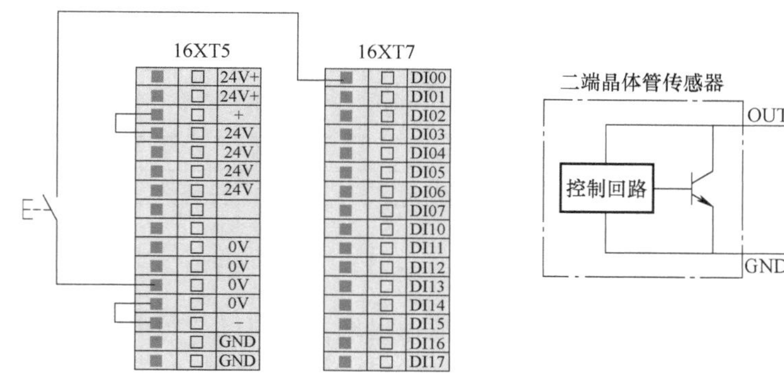

图 5-2　DI 连接开关

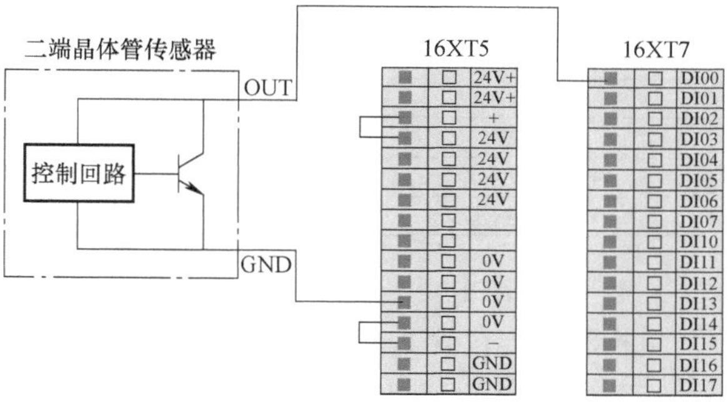

图 5-3　DI 连接二端传感器

2. 数字输出端

控制柜上 16 个用户通用数字输出端（后面以“DO 端”表示数字输出端）都以 NPN 的形式工作。DO 端的工作过程如图 5-4 所示，当给定逻辑“1”时，DO 端和 GND 导通；当给定逻辑“0”时，DO 端和 GND 断开。

DO 端可直接与负载相连，也可与 PLC 或者其他机器人通信。DO 端接负载，示例如图 5-5 所示。

3. 模拟输入端

如图 5-6 所示，接口板上有 4 对模拟电压输入接口（后面以“VI 端”表示模拟电压输入端），输入电压范围为 0~10V。外部传感器接线如图 5-7 所示，其中 VI 端的电气参数见表 5-5。

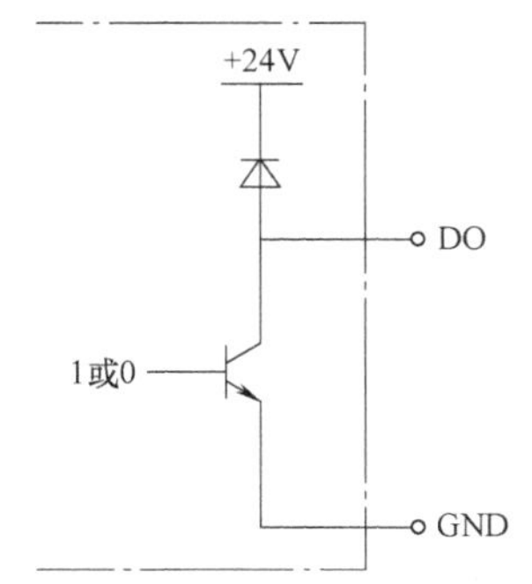

图 5-4　DO 端 NPN 工作方式

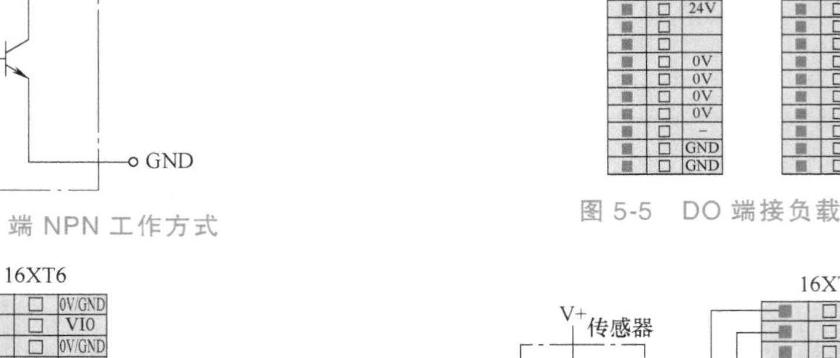

图 5-5　DO 端接负载

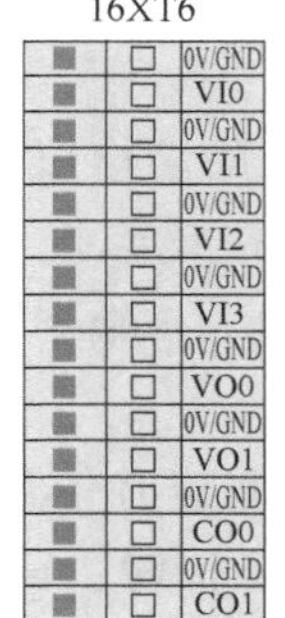

图 5-6　4 对模拟输入

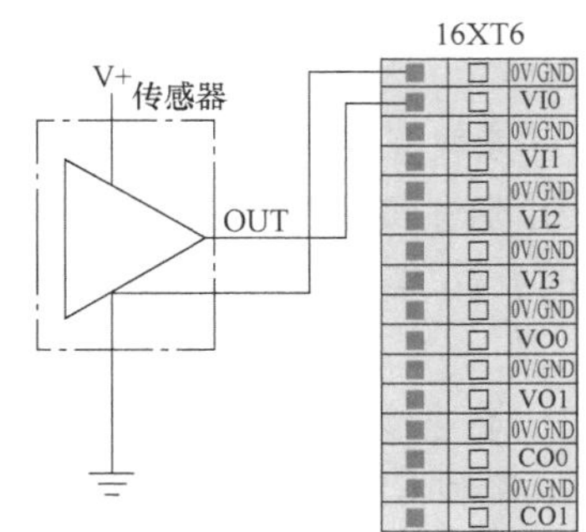

图 5-7　连接传感器

表 5-5　VI 端的电气参数

参数项	最小值	最大值	单位
输入电压	0	+10	V
输入电阻	100		kΩ
VI 采样分辨率	12		bit
VI 采样精度	10		bit

4. 模拟输出端

控制器上包含 2 个模拟电压输出端和 2 个模拟电流输出端，分别以“VO”和“CO”表示。其中单个 VO 端输出电压最小值为 0V，最大值为 10V。单个 CO 端输出电流最小值为 0mA，最大值为 20mA。模拟电压输出的接线方法如图 5-8 所示。模拟电流输出的接线方法如图 5-9 所示。

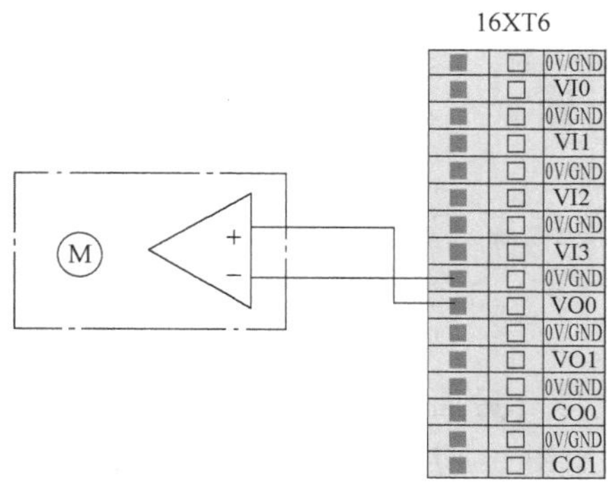

图 5-8　模拟电压输出连接驱动设备

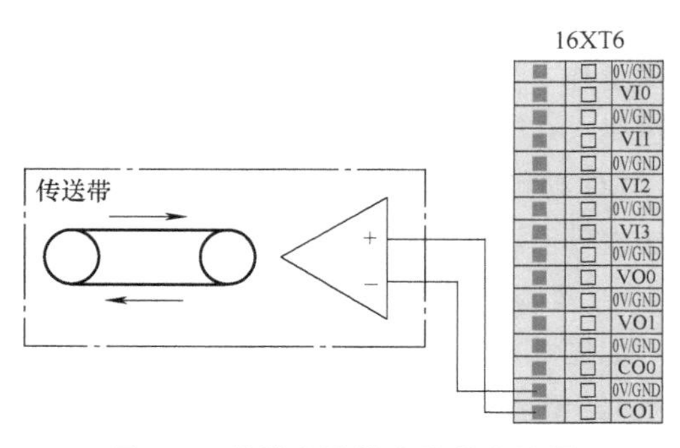

图 5-9　模拟电流输出连接电流源

5.3 末端工具输入/输出接口

5.3.1 末端工具连接线缆

末端工具有一个八引脚小型连接器，可为机器人末端特定工具（夹持器等）提供电源和控制信号，其电气误差在±10%，末端工具 I/O 接口如图 5-10 所示。

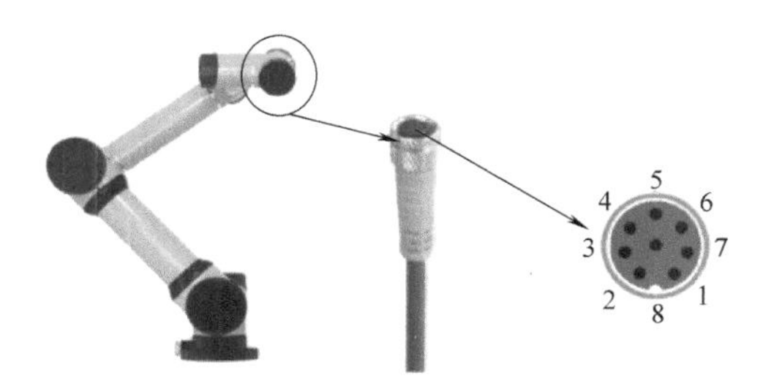

图 5-10 末端工具 I/O 接口

5.3.2 末端工具接口电气参数

电缆选用 Lumberg RKMV 8-354 工业电缆，内部 8 条不同颜色的线分别代表不同功能，电缆线序定义见表 5-6。其中模拟端的电气参数为：电压输入模拟量 AI 0 和电压输入模拟量 AI 1 最小电压均为 0V，最大电压均为 10V。

表 5-6 工具电缆线序定义

颜色	信号	管脚
白色	GND	1
棕色	12/24V	2
灰色	DI/O 0	5
蓝色	DI/O 1	7
绿色	DI/O 2	3
黄色	DI/O 3	4
红色	AI 0	8
粉色	AI 1	6

5.4 安全输入/输出接口

5.4.1 安全输入/输出接口功能介绍

AUBO-i5 的控制柜外部 I/O 面板上安全 I/O 接口均为橙色，其功能定义见表 5-7～表 5-9。

表 5-7　安全 I/O 接口功能定义

接口类型	地址		作用	接口类型	地址		作用
输入	SI00	SI10	外部紧急停止	输入	SI04	SI14	三态开关
	SI01	SI11	防护停止输入		SI05	SI15	操作模式
	SI02	SI12	缩减模式输入		SI06	SI16	拖动示教使能
	SI03	SI13	防护重置		SI07	SI17	系统停止输入
输出	SO00	SO10	系统紧急停止	输出	SO04	SO14	非缩减模式
	SO01	SO11	机器人运动		SO05	SO15	系统错误
	SO02	SO12	机器人未停止		SO06	SO16	备用(用户不可用)
	SO03	SO13	缩减模式		SO07	SO17	备用(用户不可用)

表 5-8　安全 I/O 接口电气输入特性

安全输入功能	极限情况		
	检测时间/ms	断电时间/ms	反应时间/ms
外部紧急停止输入	100	1200	1300
防护停止输入	100	—	1200
缩减模式输入	100	—	1200
防护重置输入	100	—	1200
三态开关输入	100	—	1200
操作模式输入	100	—	1200
示教器急停输入	100	1200	1300
系统停止输入	100	—	1200

表 5-9　安全 I/O 接口电气输出特性

安全输出	极限情况反应时间/ms	安全输出	极限情况反应时间/ms
系统紧急停止输出	1000	缩减模式输出	1000
机器人运动输出	1000	非缩减模式输出	1000
机器人未停止输出	1000	系统错误输出	1000

5.4.2　外围安全设备输入/输出接线举例

本节简要介绍一些常用安全 I/O 接口的配置和使用。

1. 默认安全配置

出厂的机器人均进行了默认安全配置，如图 5-11 所示，机器人可在不添加附加安全设备的情况下安全使用。

2. 外部急停输入

需使用一个或多个额外的紧急停止按钮（Emergency stop）时，用户可参考如图 5-12 所示的方式连接紧急停止按钮。

3. 防护停止输入

用户可通过此接口连接外部安全设备（如安全光幕、安全激光扫描仪等），控制机械臂进入防护停止状态，停止运动。

当配置可自动重置防护停止时，用户可参考如图 5-13 所示的连接方式，使用安全光幕连接至防护停止输入接口。

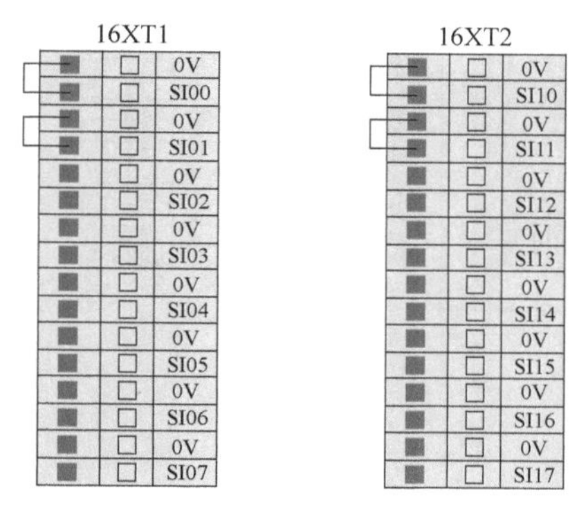

图 5-11 默认安全配置示意图

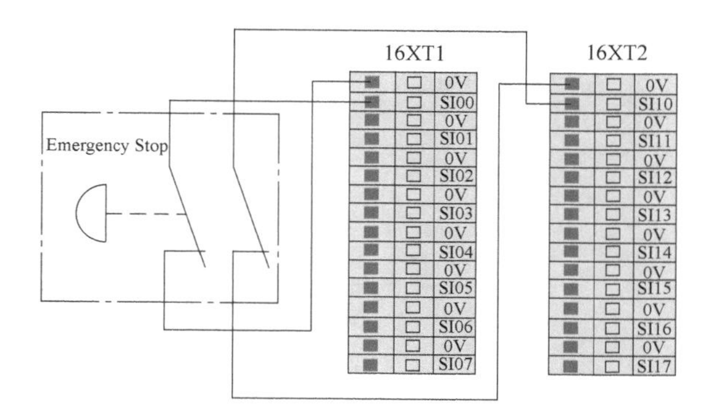

图 5-12 外部紧急停止输入连接示意图

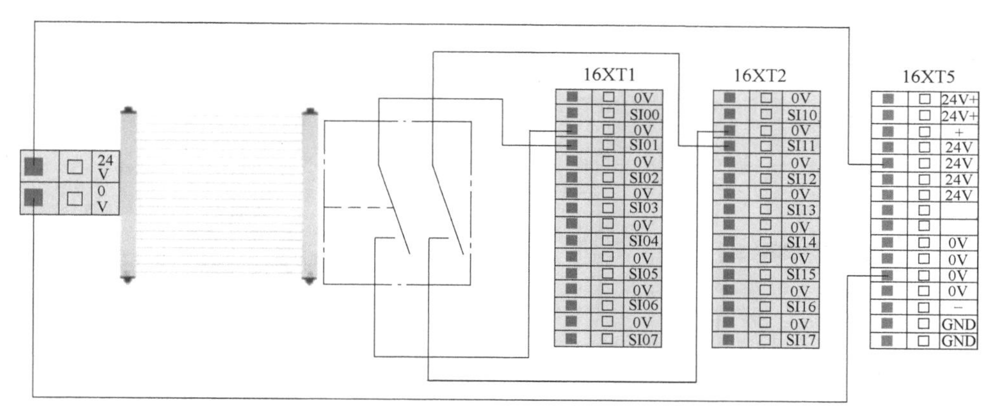

图 5-13 防护停止输入连接示意图 1（内部电源供电）

操作员进入安全地带后，机械臂停止运动并保持 2 类停机状态。操作员离开安全地带后，机械臂从停止点开始自动运行。此过程中，无需使用防护重置输入。**注意：**使用此类配置时，用户需通过 AUBOPE（AUBO Programming Environment）选择“重置防护停止”为“自动重置”。

在配置带重置设备的防护停止时，用户可参考如图 5-14 所示的方式，使用安全光幕连接至防护停止输入接口，并使用安全重置按钮连接至防护重置输入接口。

操作员进入安全地带后，机械臂停止运动并保持 2 类停机状态。操作员离开安全地带后，需从安全地带外部，通过重置按钮重置机械臂后，单击“AUBOPE”，机械臂从停止点开始继续运行。在此过程中，需使用防护重置输入。**注意：**使用此类配置时，用户需通过 AUBOPE 选择“重置防护停止”为“手动重置”。

4. 缩减模式输入

用户可通过此接口控制机械臂进入缩减模式。在缩减模式下，机械臂的运动参数［如关节速度、TCP（Transmission Control Protocol）速度］将被限制在用户定义的缩减模式范围内。用户可参考如图 5-15 所示的方式，使用安全垫连接至缩减模式输入接口。

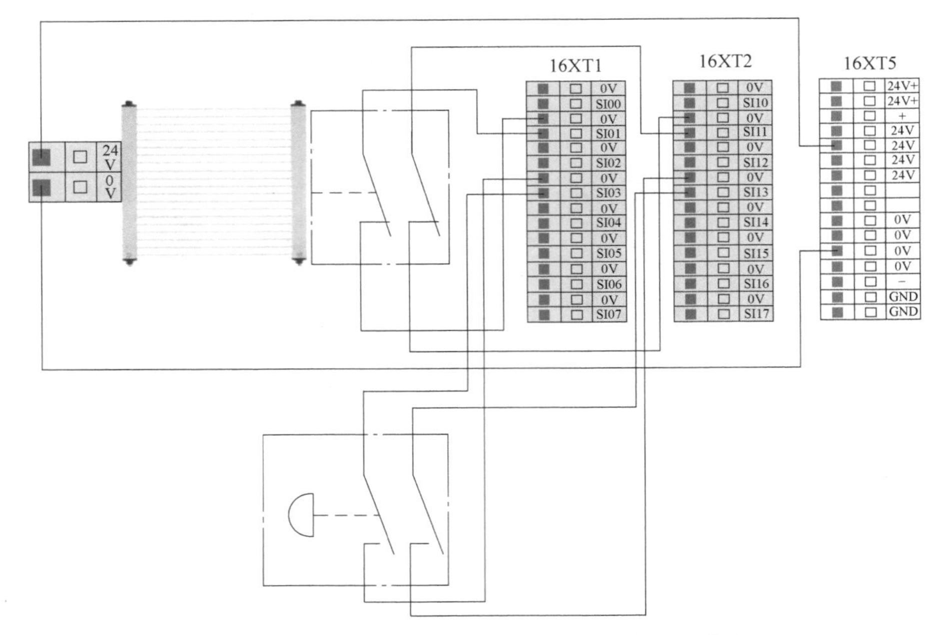

图 5-14　防护停止输入连接示意图 2（内部电源供电）

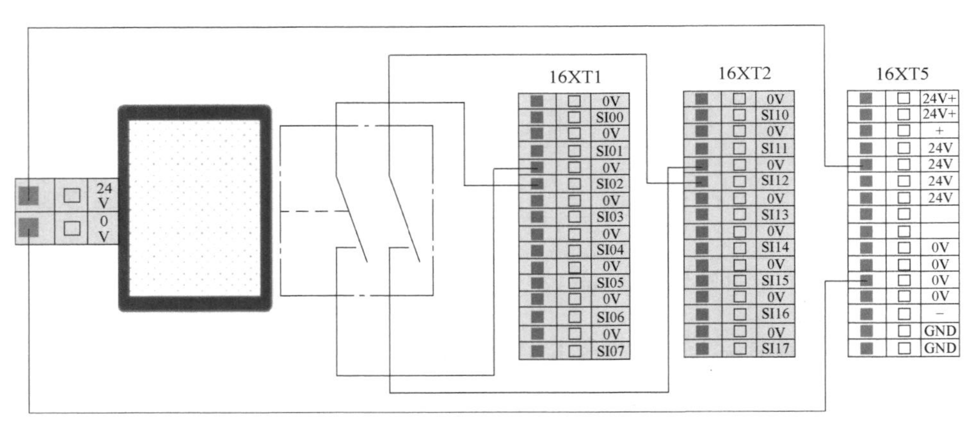

图 5-15　缩减模式输入连接示意图

操作员进入安全地带后，机械臂进入缩减模式。操作员离开安全地带后，机械臂退出缩减模式，进入正常模式，机械臂正常运行。**注意：**使用此类配置时，用户需通过 AUBOPE 配置缩减模式运动参数。

5. 防护重置输入

在配置带重置设备的防护停止时，用户可通过此接口连接外部重置设备（如重置按钮等）。参考如图 5-16 所示的接线方式，用安全光幕连接至防护停止输入接口，并使安全重置按钮连接至防护重置输入接口。

操作员进入安全地带后，机械臂停止运动并保持 2 类停机状态。操作员离开安全地带后，需从安全地带外部，通过重置按钮重置机械臂，机械臂从停止点开始继续运行。此过程中，需使用防护重置输入。**注意：**使用此类配置时，用户需通过 AUBOPE 选择“重置防护

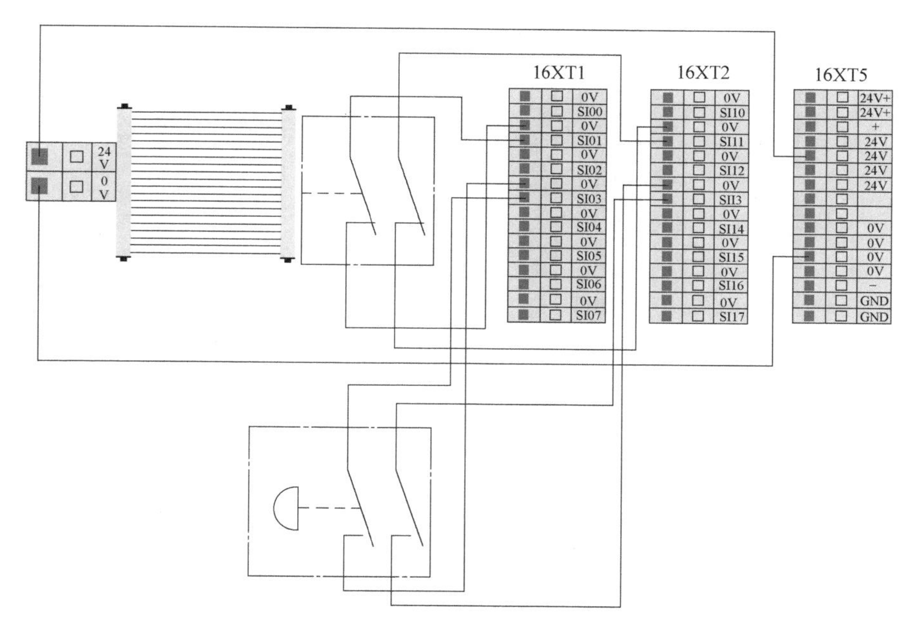

图 5-16　防护重置输入连接示意图（内部电源供电）

停止”为“手动重置”。

6. 三态开关输入

用户可通过此接口连接外部安全设备（如三位置使能开关等），用于验证程序。用户可参考如图 5-17 所示的连接方式，使用三位置使能开关连接三态开关输入接口。

在验证模式下，只有当三位置使能开关处于使能位置（中间位置）时，机械臂开始运动。当用户松开或按紧三位置使能开关时，三位置使能开关处于非使能位置，机械臂停止运动。**注意：**使用此类配置时，用户需确保机器人处于验证模式。用户可通过 AUBOPE 配置“操作模式”为“验证模式”，也可通过“操作模式”输入“配置操作模式”为“验证模式”。

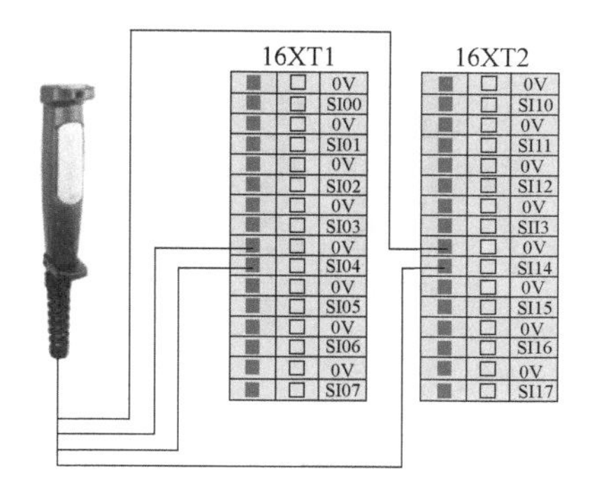

图 5-17　三态开关输入连接示意图

7. 操作模式输入

用户可通过此接口连接外部安全设备（模式选择开关等）选择机器人工作模式。用户可参考图 5-18 所示的方式，使用安全选择开关连接操作模式输入接口。

当用户将选择开关调至 A 档位时，机器人进入常规模式，用户可正常使用机器人。当用户将选择开关调至 B 档位时，机器人进入验证模式。在此模式下，只有三态开关输入为有效时，机械臂执行验证工程文件，然后正常运行。当三态开关输入为无效时，机械臂立即停止运动。

8. 拖动示教使能输入

用户可通过此接口接收外部按钮（push-button）拖动示教信号，机械臂进入可拖动示教状态。用户可参考如图 5-19 所示的连接方式，在脱离示教器力控按钮的情况下进行拖动示教。

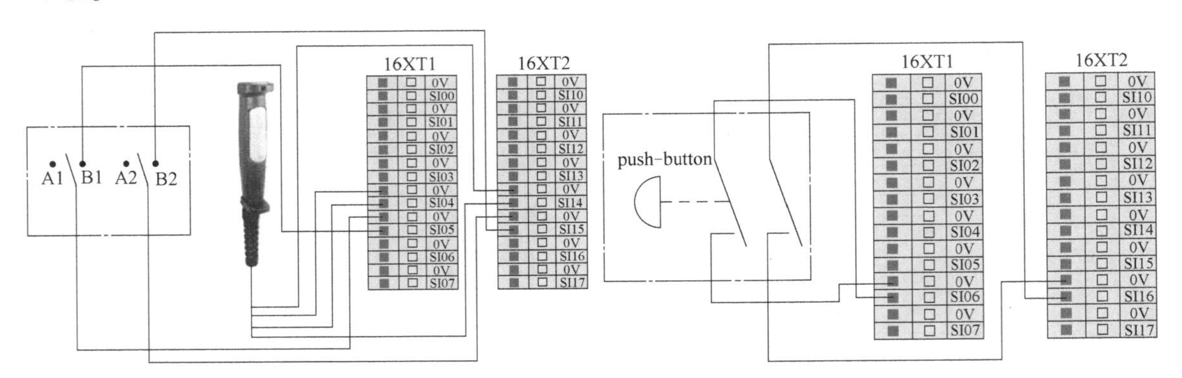

图 5-18 操作模式输入连接示意图　　图 5-19 拖动示教使能输入连接示意图

9. 系统停止输入

用户可通过此接口接收外部停止信号，控制机器人进入 1 类停机状态。此输入可用于多机协作状态，设置一条公用紧急停止线路，能与其他机器共享紧急停止。操作人员可通过一台机器的紧急停止按钮控制整条线的机器进入紧急停止状态。

用户可参考如图 5-20 所示的连接方式，两台机器共享紧急停止功能。该线路中，“系统紧急停止输出”连接至“系统停止输入”接口。当其中一台机器进入紧急停止状态时，另一台机器也会立即进入紧急停止状态，实现两台机器共享紧急停止功能。

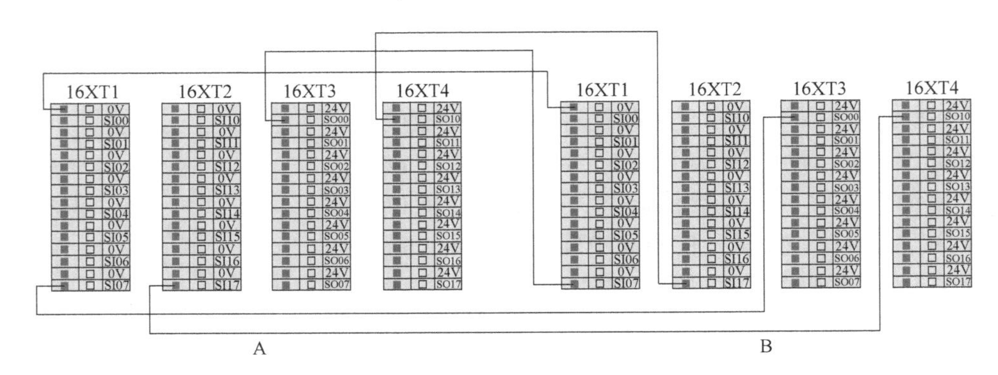

图 5-20 系统停止输入连接示意图

10. 系统紧急停止输出

当机器人进入紧急停止状态时，用户可通过此接口对外部输出紧急停止信号，外部报警灯亮。用户可参考如图 5-21 所示的连接方式，连接外部报警灯至系统紧急停止输出接口。**注意：**此功能用途广泛，在任何情况下使用前，用户需进行完整的风险评估。

11. 机器人运动输出

当机械臂正常运动时，用户可通过此接口对外部输出机器人运动信号，外部机器人运动状态指示灯亮。用户可参考如图 5-22 所示的连接方式，连接外部指示灯至机器人运动输出接口。**注意：**此功能用途广泛，在任何情况下使用前，用户需进行完整的风险评估。

12. 机器人未停止输出

当机械臂接收到停止信号并在减速过程还未完全停止时，用户可通过此接口对外部输出机器人未停止信号，外部机器人未停止状态指示灯亮。用户可参考如图 5-23 所示的方式，连接外部指示灯至机器人运动输出接口。**注意：**此功能用途广泛，在任何情况下使用前，用户都需进行完整的风险评估。

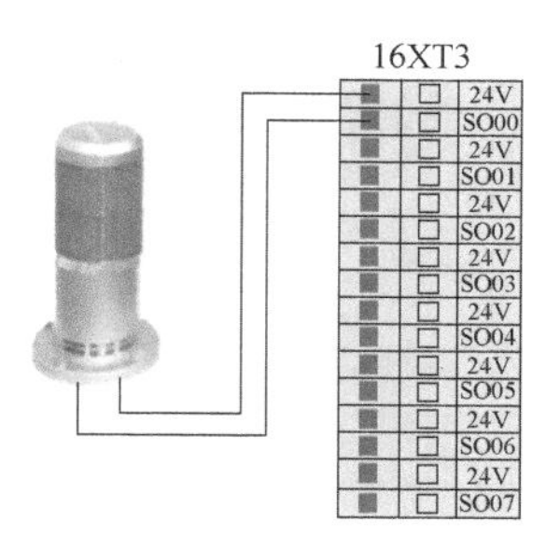

图 5-21 系统紧急停止输出连接示意图

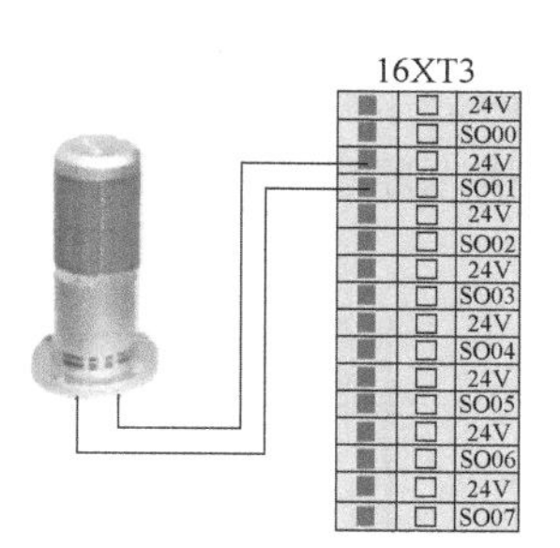

图 5-22 机器人运动输出连接示意图

13. 缩减模式输出

当机械臂进入缩减模式时，用户可通过此接口对外部输出缩减模式信号，外部缩减模式指示灯亮。用户可参考如图 5-24 所示的方式，连接外部指示灯至缩减模式输出接口。**注意：**此功能用途广泛，在任何情况下使用前，用户都需进行完整的风险评估。

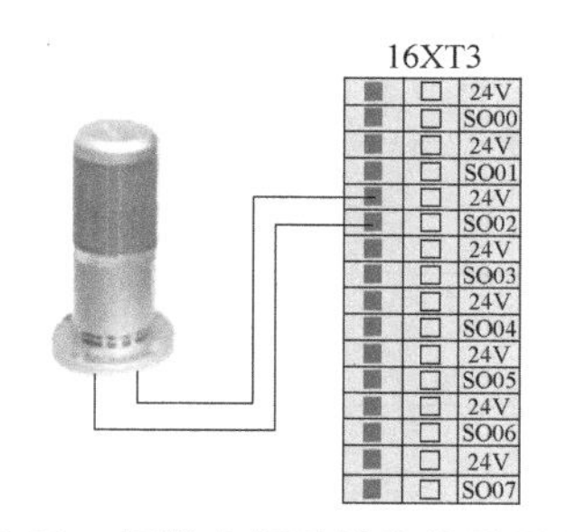

图 5-23 机器人运动输出连接示意图

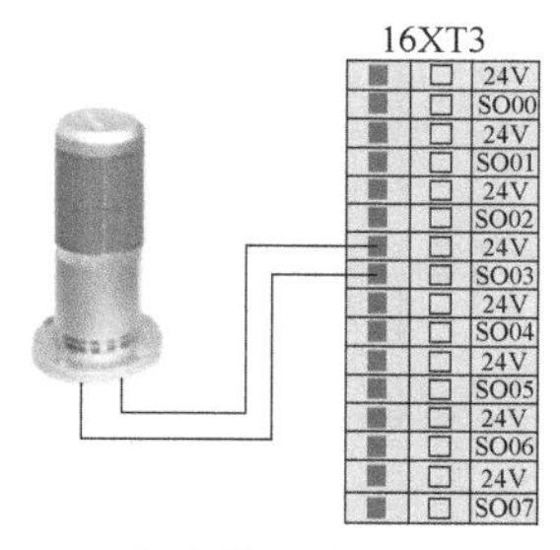

图 5-24 缩减模式输出连接示意图

14. 非缩减模式输出

当机械臂进入非缩减模式时，用户可通过此接口对外部输出非缩减模式信号，外部非缩减模式指示灯亮。用户可参考如图 5-25 所示的方式，连接外部指示灯至非缩减模式输出接口。**注意：**此功能用途广泛，在任何情况下使用前，用户都需进行完整的风险评估。

15. 系统错误输出

当机器人系统错误时，用户可通过此接口对外部输出系统错误信号，外部系统错误指示灯亮。用户可参考如图 5-26 所示的方式，连接外部指示灯至系统错误输出接口。**注意：**此

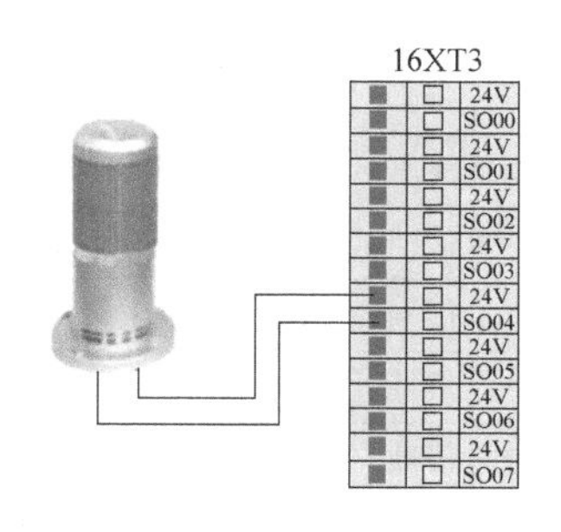

图 5-25 缩减模式输出连接示意图

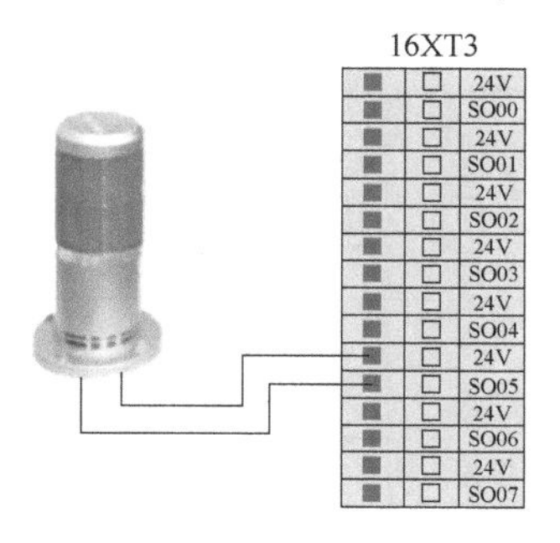

图 5-26 系统错误输出连接示意图

功能用途广泛，在任何情况下使用前，用户都需进行完整的风险评估。

5.5 系统内部输入/输出接口

控制柜内部 I/O 为内部功能接口，提供控制器内部接口板的 I/O 状态显示，不对用户开放。控制柜内部 I/O 状态说明见表 5-10。

表 5-10 控制柜内部 I/O 状态说明

输入	接口板 I/O 状态
CI00	状态有效表示联动模式/状态无效表示手动模式
CI01	状态有效表示主动模式/状态无效表示手动模式
CI02	小型控制柜接触器
CI03	小型控制柜急停
CI10	伺服通电
CI11	伺服断电
CI12	小型控制柜接触器
CI13	小型控制柜急停
输出	接口板 I/O 状态
CO00	待机指示
CO01	急停指示
CO02	状态有效表示联动模式/状态无效表示手动模式
CO03	上位机指示
CO10	备用
CO11	急停指示
CO12	备用
CO13	备用

5.6 AUBO-i 系列机器人通用输入/输出接口控制应用

（1）连接物料检测开关到机器人输入接口 DI1，该物料检测开关为一个光电开关，光电开关有三根接线，分别为电源正极、电源负极和信号线。在实训台抽屉接线面板上用导线与机器人电源和信号输入口连接。见表 5-11。

表 5-11 I/O 控制应用电控接线方法

序号	连接线颜色	A 端连接		B 端连接	
		功能模块	端口	功能模块	端口
1	红色	机器人 1 输出	24V	外设信号	电磁阀 1 红色端口
2	黑色	机器人 1 输出	DO01	外设信号	电磁阀 1 黑色端口
3	红色	机器人 1 输入	24V	外设信号	光电开关 1 红色端口
4	黑色	机器人 1 输出	0V	外设信号	光电开关 1 黑色端口
5	黄色	机器人 1 输入	DI01	外设信号	光电开关 1 黄色端口

（2）用手交替进行遮挡、移开动作，在示教器上的信号检测窗口，查看 I/O 状态变化。如图 5-27 和图 5-28 所示，单击“设置”→“IO 状态”→单击“用户 IO 状态”，查看“U_DI_01”后状态指示，当手遮挡光电传感器时，绿色点亮为有信号输入；当手离开光电传感器时，灰色为无信号输入。

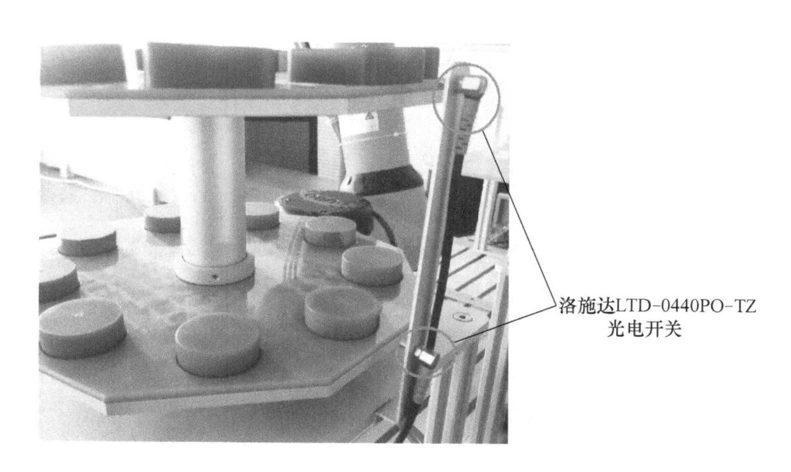

图 5-27　手动遮挡旋转仓储光电传感器

AUBO　admin

机械臂示教　在线编程　设置　扩展　系统信息　关于

IO状态　Controller IO　用户IO　工具IO

用户IO状态

DI			
F1	F2	F3	F4
F5	F6	U_DI_00	U_DI_01
U_DI_02	U_DI_03	U_DI_04	U_DI_05
U_DI_06	U_DI_07	U_DI_10	U_DI_11
U_DI_12	U_DI_13	U_DI_14	U_DI_15
U_DI_16	U_DI_17		

DO			
U_DO_00	U_DO_01	U_DO_02	U_DO_03
U_DO_04	U_DO_05	U_DO_06	U_DO_07
U_DO_10	U_DO_11	U_DO_12	U_DO_13
U_DO_14	U_DO_15	U_DO_16	U_DO_17

AI					
VI0	0 V	VI1	0 V	VI2	0 V
VI3	0 V				

AO					
CO0	0 mA	CO1	0 mA	VO0	0 V
VO1	0 V				

机械臂　系统　输出IO控制　AO_name　0.0　发送

零位姿态　初始位姿　0.00 (mm/s)　2020-02-21 18:41:38　速度　50%

图 5-28　输入信号状态

（3）如图 5-29 和图 5-30 所示，单击选择“U_DO00”，单击“输出 IO 控制”，选择“High”，单击“发送”，查看电磁阀 1 线圈得电情况；选择“Low”，单击“发送”，通过电磁阀 1 线圈指示灯查看电磁阀线圈失电情况。

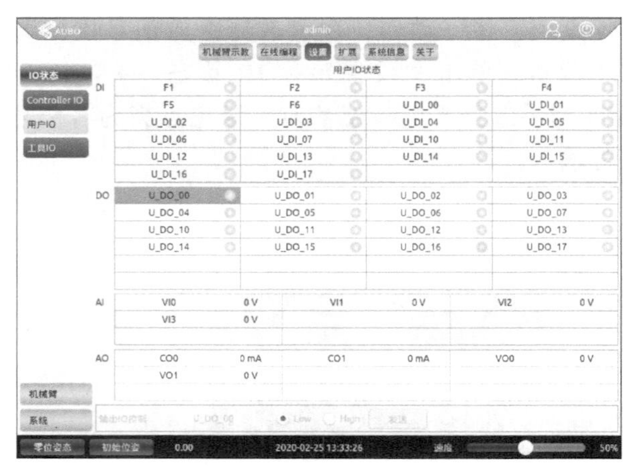

图 5-29　输出信号控制

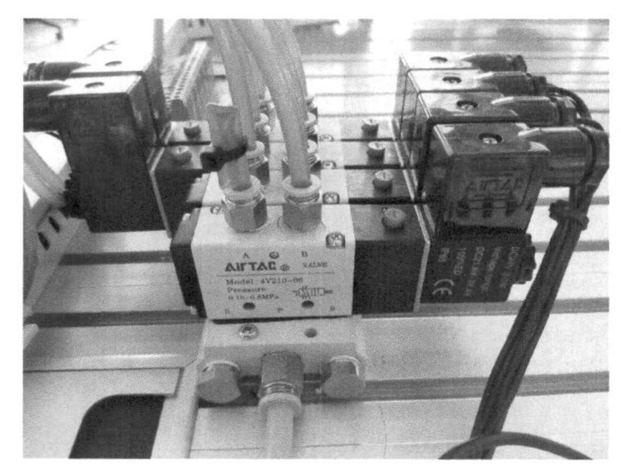

图 5-30　电磁阀信号状态

5.7　SCARA 机器人控制柜输入/输出接口介绍

实训平台配置的天太 TS5-450 机器人控制柜通信端口如图 5-31 所示。

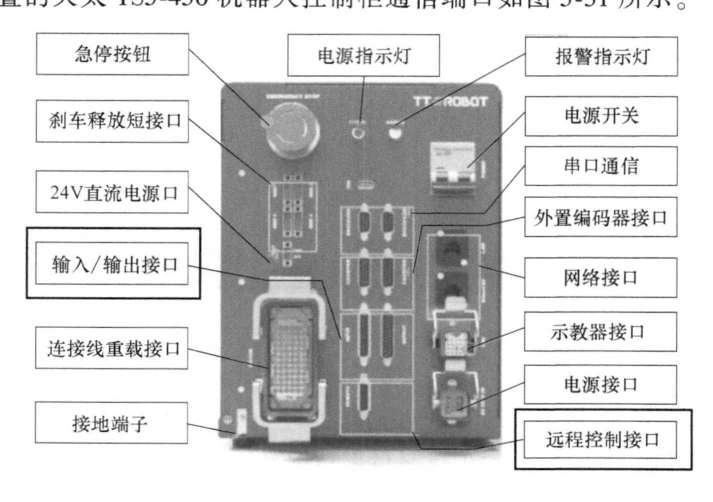

图 5-31　SCARA 机器人控制柜通信端口

下面主要介绍该型号机器人输入/输出接口和远程控制接口。

（1）输入接口（INPUT）

1）针脚定义，编号如图 5-32 所示，定义和功能见表 5-12。

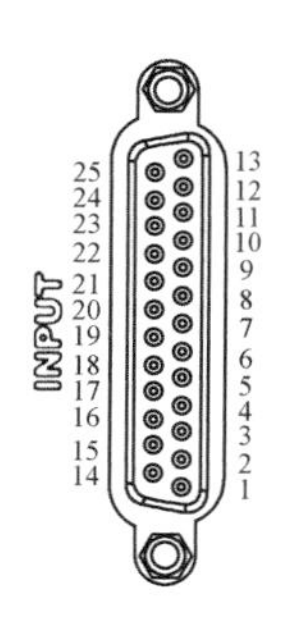

图 5-32　DB25 针输入接口实物图

表 5-12　25 针输入接口定义

脚号	定义	功能	颜色	脚号	定义	功能	颜色
1	X00	通用输入	黄色	14	X01	通用输入	灰色
2	X02	通用输入	黄白	15	X03	通用输入	灰黑
3	X04	通用输入	黄黑	16	X05	通用输入	绿白
4	X06	通用输入	橙色	17	X07	通用输入	黑色
5	X08	通用输入	橙黑	18	X09	通用输入	红色
6	X10	通用输入	蓝色	19	X11	通用输入	白色
7	X12	通用输入	蓝黑	20	X13	通用输入	白黑
8	X14	通用输入	绿色	21	X15	通用输入	红白
9	X16	通用输入	绿黑	22	X17	通用输入	红黑
10	X18	通用输入	紫色	23	X19	通用输入	浅绿色
11	X20	通用输入	紫黑	24	X21	通用输入	浅绿黑
12	X22	通用输入	棕色	25	0V	公共端 0V	粉色
13	空					保留	粉黑

2）规格及范例说明见表 5-13。

表 5-13　25 针输入接口接线规格及范例

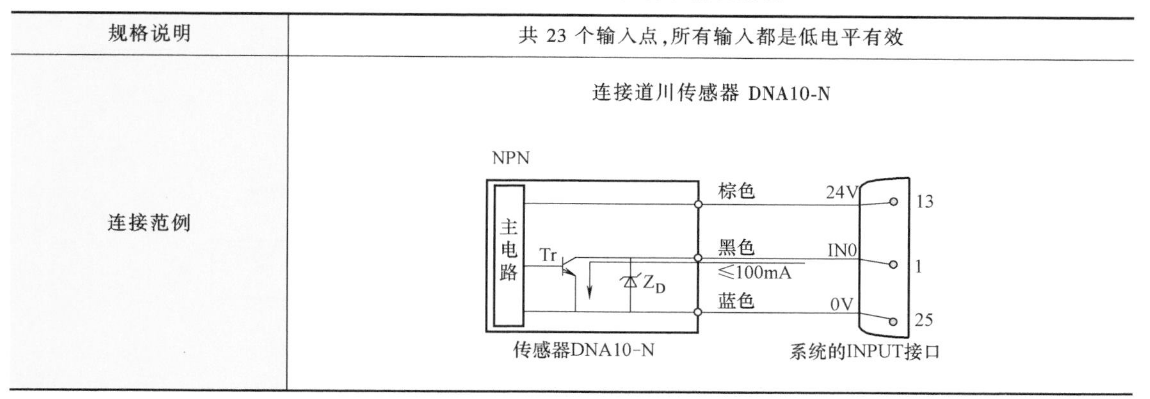

规格说明	共 23 个输入点，所有输入都是低电平有效
连接范例	连接道川传感器 DNA10-N（见接线图）

(2) 输出接口 (OUTPUT)

1) 针脚定义，编号如图 5-33 所示，定义和功能见表 5-14。

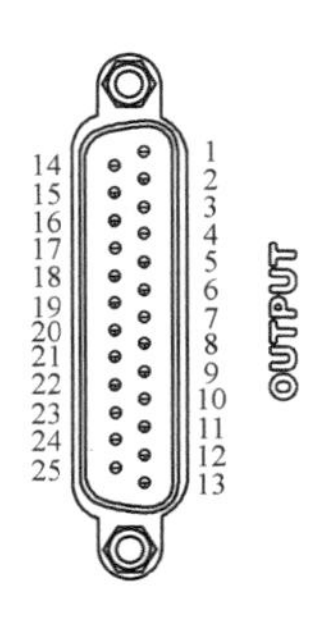

图 5-33 DB25 针输出接口实物图

表 5-14 DB25 针输出接口定义和功能

脚号	定义	功能	颜色	脚号	定义	功能	颜色
1	Y00	通用输出	黄色	14	Y01	通用输出	灰色
2	Y02	通用输出	黄白	15	Y03	通用输出	灰黑
3	Y04	通用输出	黄黑	16	Y05	通用输出	绿白
4	Y06	通用输出	橙色	17	Y07	通用输出	黑色
5	Y08	通用输出	橙黑	18	Y09	通用输出	红色
6	Y10	通用输出	蓝色	19	Y11	通用输出	白色
7	Y12	通用输出	蓝黑	20	Y13	通用输出	白黑
8	Y14	通用输出	绿色	21	Y15	通用输出	红白
9	Y16	通用输出	绿黑	22	Y17	通用输出	红黑
10	Y18	通用输出	紫色	23	Y19	通用输出	浅绿色
11	Y20	通用输出	紫黑	24	Y21	通用输出	浅绿黑
12	Y22	通用输出	棕色	25	GND	空,不焊	粉色
13	24V	电源输出 24V	棕黑			保留	粉黑

2) 规格及范例说明见表 5-15。

表 5-15 DB25 针输出接线规格及范例

规格说明	①共 19 个通用输出点,NPN 结构,单点最大电流小于等于 200mA; ②内嵌 2 个继电器,分别对应常开、常闭点,公共端为 24V,单点最大电流小于等于 200mA; ③端口 24V 的总电流小于等于 1.5A; ④OUTPUT0～ OUTPUT7 可支持连接电磁阀,电磁阀规格小于等于 4.5W
连接范例	①OUT0 连接继电器后再控制电磁阀 外部电源24V　电磁阀　1　OUT0　1 −(+)　3　4　X1　X2　13　24V　6 +(−)　外部电源0V　OUTPUT (DB25母)　继电器G68－1114P

（续）

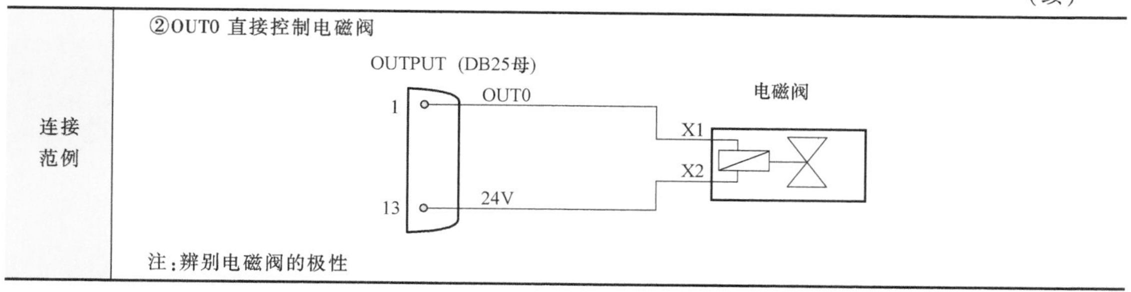

（3）远程控制接口（REMOTE）

1）针脚定义，编号如图 5-34 所示，定义和功能见表 5-16。

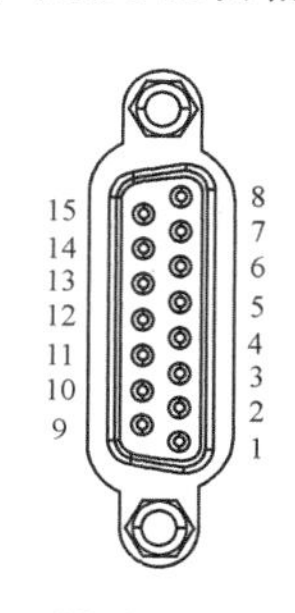

图 5-34　DB15 针头远程控制接口实物图

表 5-16　DB15 针 REMOTE 接口定义和功能

引脚	信号	类型	功能	引脚	信号	类型	功能
1	RUN	输入	运行	9	24V		电源
2	HALT	输入	停止	10	SA_BO	输入	安全插销
3	POWER	输入	上使能	11	EX_STOP	输入	外部急停
4	RESET	输入	复位	12	AF_SER	输入	防撞传感器
5	RUN_OUT	输出	运行中	13	OUT_EX1	输出	备用
6	SERVO_ON	输出	使能中	14	STOP_O	输出	暂停状态
7	ALM_OUT	输出	报警输出	15	BK_CON	输出	抱闸控制
8	0V		电源	外壳	屏蔽		

2）DB15 针远程控制接口接线规格及范例说明见表 5-17。

表 5-17　DB15 针远程控制接口接线规格及范例

规格说明	7 个输入点，低电平有效； 6 个输出点，NPN 结构，单点最大电流小于等于 150mA
连接范例	参考输入接口和输出接口接法

思考与练习

5.1　简述 AUBO-i 机器人电气通信接口的种类和端口数量。

5.2　简述 AUBO-i 机器人无外部设备时，默认安全 I/O 接口的接线方法。

5.3　简述 AUBO-i 机器人接入外部急停的安全 I/O 接口的接线方法。

5.4　练习 AUBO-i 机器人电气通用 I/O 接口的接线方法和实训步骤。

第6章　工业机器人系统集成

知识目标

✓ 了解工业机器人末端夹具种类
✓ 了解工业机器人与PLC的通信原理
✓ 了解工业机器人智能视觉系统
✓ 了解工业机器人外部轴组成及控制
✓ 了解工业机器人集成应用场景

技能目标

✓ 掌握机器人常用的末端工具及其控制方法
✓ 掌握机器人与外部控制器的通信方法
✓ 学会配置不同集成应用环境

6.1　工业机器人末端夹具

工业机器人末端夹具是指任何一个连接在机器人边缘（关节）并具有一定功能的工具。其作用是使工件定位，以使工件相对于机械臂或其他设备的位置正确，并把工件可靠地夹紧。机器人末端夹具是一种夹装工件（和切换工具）的装置。

6.1.1　气动夹具

如图6-1所示，气动夹具是以压缩空气为动力源，通过气缸把空气压力转换为机械能，可实现工件的定位和夹紧。气动夹具有以下明显的优点，也有缺点。

（1）气动夹具的优点

1）操作简单，便于自动化控制，不必借助人为的力量进行夹紧工件的工作。

2）气动反应速度快，可重复性好，在生产过程中能缩短生产时间，提高生产效率。

（2）气动夹具的缺点

1）价格昂贵，根据工件的质量和材料等而定。

2）维修成本比手动设备昂贵。

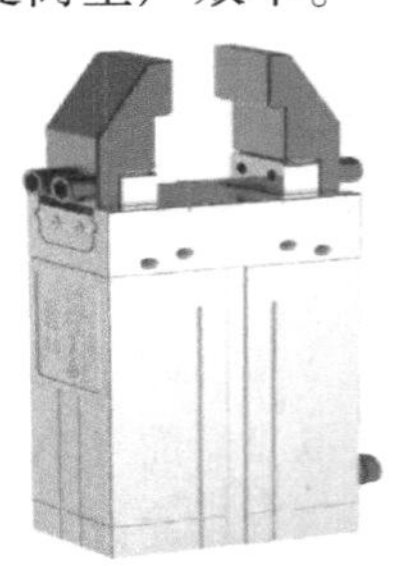

图6-1　气动夹具

6.1.2　电动夹具

在过去30年里，电动夹具（图6-2）在工厂自动化中一直被广泛应用。其适合各行各业高灵活性、高混合型的应用，但在应用场景中，夹具和电线可能会干扰周围的环境。在实际应用过程中，除了碰撞危险和不可预测的位置移动之外，还需异常处理功能来检测不正确或失败的抓取。

电动夹具移动工件可以更好地控制夹爪位置、抓取检测、速度和抓握力。电动夹具无需空气管路，从而节省能量和维护成本，工作环境更清洁。

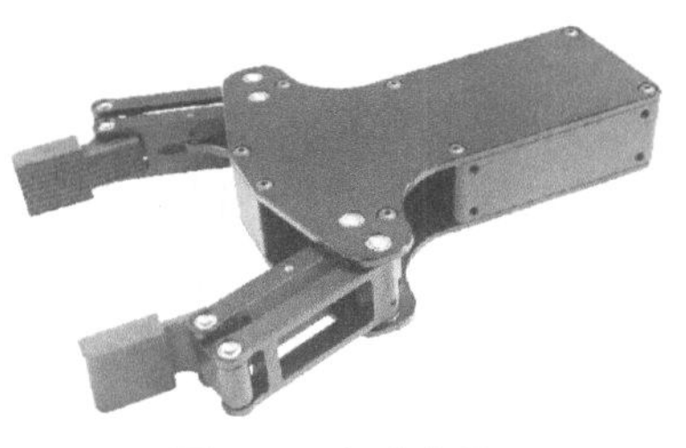

图 6-2　电动夹具

电动夹具的电动机具备四点优势：

1）低惯性和高转速可缩短循环时间；

2）直流无刷无槽技术可持久可靠地运行；

3）电动机功率密度高且重量较轻；

4）系统可整合电动机反馈（而不是利用定时器）来获取抓握过程，从而提高生产效率。

6.1.3　柔性夹具

柔性夹具属于可拆卸、易连接的夹具，依照工艺规程可循环使用，其强度和精度都相对较高，由标准化柔性原料构成。如图 6-3 所示，柔性夹具包括基座、手臂总成和柔性手。柔性手包括连接手臂总成的手指基座、互成夹持结构的至少两个柔性机械手指和用于驱动柔性机械手指抓放的驱动部分。柔性机械手指至少包括依次铰接形成平面摇杆机构的三个指节。通常柔性手指的机械手总成采用有指节的手指，夹持不规则工件时，驱动部分驱动柔性机械手指进行仿生性抓放。柔性机械手能够适应不同形状工件的夹持，通用性较强。指尖处指节的夹持面设置有柔性材料，可保护工件表面不受损伤，且增大夹持面积，适用于对表面精度和表面质量要求较高的工件，有利于保证工件质量，节约现场使用成本。

图 6-3　柔性夹具

6.2　外围电气控制设备——PLC

6.2.1　工业机器人与 PLC

PLC 为一种可编程控制器，用于内部存储程序，执行逻辑运算、顺序控制、定时、计算与算术操作等面向用户的指令，并通过数字或模拟式输入/输出控制各种类型的机械或生产设备。作为工业控制的核心部分，PLC 不仅可替代继电器系统，使硬件软化，提高系统工具的可靠性以及系统的灵活性，而且还具有运算、计数、调节、通信、联网等功能。随着工厂自动化网络的形成，机器人的应用领域也越来越广泛。由单台或多台机器人组成的机器人工作站也常采用 PLC 进行控制。

工业机器人工作站根据使用环境的不同，除机器人本体，还会配合各种外围设备，通常都需要大量的信号通信，因此 PLC 的使用成为必然。工业机器人与 PLC 之间的通信传输有

"I/O" 连接和网络通信线连接两种，下面以最常用的机器人与 PLC 之间使用 "I/O" 连接的方式介绍其控制方法。PLC 通过执行用户预先编制好的程序指令，根据接收到的输入信号，经过逻辑运算和判断，输出相应的信号来控制继电器，将 PLC 的输出信号转化为机器人 I/O 板的输入信号。机器人 I/O 板集成了控制器的 I/O 电路，机器人控制器主要通过 I/O 电路接收信号。I/O 电路接收到信号后，并不会对信号进行处理，而是通过总线将信号传递给机器人控制器。机器人控制器对信号进行处理后，再进行相应的信号反馈或者控制机器人的机械臂进行相关的操作。一般工业机器人与 PLC 的连接电路如图 6-4 所示（X/Y 分别代表机器人和 PLC 信号，COM 代表公共端）。

梯形图（Ladder Logic Programming Language，LAD）是 PLC 使用最多的图形编程语言，也称为 PLC 的第一编程语言。

梯形图是在常用的继电器与接触器逻辑控制基础上对符号进行简化演变而来，沿袭了继电器控制电路的形式，具有形象、直观、实用等特点，电气技术人员容易接受，是目前运用最多的一种 PLC 的编程语言。

供电电源
+
−
PLC
COM
Y
机器人控制器
机器人I/O板
X
COM
+
−
24V
继电器

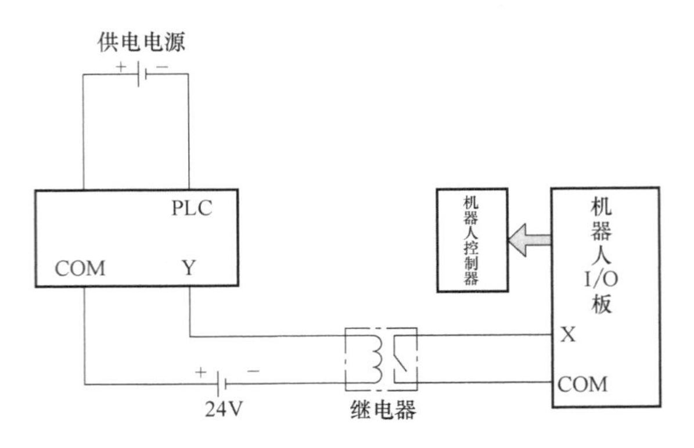

图 6-4　一般工业机器人与 PLC 的连接电路

在 PLC 程序图中，左、右母线等效为继电器与接触器控制电源线，输出线圈等效为负载，输入触点类等效为按钮。梯形图由若干阶级构成，自上而下排列，每个阶级始于左母线，经过触点与线圈，止于右母线，如图 6-5 所示。

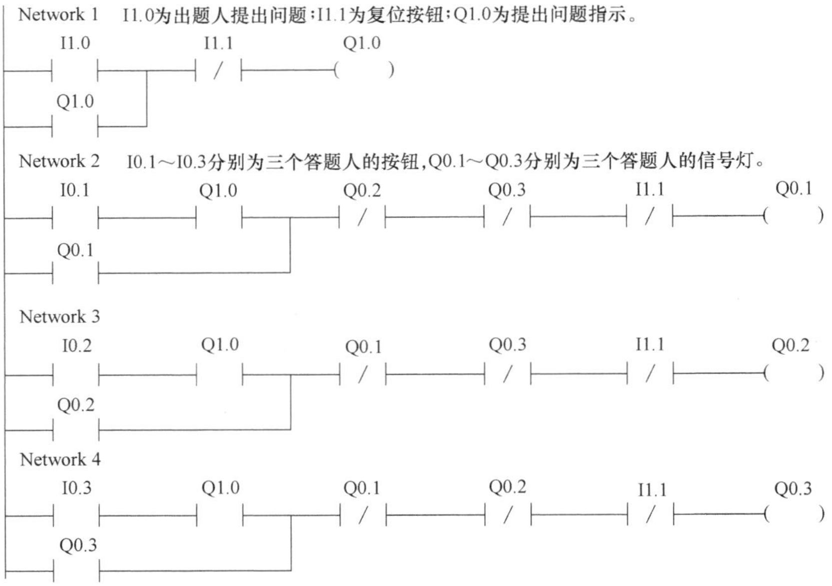

Network 1　I1.0为出题人提出问题；I1.1为复位按钮；Q1.0为提出问题指示。
I1.0
I1.1
Q1.0
Q1.0
Network 2　I0.1～I0.3分别为三个答题人的按钮，Q0.1～Q0.3分别为三个答题人的信号灯。
I0.1
Q1.0
Q0.2
Q0.3
I1.1
Q0.1
Q0.1
Network 3
I0.2
Q1.0
Q0.1
Q0.3
I1.1
Q0.2
Q0.2
Network 4
I0.3
Q1.0
Q0.1
Q0.2
I1.1
Q0.3
Q0.3

图 6-5　PLC 梯形图

电气接线图应能准确、完整、清晰地反映系统中全部电器元件相互间的连接关系，应能正确指导、规范现场生产与施工，为系统的安装、调试、维修提供帮助。在设计电气接线图时，应参照PLC对电气连接的要求进行，并重点注意接线图、外部连接和内部连接的要求。

1. 电气接线图的要求

电气接线图要逐一标明设备上每一走线管和走线槽内的连接线（包括备用线）的数量、规格、长度，所采用的外部防护措施（如采用金属软管的型号、规格、长度等），需要的标准件（如软管接头和管夹的数量、型号、规格等），连接件（如采用插头的型号、规格）等，以便于指导施工。

电气接线图应能准确、完整、清晰地反映系统中全部电器元件相互间的连接关系，应能正确指导、规范现场生产与施工，为系统的安装、调试、维修提供帮助。

电气接线图不仅要与原理图相符，而且各电器元件的实际连接位置与连接要求（如线号、线径、导线的颜色等）要清晰明确。

2. 外部连接要求

变频电动机、伺服电动机的电枢连接线应采用屏蔽电缆进行连接，以减小对其他设备的干扰。

控制系统的电柜与设备间的连线应有良好的防护措施，采用接地良好的金属软管、屏蔽电缆、金属走线槽等进行外部防护，使之既有机械强度、损伤防护措施又有良好的屏蔽作用。电柜与设备间的连接电缆、走线管、走线槽等必须使用安装螺钉、软管接头、管夹等部件进行良好的固定。

系统电柜与设备间的连接应考虑运输、拆卸等需求，设备中的独立附件应通过安装插接件、分线盒等措施保证这些独立附件与主机间分离。

3. 内部连接要求

PLC连接线的布置必须合理、规范，以减少、消除线路中的干扰，提高可靠性。如图6-6所示，原则上，连接线、电缆应根据电压等级与信号的类型，采用“分层敷设”等方法进行隔离，并利用金属屏蔽密封。当输入/输出连线无法与动力线“分层敷设”时，应尽可能采用屏蔽电缆，并将屏蔽层接地。同时，输入信号与输出信号不宜布置在同一电缆内，应采用单独电缆连接。不同电压、不同类型的信号线，或动力线与信号线，应尽量避免在同一接线端子排、同一插接件上连接。在无法避免时，应通过备用端子、备用引脚将其隔离，以防止连接线间短路并减小线路间的相互干扰。

系统模拟量输入/输出、脉冲输入/输出的连接线必须采用“双绞”屏蔽线，若条件允许，最好使用“双绞双屏蔽”的电缆进行连接。

接地系统必须完整、规范、合理，连接线应有足够的线径，设备的各控制部分应采用独立接地方式，不能使用公共地线。PLC控制系统使用的屏蔽线，应通过标准“电缆夹”等器件将屏蔽层进行良好地接地。

6.2.2　常见PLC品牌

1. A-B公司的PLC

A-B（Allen-Bradley）公司是美国最大的PLC制造商，其PLC产品在国际市场上很有竞争力。A-B公司的处理器模块从小到大、规格齐全，配套的功能模块各式各样、系列完整，

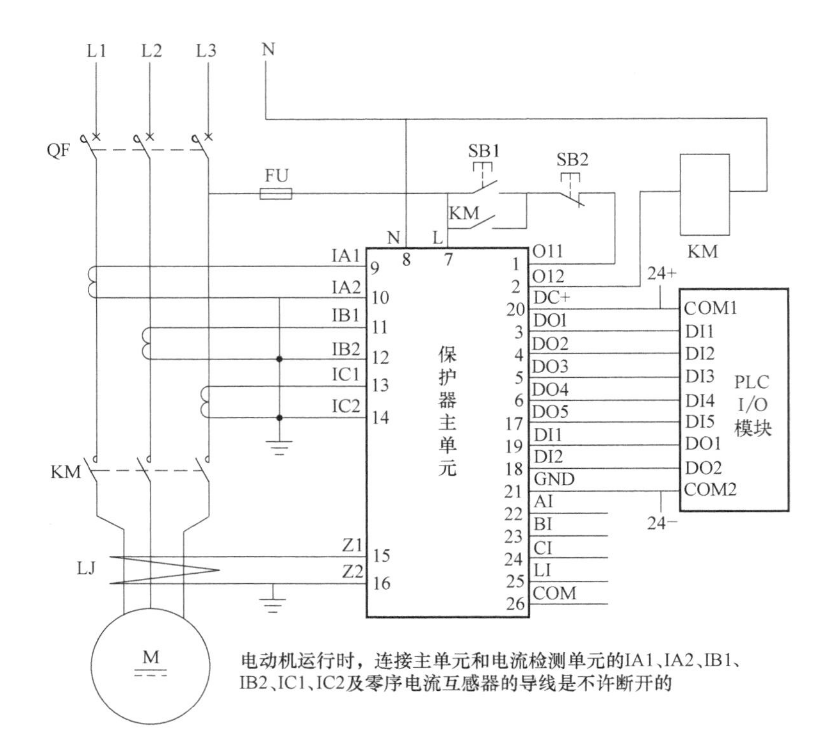

图 6-6 电气连接图

特殊功能模块具有独创性且品种丰富。同时 A-B 公司还提供品质优良的多种工具软件。目前，A-B 公司主要的 PLC 产品有 SLC-500 系列、PLC-5 系列、PLC-5/250PLC、PLC-3 系列和 PLC-2 系列。A-B 公司 PLC 产品如图 6-7 所示。

2. 欧姆龙公司 C 系列 PLC

欧姆龙公司以其明显的价格优势及完善的售后服务使其小型 PLC 产品的销售在中国位居前列。其产品有两个突出特点：一是梯形图与语句并重，配置的指令系统较强，功能指令具有使用的方便性，在开发复杂控制系统的能力方面优于欧美小型 PLC 产品；二是欧姆龙公司为 PLC 配置的通信系统便宜、简单、实用，降低了整个 PLC 网络的成本。

欧姆龙公司主推 C 系列 PLC。C 系列按 I/O 容量分为超小型（袖珍型）、小型、中型和大型四个档次；按处理器档次分为普及机、P 型机及 H 型机。普及机是指型号尾部不加字母的 PLC 机型，如 C20，其特点是价格低廉、功能简单。P 型机是指型号尾部加字母 P 的 PLC 机型，P 型机为普及机的增强型，增加了许多功能。H 型机是指尾部加字母 H 的 PLC 机型，其处理器比 P 型机更好，速度更快。欧姆龙公司 PLC 产品如图 6-8 所示。

图 6-7 A-B 公司 PLC 产品

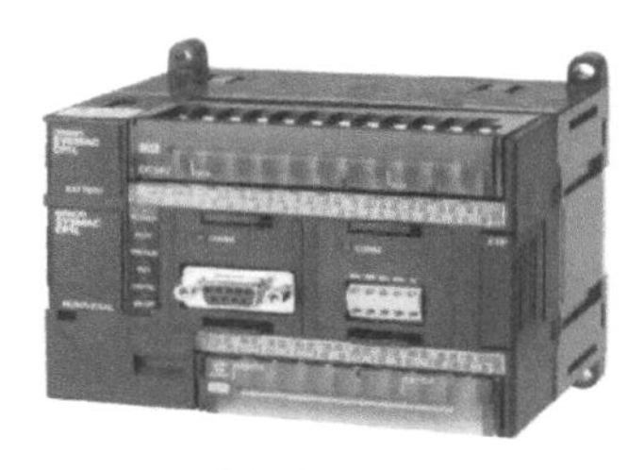

图 6-8 欧姆龙公司 PLC 产品

3. 松下电工公司 FP 系列 PLC

日本松下电工公司的 FP 系列 PLC 产品为 PLC 市场上的后起之秀，以其技术新、技术含量高为产品特色，具有指令系统功能强、速度快，处理器芯片性能好，用户程序容量大等特点。除采用周期循环扫描方式工作外，还支持多条指令采用中断方式工作，能更加及时地处理紧急任务，多种智能模块与多种复杂功能配有通信机制，且应用层通信协议具有一致性。松下电工公司 PLC 产品如图 6-9 所示。

4. 三菱机电公司 F 系列 PLC

在小型 PLC 的世界市场上，日本产品约占市场份额的 70%，居垄断地位。而三菱机电公司 PLC 产品的产销量在日本高居榜首。其代表性的 PLC 产品主要有 F、F1、F2 系列，FX0、FX2 系列和 A 系列。F、F1、F2 系列是小型 PLC，F 系列是其早期产品。三菱机电公司 PLC 产品如图 6-10 所示。

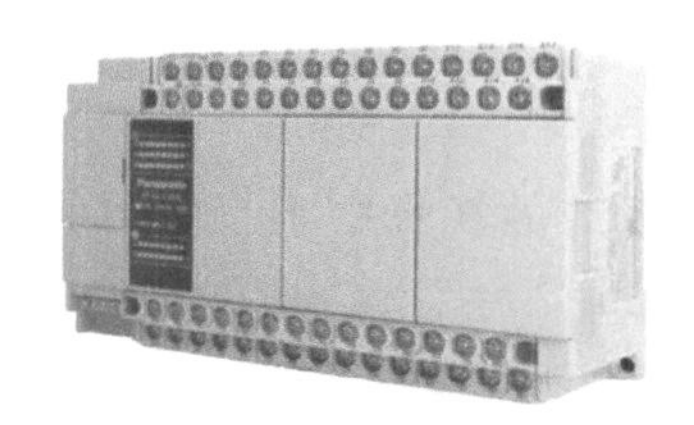

图 6-9 松下电工公司 PLC 产品

图 6-10 三菱机电公司 PLC 产品

5. 西门子公司 S 系列 PLC

德国西门子公司是欧洲最大的电子、电气制造商，其 PLC 产品诞生于 1958 年，经历了 C3、S3、S5 和 S7 系列，已成为应用非常广泛的可编程序控制器。1979 年主推 S5 系列，并获得巨大成功。1994 年，S7 系列诞生，该 S7 系列 PLC 产品可分为微型 PLC（如 S7-200），小规模性能要求的 PLC（如 S7-300）和中、高性能要求的 PLC（如 S7-400）等。西门子 PLC 的 S7 系列具有体积小、速度快、标准更具国际化、网络通信能力和功能更强、性能等级更高、安装空间更小、WINDOWS 用户界面更友好、可靠性更高等优势。目前西门子 PLC 的 S3、S5 系列已逐步退出市场，停止生产，S7 系列的发展成为西门子自动化系统的控制核心。西门子公司 PLC 产品如图 6-11 所示。

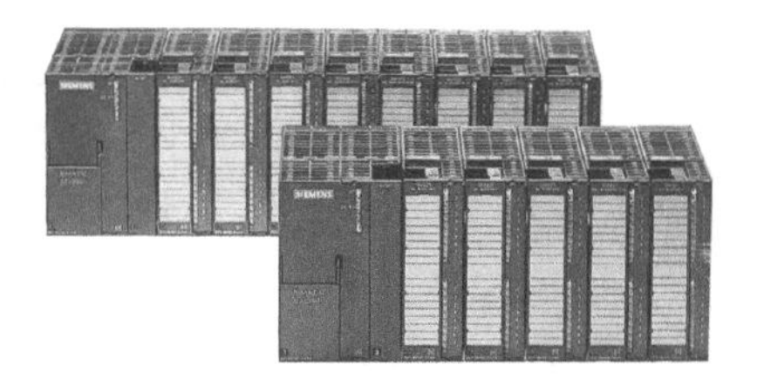

图 6-11 西门子公司 PLC 产品

6.3 工业机器人视觉系统

机器人视觉系统利用机器代替人眼做各种测量和判断。其为计算机科学的一个重要分支，综合了光学、机械、电子、计算机软硬件等方面的技术，涉及计算机、图像处理、模式识别、人工智能、信号处理、光机电一体化等领域。

生产线上，人在做此类测量和判断时，会因疲劳、个人之间的差异等产生误差和错误，但机器却能不知疲倦、稳定地工作。一般来说，机器视觉系统包括照明系统、镜头、摄像系统和图像处理系统。如图 6-12 所示，从功能上看，典型的机器人视觉系统分为图像采集、图像处理和运动控制三部分。对于每一个应用，都需要考虑系统的运行速度和图像的处理速度，使用彩色还是黑白相机摄像机，检测目标的尺寸和检测目标有无缺陷，视场、分辨率和对比度的需求等。

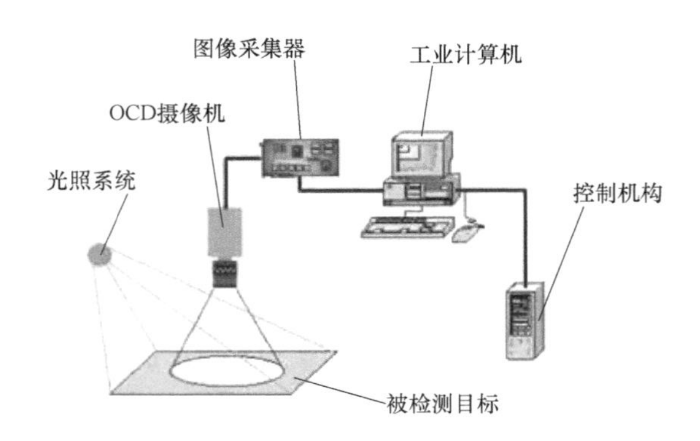

图 6-12　工业机器人视觉系统

完整的机器视觉系统主要工作过程为：

1）工件定位检测器探测到物体已经被移至接近摄像系统的视野中心，向图像采集部分发送触发脉冲。

2）按照事先设定的程序和延时，图像采集部分分别向摄像机和照明系统发出启动脉冲。

3）摄像机停止当前的扫描，重新开始新的一帧扫描，或者摄像机在启动脉冲到来之前处于等待状态，启动脉冲到来后启动一帧扫描。

4）摄像机开始新的一帧扫描之前打开曝光机构，曝光时间可事先设定。

5）启动另一个脉冲打开灯光照明，灯光的开启时间应该与摄像机的曝光时间匹配。

6）摄像机曝光后，正式开始一帧图像的扫描和输出。

7）图像采集部分接受模拟视频信号，通过 A/D（Analog/Digital）将其数字化，或直接接收摄像机数字化后的数字视频数据。

8）图像采集部分将数字图像存放在处理器或者计算机内存中。

9）处理器对图像进行处理、分析、识别，获得测量结果或逻辑控制值。

10）处理结果控制流水线的动作、进行定位、纠正运动的误差等。

视觉系统有非接触性测量的优点，不会对被检测物体产生任何损伤，且相机可拥有较宽的光谱范围，例如，人眼看不见的，红外测量相机却可识别，拓展了识别范围；相机可长时间稳定工作，人类难以长时间对同一对象进行观测，而机器视觉系统则可对待测物体进行长时间的测量、分析和识别工作。

6.3.1　智能相机

智能相机是集成强大的板载处理器和成像传感器为一体的视觉系统，如图 6-13 所示。智能相机数字 I/O 接口包含光学隔离的数字输入、光学隔离的数字输出、1 个 RS-232 串口以及千兆以太网端口。智能相机还可包含内置的数字 I/O 接口和工业通信选项，用于动态实时通信以及与工业自动化设备集成。

智能相机为通用的机器视觉产品，它主要解决工业领域的常规检测和识别应用，软件功能具有一定的通用性。由于智能相机通常自带成熟的机器视觉算法，用户无需编程，可实现有/无判断、表面缺陷检查、尺寸测量、边缘提取、Blob、灰度直方图、OCR/OCV（Optical Character Recognition/Optical Character Verification）、条码阅读等功能。

图 6-13　智能相机

6.3.2　PC-Based 视觉系统

PC-Based 视觉系统也称为 PC 式视觉系统，是一种基于个人计算机（PC）的视觉系统，一般由光源、光学镜头、CCD 或 CMOS 视觉相机、视觉控制器、图像处理软件以及视觉显示器构成，如图 6-14 所示。

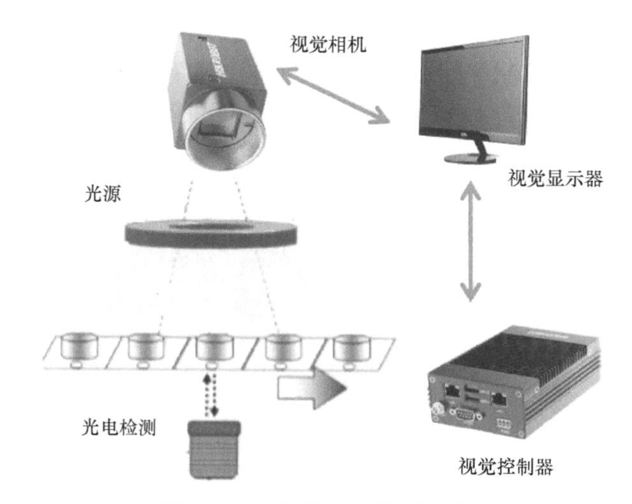

图 6-14　PC-Based 视觉方案

PC-Based 视觉系统一般尺寸较大、结构复杂，开发周期较长，但可达到理想的精度及速度，能实现较为复杂的系统功能。

通常开发一套 PC-Based 视觉应用软件系统可分为以下几个步骤：

1）首先在 PC 上安装 Windows 系统，VB 或 VC++开发环境，一个图像采集卡和一套视觉软件（SDK 或称为二次开发包）。

2）运行视觉软件包中的自动标定工具对相机进行标定。

3）标定完成后，调用软件包中的自动试教模板编辑器生成对象模板，再对目标进行定位，实现视觉定位功能。

4）如果项目需要测量或检测，可以加上基于模板的测量或检测工具。

5）在软件与外部设备的通信方面，视觉软件包一般都提供了丰富的接口资源，只要写几行 VB/VC++代码，就能将控制与视觉软件包连接上，这样就打通了与外部设备（如 I/O 卡等）的通信功能。

6.4　工业机器人外部轴系统

在工业领域，六轴机器人应用最为广泛。有六个关节的工业机器人与人类的手臂极为相似，具有相当于肩膀、肘部和腕部的部位，其“肩膀”通常安装在固定的基座结构上。在机械臂末端安装适用于特定应用场景的各种执行器，例如，手爪、喷灯、钻头、电批、焊枪、扫码枪等。手臂的作用是将手移动到不同位置，而六轴机器人则是移动末端执行器，去完成不同的工作任务。

机器人外部轴也称为机器人第七轴、行走轴，即机器人本体轴数之外的一轴，为机器人的基座。机器人安装在定制的安装板上，能够让机器人在指定的路径上移动，扩大机器人的作业半径，扩展机器人的使用范围，提高机器人的使用效率。

6.4.1 外部轴功能分类

1. 直线轨道

如图 6-15 所示，直线地轨分为地轨形式和桁架形式两种。将关节机器人安装于滑轨的底座上，并通过外部轴功能控制器控制关节机器人的长距离滑动，可实现大范围的多工位工作。比如机床行业中的一台手臂对多台机床的取放料，以及焊接行业中的大范围焊接切割。

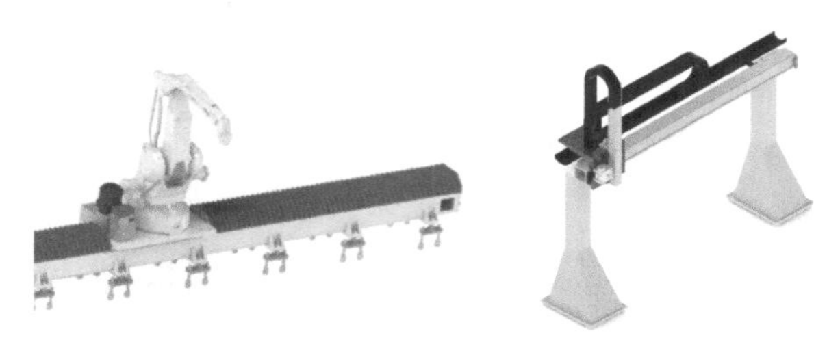

图 6-15 直线导轨

2. 翻转台

如图 6-16 所示，与滑轨相比，翻转台独立于机器人本体，通过外部轴的功能控制翻转到特定角度，更利于手臂对工件的某一面进行加工，主要应用于焊接、切割、喷涂、热处理等方面。

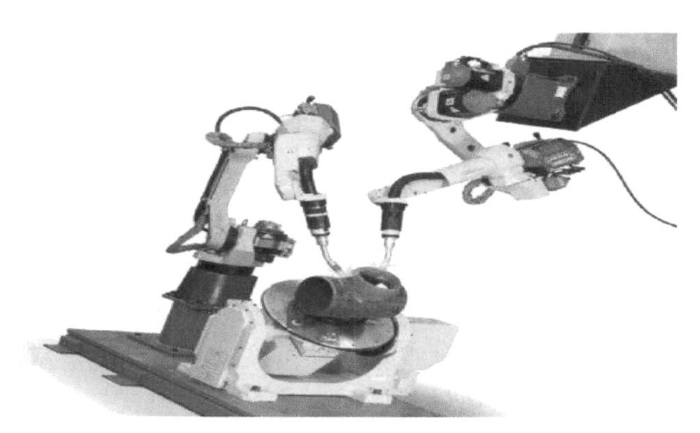

图 6-16 翻转台

6.4.2 外部轴控制分类

常见的外部轴控制模式有两种：①外部 PLC 模块控制；②集成添加到机器人自身系统

中进行联动控制。

1. 外部PLC模块控制

外部PLC模块控制是PLC控制外部轴电动机驱动滑轨运动的控制方式，PLC采用“顺序扫描、不断循环”的方式进行工作。在PLC运行时，CPU（Central Processing Unit）根据用户按控制要求编制好并存储于用户的存储器中，按指令步序号（或地址号）做周期性循环扫描。若无跳转指令，则从下一轮开始新的扫描。当PLC投入运行后，其工作过程一般分为三个阶段，即输入采样、用户程序执行和输出刷新三个阶段。输出刷新期间，CPU按照I/O影响区内对应的状态和数据刷新所有的输出锁存电路，再经过输出电路驱动相应的外设。因此只需机器人通过简单的IO信号或网络协议与PLC进行通信就可以控制滑轨的运动方向。

2. 机器人联动控制

将外部轴驱动功能添加到机器人控制系统中，需要机器人系统支持外部轴扩展，有些品牌机器人可通过增加外部轴功能模块来实现此功能。以FANUC机器人为例，外部轴主要部件包括伺服驱动器、伺服电动机、连接线缆等。

6.4.3 外部轴基本组成

现以机器人联动控制的形式进行外部轴基本组成及连接方法的讲解。

1. 伺服驱动器

伺服驱动器（Servo Drives）又称为“伺服控制器”、“伺服放大器”，是一种控制器。其作用类似于变频作用于普通交流马达，属于伺服系统的一部分，主要应用于高精度的定位系统。同时，它还具有过电压、过电流、过热、欠压的保护功能，可实现高精度定位。伺服驱动器如图6-17所示。

2. 伺服电动机

伺服电动机（Servo Motor）是指在伺服系统中控制机械元件运转的发动机，是一种补助马达间接变速装置。伺服电动机可控制速度，位置精度非常准确，可以将电压信号转化为转矩和转速以驱动控制对象。伺服电动机转子转速受输入信号控制，并能快速反应，在自动控制系统中，用作执行元件，且具有机电时间常数小、线性度高、始动电压等特性，可把所收到的电信号转换成电动机轴上的角位移或角速度输出。伺服电动机如图6-18所示。

图6-17　伺服驱动器

图6-18　伺服电动机

3. 通信线缆连接

控制系统和外部轴之间需要通过光纤进行通信。光纤从控制柜主板上的轴控制卡出发，依次连接“机器人六轴放大器”和“外部轴伺服放大器”。光纤连接所有伺服放大器时需遵循“B 口进、A 口出”原则。光纤连接方法如图 6-19 所示。

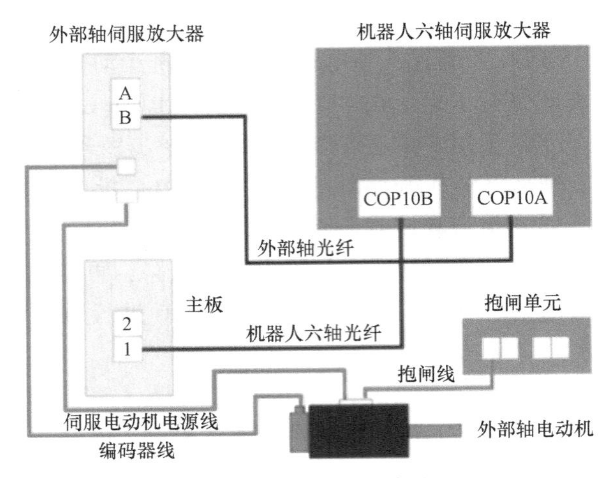

图 6-19　光纤连接方法

6.5　工业机器人集成应用平台

工业机器人的种类很多，其功能、特征、驱动方式、应用场合等参数不尽相同。目前，国际上还没有形成统一的划分标准。从机器人的应用领域划分，基本可分为：搬运机器人、码垛机器人、装配机器人、打磨机器人、焊接机器人、喷涂机器人等。下面以一套集成应用平台为例加以介绍。

6.5.1　平台功能特点介绍

双机协作机器人实训平台是专为教育培训领域所设计的实训实操平台，平台搭载了一台六轴工业协作机器人、1 台 SCARA 机器人、工作台主体及各模块化功能实训模组。通过该工作台，可以充分学习六轴工业机器人和四轴 SCARA 机器人的相关知识和操作技术，还能掌握工业电气连接及集成方法。平台更具特色的是拥有双机器人配置，可完成双机器人协作功能的实训任务，如图 6-20 所示。

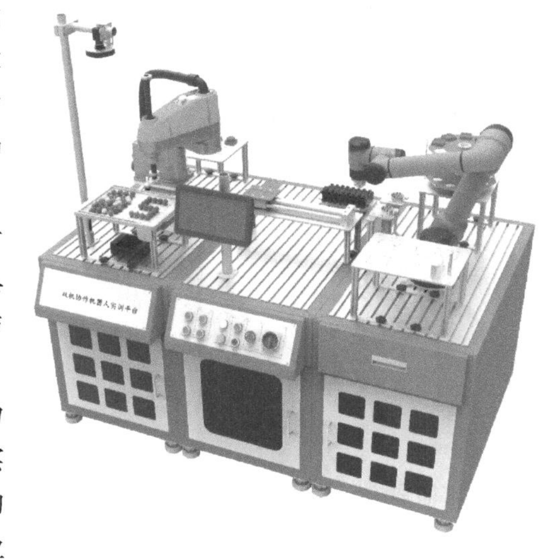
图 6-20　双机协作机器人实训平台

如图 6-21 所示，模块化的功能模组可以针对教学和实际应用需求进行定制开发，平台具有灵活的软硬件扩展接口，便于二次开发与集成。

双机协作机器人实训平台以模块化设计为思想，以安全、实用为原则，充分考虑教学实训的实际需求，既能够保证学生学习过程中的安全，又能够保证学生充分学习机器人在工业生产中的主要应用环节。工作台设有旋转仓储、

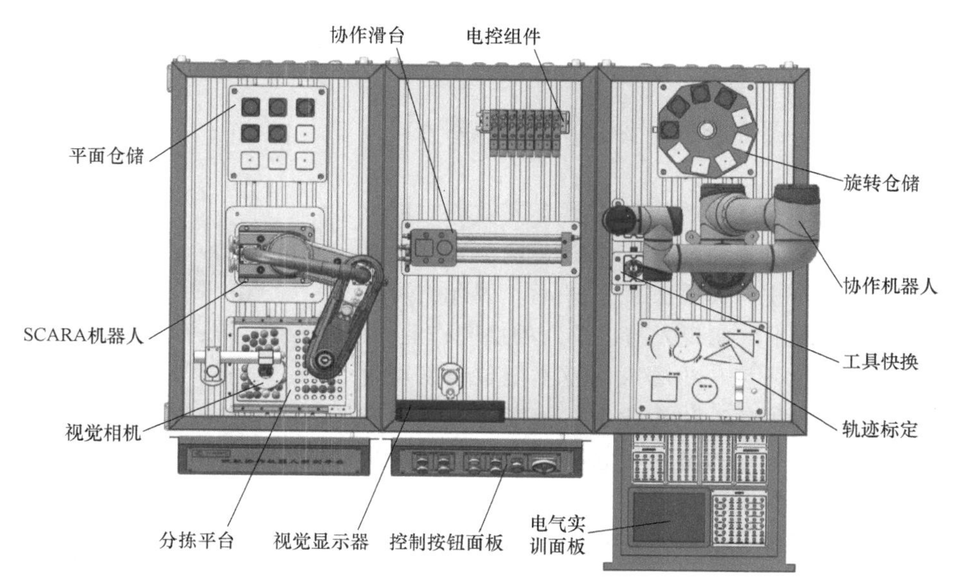

图 6-21 平台功能模块

轨迹标定、工具快换、码垛装配、协作滑台、视觉分拣，可实现机器人搬运、码垛、装配、视觉分拣、焊接、激光雕刻等功能。

工作台整体由三个基础台拼接而成，更具有空间灵活多变、拆拼搬运的特点。七大功能模块及两台机器人，合理地分布在工作台面上，实现了不同的功能需要。七大功能模块如下：

（1）轨迹标定　设置有 TCP 点标定标志块和各种平面及立体轨迹轮廓，用于对机器人基础操作和手动控制示教。其中，TCP 点标定直观展示了机器人的工作精度，各种轨迹轮廓侧重体现了机器人工作路径的灵活多样性。

（2）旋转仓储　由高精度交流电动机驱动，仓储设计有上下两层，分别存放不同种类演示物料。旋转仓储机械结构新颖、节省空间、方便灵活，具有送料点固定、示教抓取简单等特点。通过该平台可以对 PLC 电动机控制方面进行实操训练。

（3）工具快换　设计有机器人手爪库，机器人执行末端和手爪上分别配有精密气动组件，可以实现机器人自行完成手爪的快速切换功能，以实现不同工位的工作需要。

（4）码垛装配　设计有平面仓储，可完成工件的按压装配和码垛的动作演示。通过该平台可以掌握机器人码垛、装配方面的编程原理及特点。

（5）协作滑台　通过中央滑台，六轴协作机器人和 SCARA 机器人可以完成物料传递，实现双机通信协同作业的功能。

（6）视觉分拣　设有彩色视觉相机识别系统，机器人可通过视觉系统完成对彩色小球的分拣、形状的快速摆放，体现工业机器人视觉的应用及 SCARA 机器人快速搬运等特点。

（7）PLC 控制实训　配套了一套高性能 PLC 和彩色触摸屏，模块化电气实训面板，提供了多种类型输入/输出接口和总线通信接口，可以更加直观地展现和设计 PLC 在电气方面的综合应用。采用一个彩色触摸屏作为人机交互界面，用来切换操作模式和监控实训工作台相关参数，提高了工作站的易用性，也为工作站的个性化定制和二次开发提供了平台和接口。

6.5.2 设备与功能模组

1. AUBO-i5 协作机器人

如图 6-22 所示，平台配置一台 AUBO-i5 机器人。

该机器人特点如下：

（1）协作安全　AUBO-i5 机器人具有灵敏的力度反馈特性和特有的碰撞监测功能，工作中一旦与人发生碰撞，便会立刻自动停止，无需安装防护栏。因此，可在保障人身安全的前提下，实现人与机器人的协同作业。

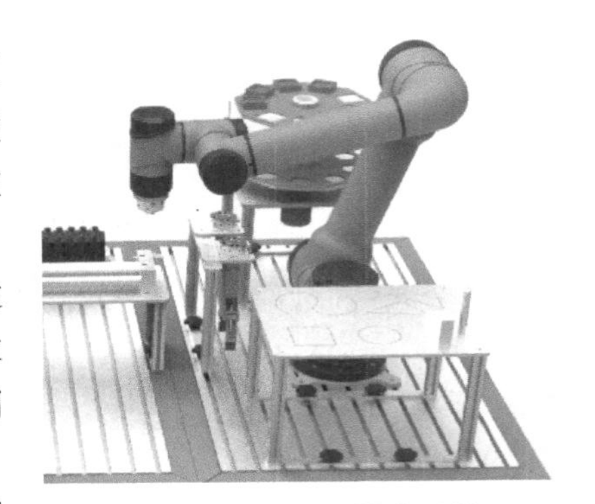

图 6-22　协作机器人系统

（2）高精度与灵敏度　机器人的重复定位精度可达 ±0.02mm，适用于各种自动化作业中对精度有高度要求的工作。轻质量、小型化的身材使它在面对不同的应用场景时也能快速布置和设置。

（3）模块化　机器人的额定使用寿命为 25000h，即便是在工作超负荷、环境恶劣的情况下，也可正常运行，模块化的设计理念，让机器人的维修与保养更加快速与便捷。关节模块一旦出现故障，用户可在极短的时间内进行更换。

（4）操作单易　用户可直接通过手动拖拽来设置机器人的运行轨迹。可视化的图形操作界面，让非专业用户也能快速掌握，如图 6-23 所示。

（5）实用性　包含了工业机器人搬运、码垛等常用工艺，集成了 I/O 接口通信和 PLC 配合控制以及视觉跟踪等高端技能，便于技术人员熟悉了解其他应用方式工业机器人工作站的配置和操作，有助于提高技术人员的综合实践能力。

（6）智能与开放　系统提供多种形式的应用编程接口，便于用户二次开发。同时可集成传感器、手爪、视觉等外部设备，快速拓展行业应用，基于云平台管理，实现远程维护，故障诊断，在线升级等网络化服务。

2. SCARA 机器人

如图 6-24 所示，平台配置一台四轴 SCARA 机器人。

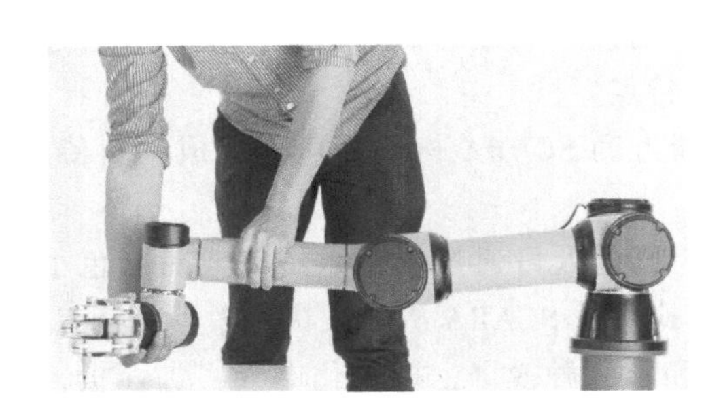

图 6-23　机器人拖拽示教

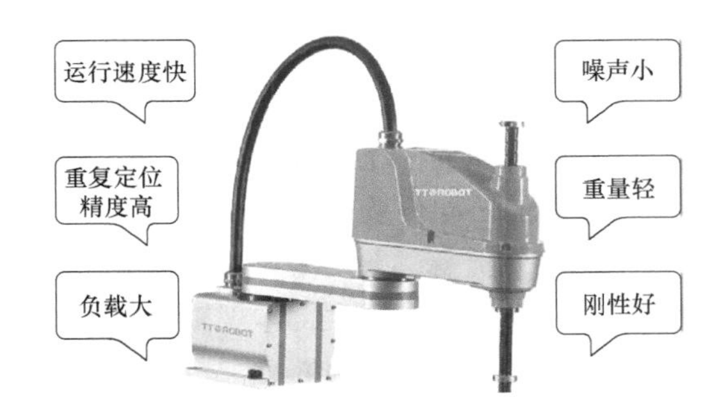

图 6-24　SCARA 机器人

SCARA 机器人有三个旋转关节，其轴线相互平行，可在平面内进行定位和定向。另一个关节是移动关节，用于完成末端件在垂直平面的运动。手腕参考点的位置是由两旋转关节

的角位移 φ_1 和 φ_2，及移动关节的位移 z 决定的，即 $p=f(\varphi_1, \varphi_2, z)$。这类机器人的结构轻便、响应快，比一般关节式机器人快数倍。它最适用于平面定位、垂直方向进行装配的作业。

该机器人特点有：

1）本体由一体式驱动控制器、高精度伺服电动机、天太自制谐波减速机、花键丝杠组成。

2）由镁合金加铝合金组成，机身本体更加轻便、坚固、耐用。

3）进口复合线缆，可靠性能更高、品质更好、更美观。

4）I/O 接口更多兼容，适合生产线多机联用。

5）操作简易，缩短学习时间，提高实施效率。

3. 模块化工作平台

模块化工作平台是机器人与功能模组安装固定的平台，采用铝合金型材搭建，机器人及各功能模组可以灵活地在工作平台上安装固定，可以根据教学和实训课程要求，在工作台上安装不同的功能模组，如图 6-25 所示。

4. 旋转仓储模组

仓储由高精密电动机驱动，可旋转，为铝合金材质主体，分上、下两层，配有 2×9 共 18 个货位，可存放不同种类的物料。卡环结构，可更换定位板，易拆卸；拼装结构，柔性扩展了可换存放物料的种类。设有位置检测传感器及物料有无传感器，仓储控制更加智能，功能更加全面，如图 6-26 所示。

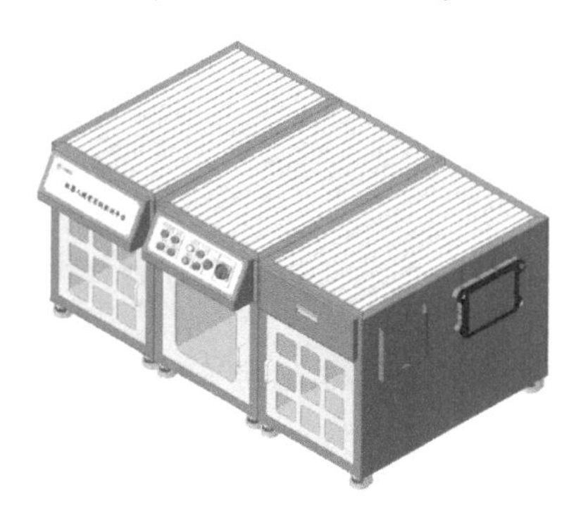

图 6-25　机器人工作平台效果图

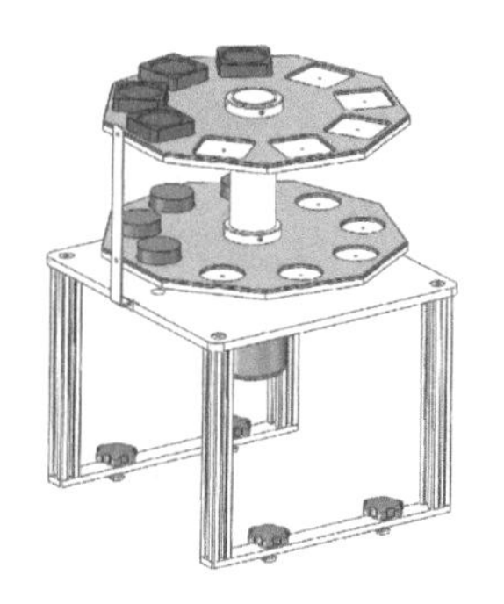

图 6-26　旋转仓储模组

5. 轨迹标定模组

学生可以在此模块练习协作机器人的基本运动方式，对协作机器人的操作和使用有一定的指导作用，轨迹标定模组如图 6-27 所示。轨迹标定模组展示的协作机器人功能为：

（1）作业平面　水平面、垂直面、任意倾斜面。

（2）运动轨迹　轨迹运动、直线运动、圆运动、圆弧运动、曲线运动等。

（3）运动方式　坐标平移、坐标旋转。

（4）TCP 标定。

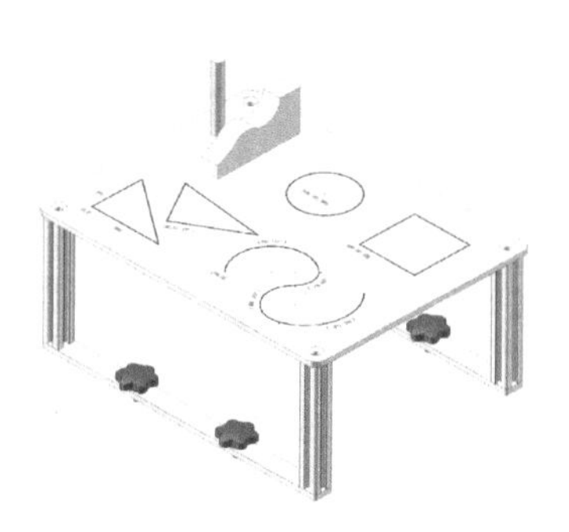

图 6-27　轨迹标定模组

6. 工具快换模组

工具快换模组采用高精度快换连接机构，包括机器人侧和工具侧。机器人侧安装在机器人末端法兰上，工具侧安装在末端执行工具上。此快换模组可实现协作机器人自动更换不同的末端执行工具，使实训台中的机器人功能更具柔性。末端执行器包含电动手爪、模拟焊枪等，工具快换模组如图 6-28 所示。

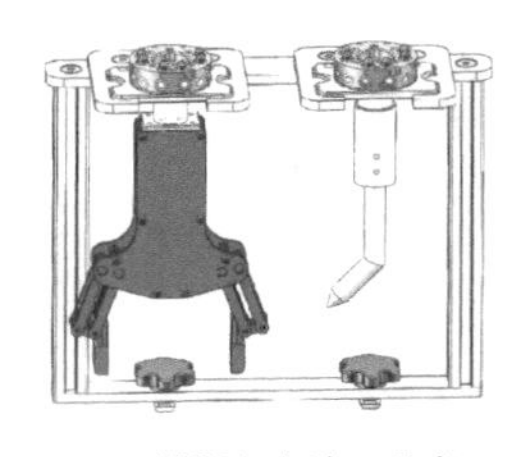
a) 机器人末端工具库

b) 工具快换

c) 电动夹爪

图 6-28 工具快换模组

7. 平面仓储模组

平面仓储可用来进行机器人码盘/码垛工艺、装配工艺学习，共包含九个仓位，每个仓位具有光电传感器，可实时反馈储物状态，如图 6-29 所示。

8. 视觉分拣模组

配备一套视觉系统，采用 PC-Based 工业相机控制方案，由视觉控制器、显示器、相机、镜头和光源等组成。视觉相机、镜头及光源固定安装在相机支架上，用于物品形状、颜色和位置识别，视觉控制器通过 I/O 电缆和以太网连接到 PLC 或机器人控制器，对识别结果数据进行传输。控制器内置 Windows 系统和相机编程驱动软件，用户可以通过控制器直接对相机进行编程算法编写。

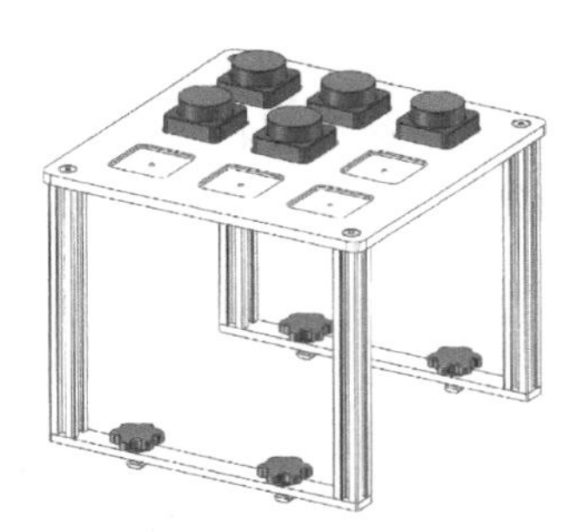
图 6-29 平面仓储模组

实训平台通过视觉相机识别彩色小球位置及颜色，引导机器人进行定位抓取，并进行下一步的数字拼接摆放，通过该平台，学生可充分了解工业相机的算法与机器人的应用。视觉分拣系统如图 6-30 所示。

9. 协作滑台模组

两台机器人之间设有协作滑台模组，实现物料传送。机器人通过 PLC 共同控制通过滑台，可实现两台机器人协同作业，如图 6-31 所示。

图 6-30 视觉分拣系统

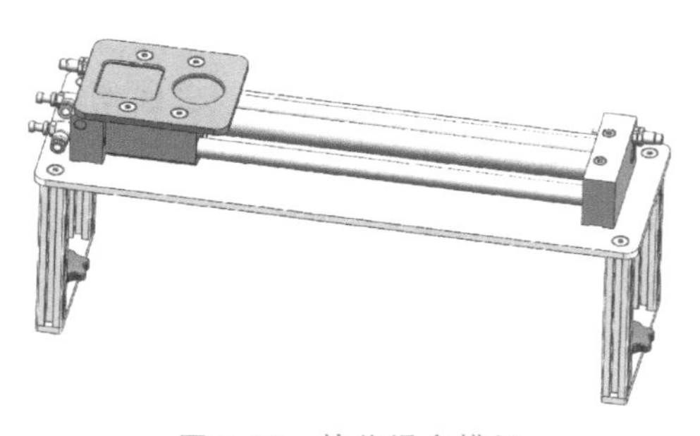
图 6-31 协作滑台模组

10. PLC 电气实训单元

整套工作站的电控系统主要采用西门子 1511-1 系列 PLC，以及威纶通 7 寸 HMI 触摸屏。并且配有可快速插拔电气实训面板、功能分区、彩色香蕉插头、文字标注，可直观教学、电气接线方法及原理。PLC 和触摸屏是工作站控制部分的核心组件，除机器人控制外的所有电气控制均由此模组完成。在教学实训中，学生可以学习和掌握 PLC 控制及编程，HMI 人机交互模组的使用等最常用的工业自动化技术。PLC 电气实训单元如图 6-32 所示。

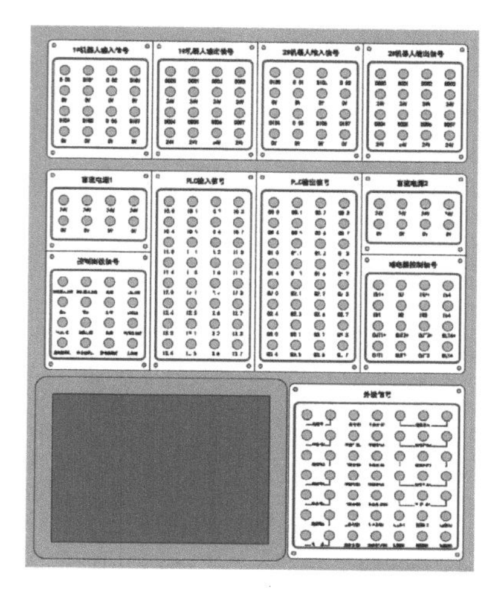

图 6-32　PLC 电气实训单元

思考与练习

6.1　简述工业常用 PLC 品牌。

6.2　简述工业机器人末端夹具的种类。

6.3　简述工业机器人视觉系统分类。

6.4　简述工业机器人外部轴基本组成。

6.5　简述机器人集成应用平台的模块组成。

第7章　工业机器人搬运应用

知识目标

- ✓ 了解夹爪的机械结构
- ✓ 了解夹爪的通信原理
- ✓ 了解夹爪的控制流程
- ✓ 了解夹爪与工业机器人的配合使用

技能目标

- ✓ 学会机器人与夹爪的通信方法
- ✓ 熟练掌握夹爪的控制流程
- ✓ 熟练掌握夹爪与机器人的配合使用

7.1　搬运应用简介

在行业实际应用中，机器人在上、下料搬运中的应用最为广泛，如图7-1所示。许多自动化生产线使用机器人对加工或检测设备进行上下料，对输送线搬运货物等作业。此类应用可以大大节省人力，降低劳动强度，提升生产效率。应用中最重要的结构设计就是根据需要在机器人末端安装相应的夹爪，以配合机器人实现物料的抓取和搬运。在本节中就介绍几种末端夹爪，以及夹爪与机器人配合使用的方法。

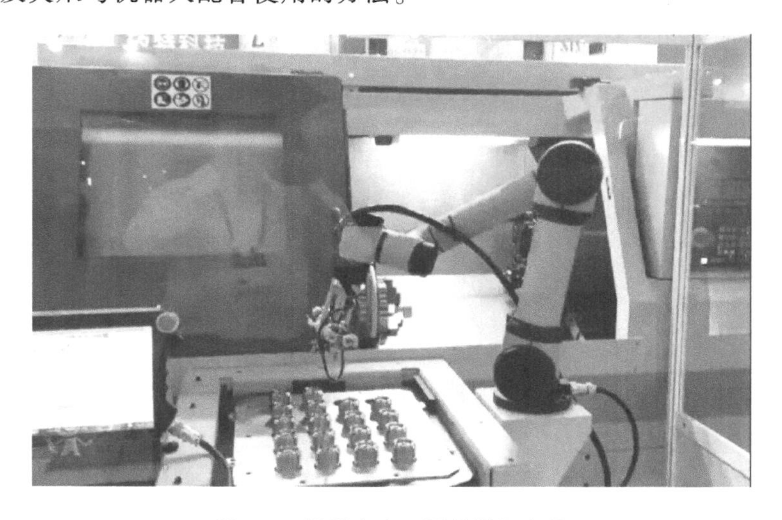

图7-1　机器人上、下料搬运应用

7.2 Inspire 电动夹爪应用

北京因时机器人科技有限公司（以下简称 Inspire 公司）生产的二指电动夹爪是一款利用小体积、大扭矩直线伺服驱动器设计生产的电动夹爪。该夹爪内部集成了 1 个直线伺服驱动器，用户接口采用 RS-232 通信接口，内置灵敏的压力传感器，通过设置不同的压力阈值方便用户进行不同硬度物体的夹取，简洁高效的接口控制指令可使用户快速实现对夹爪的操控，优质的性能使该夹爪应用于服务机器人、教学教具等领域。夹爪的特点如下所示：

（1）夹持力：最高可实现 1.5kg 的夹持力。

（2）供电电压：直流电 6~8.4V 宽电压范围供电，建议供电电压为 8V。

（3）重复定位精度：±0.5mm。

（4）最大开口度：70mm。

（5）通信接口：RS-232 接口（115200bps、8 数据位、1 停止位、无奇偶校验）。

7.2.1 电动夹爪功能模块介绍

1. 电动夹爪实物介绍

图 7-2 所示为 Inspire 公司生产的电动夹爪实物图。这款夹爪可设置爪子张合时的速度、力度、位置。速度设置为 0~255，力度设置为 0~255，位置设置为 0~255。

图 7-2　夹爪实物图

2. 电动夹爪尺寸介绍

Inspire 电动夹爪的尺寸如图 7-3 所示。Inspire 电动夹爪最大开口为 71mm。

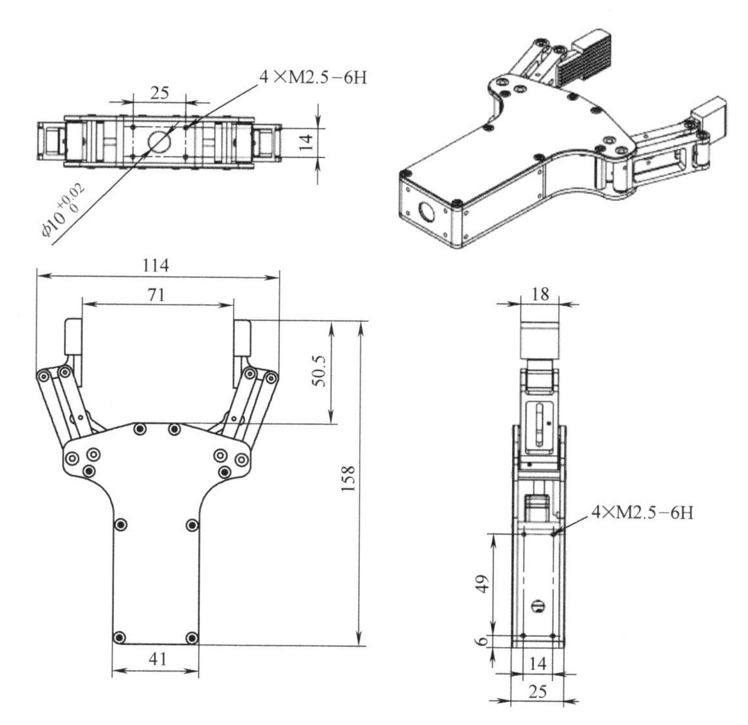

图 7-3　Inspire 电动夹爪尺寸

3. 在线编程控制夹爪接口

（1）夹取设置接口　程序为：script_common_interface("InsGripper","SetFinger|-1,1000,1000")

第一个值是角度（无效的数），第二个值是速度（0～1000），第三个值是抓力（0～1000）。

（2）松开设置接口　程序为：script_common_interface("InsGripper","OpenFinger|-1,1000,-1")

第一个值是角度（无效的数），第二个值是速度（0～1000），第三个值是抓力（无效）。

7.2.2　电动夹爪硬件连接

Inspire 电动夹爪对外的硬件接口包括电源线和 RS-232 通信线。如图 7-4 所示，RS-232 数据线连接到机械臂控制柜或通过转接后接入 PC 或机械臂控制柜的 USB 接口。

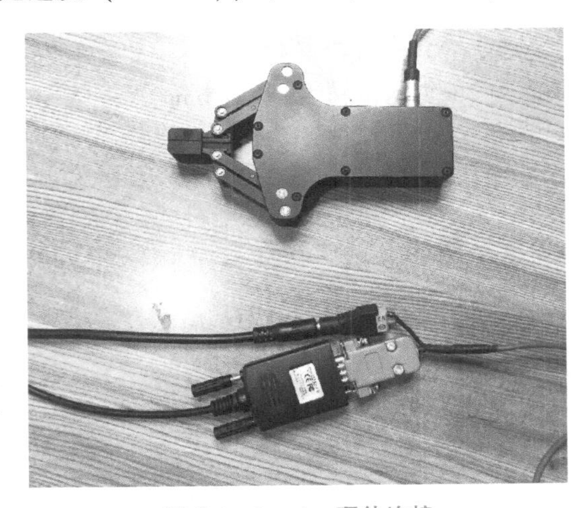

图 7-4　Inspire 硬件连接

7.2.3　电动夹爪插件安装

1）把电动夹爪的插件 libInsGripper.so 文件，放在示教器的 AuboRobotWorkSpace/teachpendant/lib/teachpendant/plugins 目录中，如图 7-5 所示。

2）重启示教器，依次单击“扩展”→“配置界面”，则可看到夹爪控制界面，如图 7-6 所示。

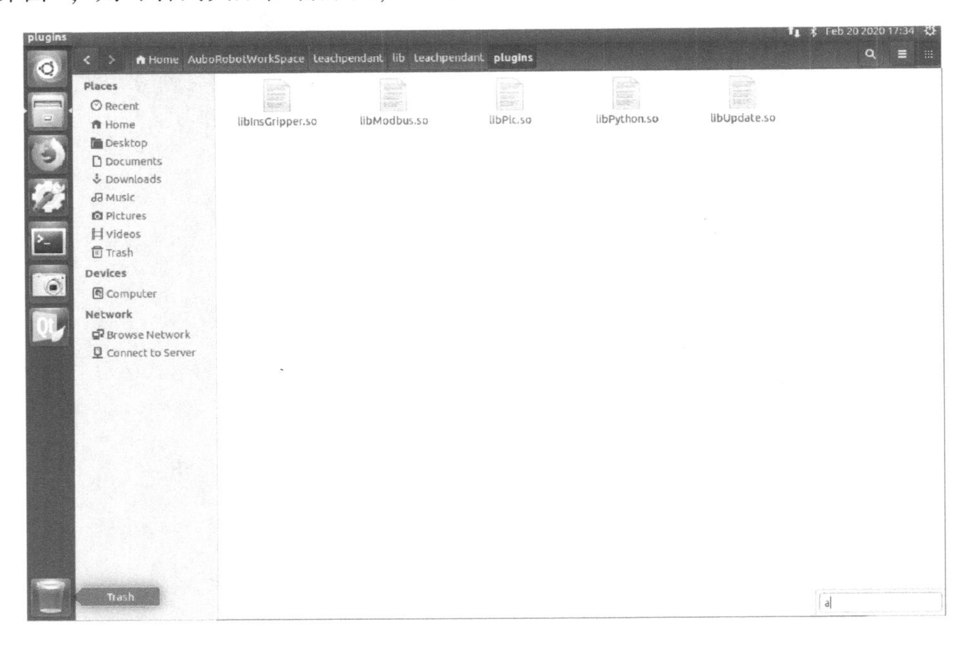

图 7-5　电动夹爪插件安装目录

图 7-6　夹爪控制界面

7.2.4　电动夹爪搬运应用

1）机械臂与夹爪的连接。通过 USB 转 RS-232-DB9 接头线把夹爪连在机械臂的控制柜上。

2）进入图 7-6 所示的界面，单击“连接手爪”键。若连接成功则按键旁边的指示灯变为绿色。

3）通过滑动滑块可调节速度和力的大小。单击“夹取”，夹爪以设置的速度夹取物体，加持力为设置的力控值。单击“松开”，夹爪以设置的速度松开。

4）编写机器人运行程序，具体操作步骤见表 7-1。

表 7-1　机器人与 Inspire 电动夹爪结合抓取物体在线编程步骤

序号	操作步骤	图　示
1	如右图所示，单击“在线编程”→“条件”→“高级条件”。可看到有一个 Script 条件可选择，单击“Script”按钮，插入脚本命令	

（续）

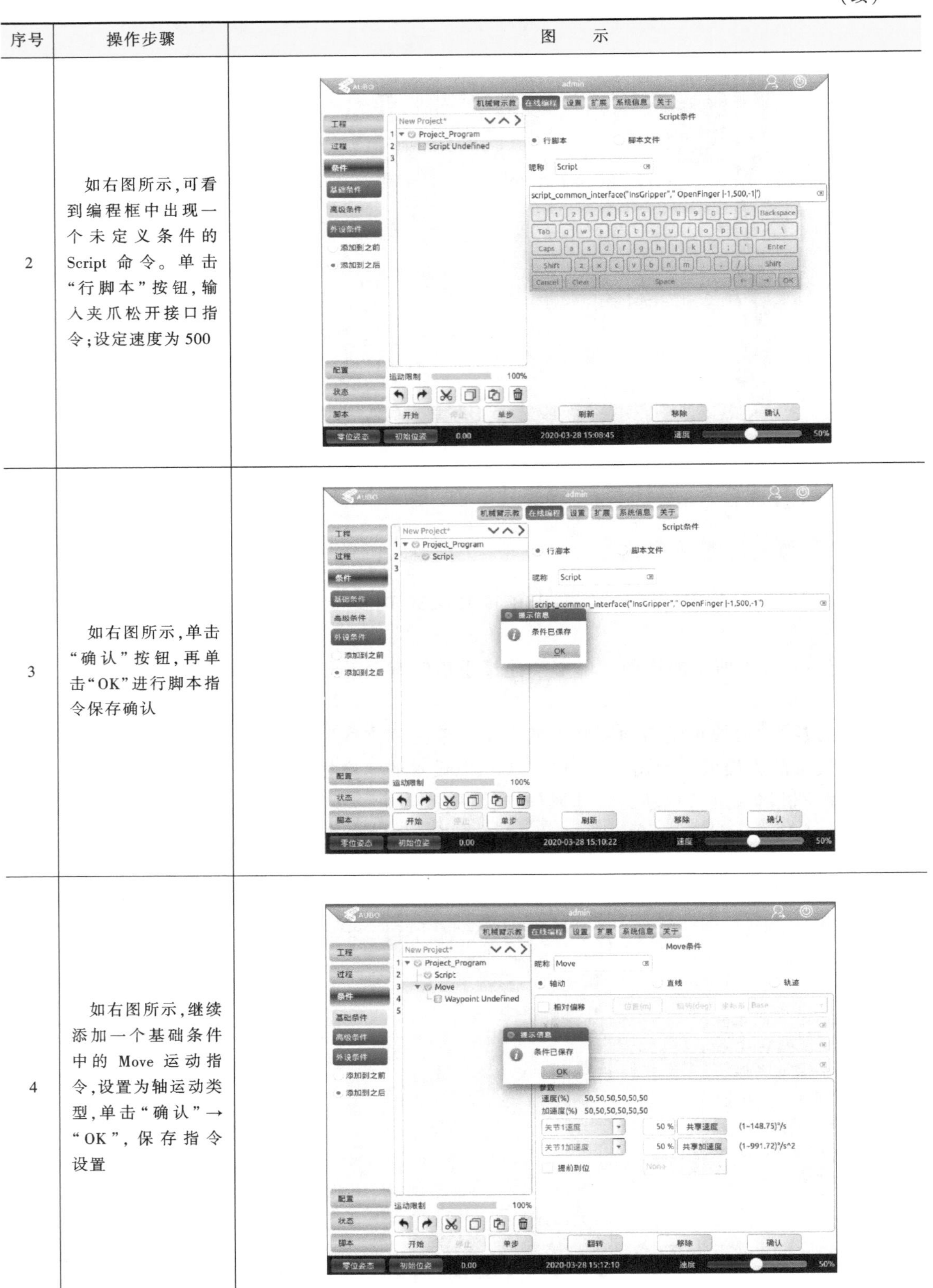

序号	操作步骤	图　示
2	如右图所示，可看到编程框中出现一个未定义条件的Script命令。单击“行脚本”按钮，输入夹爪松开接口指令；设定速度为500	
3	如右图所示，单击“确认”按钮，再单击“OK”进行脚本指令保存确认	
4	如右图所示，继续添加一个基础条件中的Move运动指令，设置为轴运动类型，单击“确认”→“OK”，保存指令设置	

（续）

序号	操作步骤	图　示
5	如右图所示，示教机器人运动路点，命名为 Waypoint1，位置为抓取物料上方点	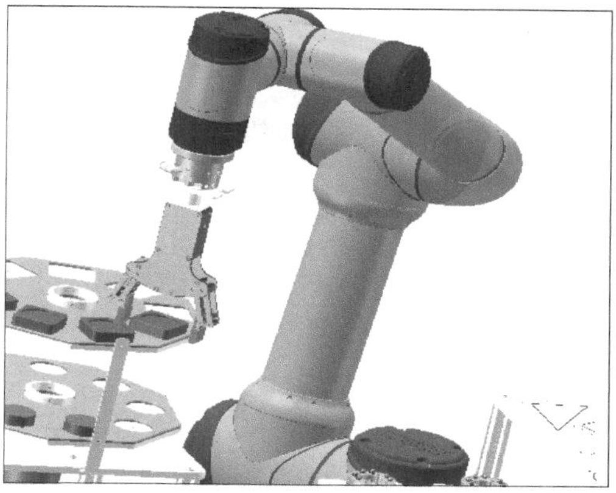
6	如右图所示，继续添加一个 Move 运动指令，设置为直线运动类型，单击“确认”→“OK”，保存指令设置	
7	如右图所示，示教机器人运动路点，命名为 Waypoint2，位置为抓取物料点	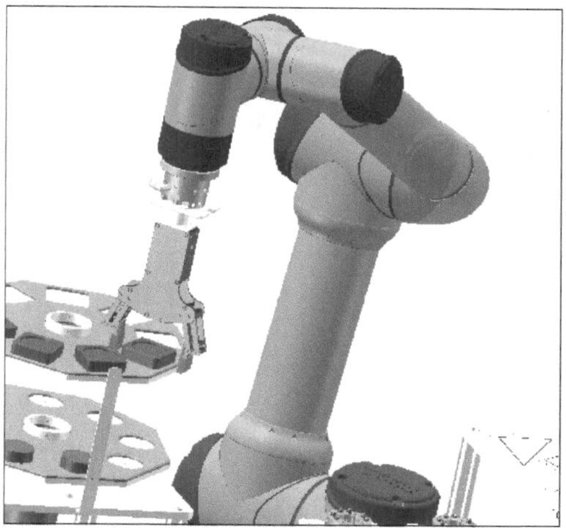

（续）

序号	操作步骤	图　示
8	完成上述步骤之后，再添加一个Script脚本命令条件。如右图所示，其夹取速度设置为“500”，力度设置为“500”，此过程为手爪抓取物体	
9	如右图所示，再添加一个路点，该路点Move设置为直线运动，示教点位同第一个路点Waypoint1，为抓料点上方点（可通过复制功能实现）	
10	上述操作已实现将物料抓取的过程，下面再增加程序控制，将物料搬运至指定位置。如右图所示，首先插入一个Move指令，设置一个安全经过路点Waypoint0，设置为轴运动方式，路点位置根据实际情况添加	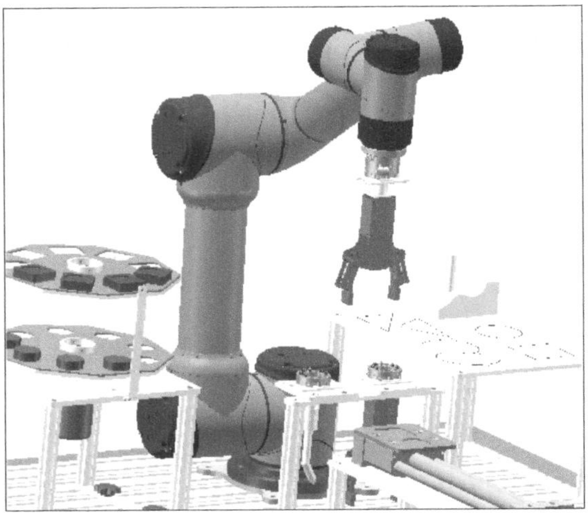

（续）

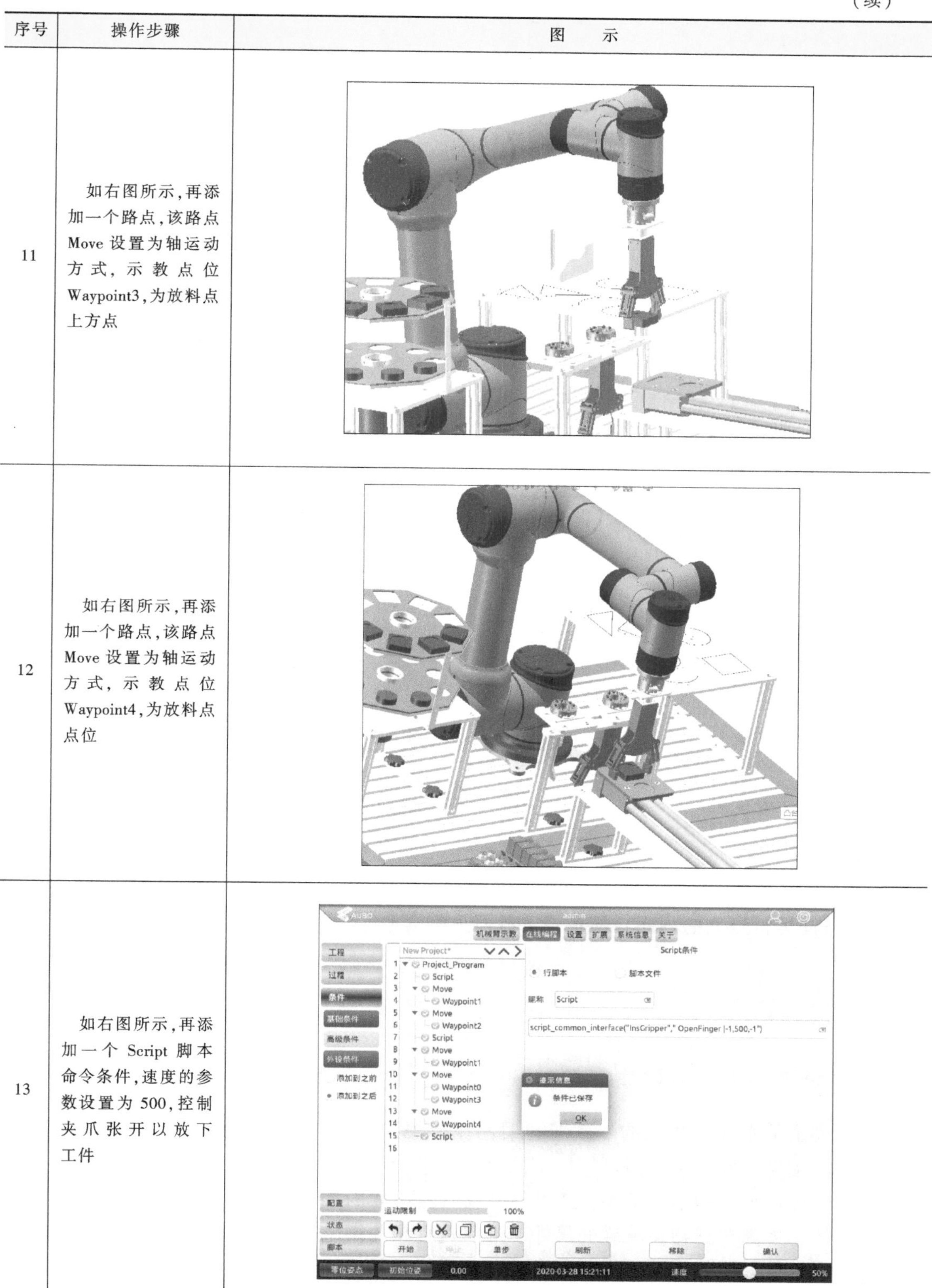

序号	操作步骤	图 示
11	如右图所示，再添加一个路点，该路点Move设置为轴运动方式，示教点位Waypoint3，为放料点上方点	
12	如右图所示，再添加一个路点，该路点Move设置为轴运动方式，示教点位Waypoint4，为放料点点位	
13	如右图所示，再添加一个Script脚本命令条件，速度的参数设置为500，控制夹爪张开以放下工件	

（续）

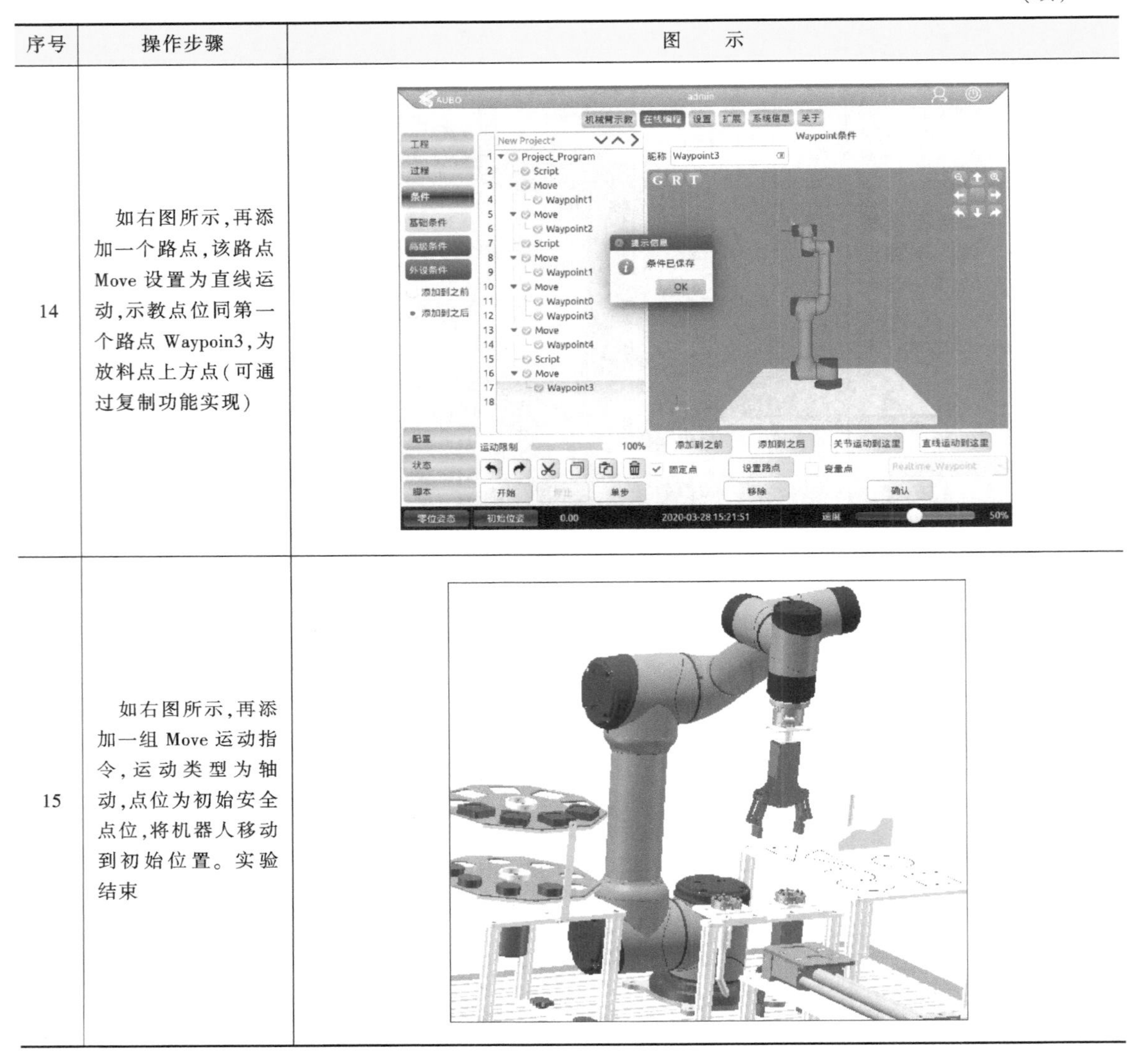

序号	操作步骤	图　　示
14	如右图所示，再添加一个路点，该路点Move设置为直线运动，示教点位同第一个路点Waypoin3，为放料点上方点（可通过复制功能实现）	
15	如右图所示，再添加一组Move运动指令，运动类型为轴动，点位为初始安全点位，将机器人移动到初始位置。实验结束	

5）自动运行建立的程序，检查观看机器人物料搬运动作流程。

7.3　SRT柔性夹爪应用

7.3.1　柔性夹爪功能模块介绍

柔性夹爪采用SRT推出的一款新型柔性抓持器，主要部件由柔性材料制备而成，模拟人手的抓取动作，同一爪手即可抓取不同尺寸、形状和重量的物体，如图7-7所示。

不同于传统爪手的刚性结构，柔性抓持器具有柔软的气动“手指”，能够自适应地包覆住目标物体，无需根据物体精确的尺寸、形状进行预先调整，摆脱了传统生产线对生产对象尺寸均等要求的束缚。夹爪手指部分由柔性材质构成，抓持动作轻柔，尤其适合抓取易损伤或软质不定形物体。

在抓取产品行业，普遍采用机械夹爪、真空吸盘等传统夹具对物品进行抓取，经常受到产品形状、材质和位置的影响，而无法顺利抓取。而基于柔性机器人技术的柔性夹爪，可以完美解决这一工业难题，使生产线自动化向前迈出飞跃性的一步。

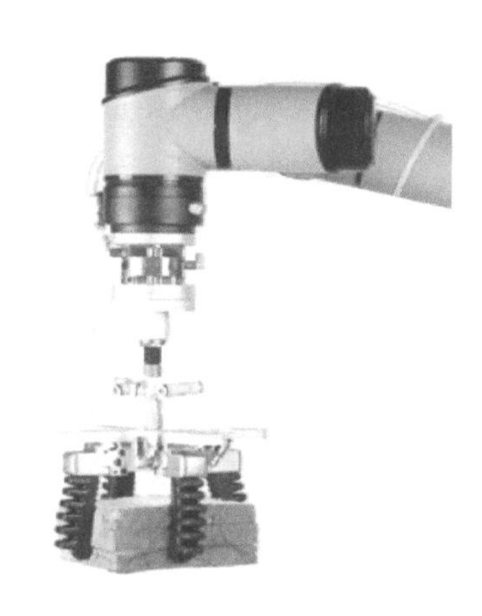

图 7-7 柔性夹爪应用

7.3.2 柔性夹爪机械结构尺寸

柔性夹爪外观尺寸和结构如图 7-8 和 7-9 所示。

7.3.3 柔性夹爪抓取原理

柔性夹爪具有特殊的气囊结构，随着内外压差的不同会产生不同的动作，夹爪状态如图 7-10 所示。

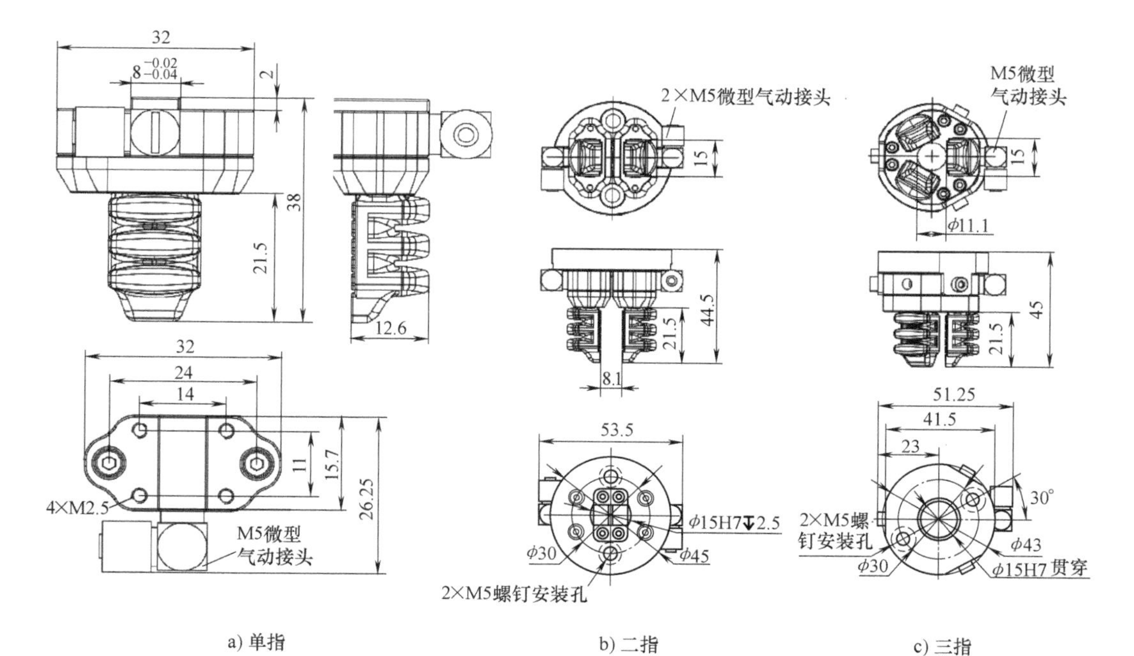

图 7-8 柔性夹爪外观尺寸

图 7-9 柔性夹爪结构

1）输入正压：夹爪呈握紧趋势，自适应地包覆在物体外表面，完成抓取动作。

2）输入负压：夹爪张开，释放物体；在某些特定场合可实现内支撑抓取。

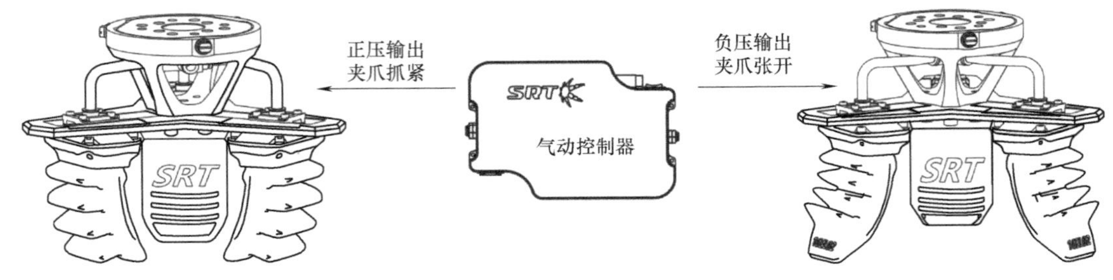

图 7-10　夹爪状态

7.3.4　柔性夹爪快换装置

柔性夹爪快换装置是通过机器人自动更换末端柔性夹爪或其他末端执行器使机器人更具柔性的装置，可在数秒内完成柔性夹爪的更换。也可安置备份夹爪快速响应流水线替换夹爪，有效降低停工时间。快换装置包含一个安装在机械手臂的机器人侧（R 侧）、一个安装在柔性夹爪或其他末端执行器的工具侧（T 侧），快换尺寸结构和功能特点如图 7-11（图中 * 表示 8PIN 或 12PIN 电信号端口，最大电流 3A；* * 表示 $L=20/25/31.5$）和图 7-12 所示。

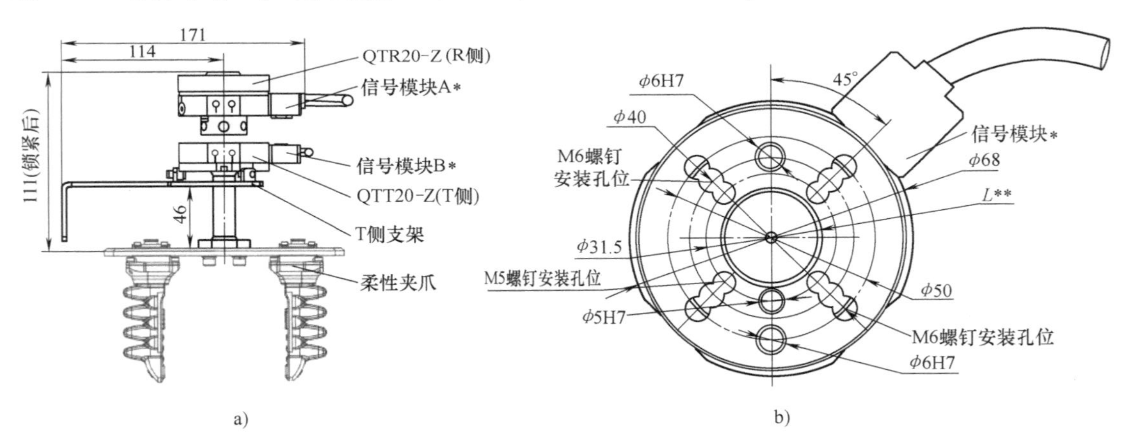

图 7-11　柔性夹爪快换装置结构尺寸

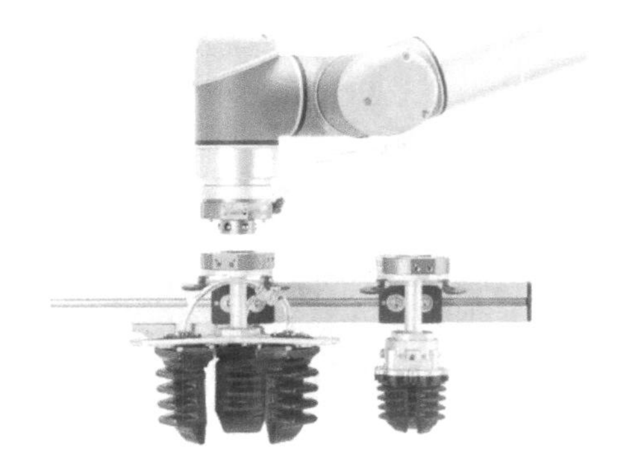

| 特点

1)支持3种ISO、GB机器人接口(ISO 9409-1—2004、GB/T14468.1—2006)

2)无缝对接全系SRT柔性夹爪

3)采用钢球锁紧方式,允许误差内也可完全贴合锁紧

4)可自锁,具有断气保护功能

5)体积小、重量轻、安装便捷

图 7-12　柔性夹爪快换装置功能特点

7.3.5 柔性夹爪控制方法

本小节以 SRT 柔性夹爪为例，简单介绍如何通过 I/O 接口信号控制软体夹爪。

气动控制器作为柔性抓取系统的核心，通过调整夹爪内气体压力及延迟，实现夹爪的抓持力及抓持频率的精确控制。控制器可与机械臂控制系统通信，实现抓持系统完整的点对点抓取动作，如图 7-13 所示。软体夹爪只需通过 I/O 接口信号控制电磁阀的通断，实现夹爪的充放气，即可控制气压。也可通过气爪上面的螺钉调整夹爪的抓取行程，可与 AUBO-i5 机器人的机械臂高度契合。

柔触夹爪具有特殊的气囊结构，随着气动控制器输入气压的不同会产生不同的动作。输入正压时夹爪呈握紧趋势，自适应地包裹在物体的外表面，完成抓取动作。输入负压时夹爪张开，释放物体，在某些特定场合也可起到内支撑抓取效果。夹爪的工作参数如图 7-14 所示，24V 电平信号。

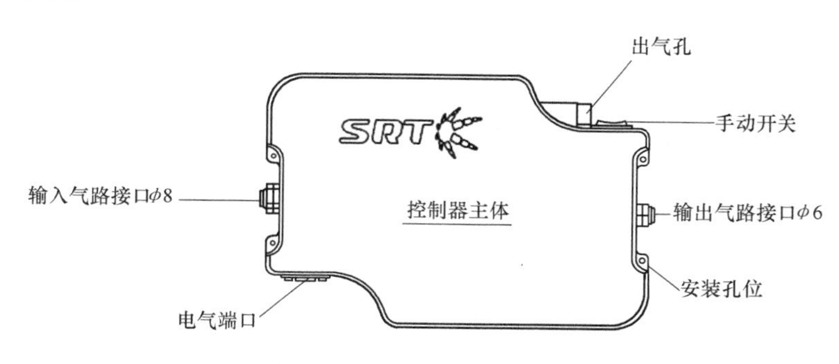

图 7-13 SRT 气动控制器

结构尺寸

290
280
60
65
4×φ4.5
SRT
70
80
200
尺寸单位:mm

工作参数

输入电压	24V±10%
气源输入	0.5～0.7MPa洁净空气，流量大于200L/min
输出气压	-70KPa～100KPa
消耗电流	小于2A
冷却方式	自然冷却
使用场合	避免大量粉尘、油污、腐蚀性气体
净重	2200g
外形尺寸	290mm×200mm×60mm
防护等级	Ip43
环境温度	0～45℃
环境湿度	小于85%RH，(不能结露和有水珠)

图 7-14 工作参数

SRT 气动控制器 I/O 接线口如图 7-15 所示。只需按照图 7-15 所示的接口引入 AUBO-i5 机器人的接线，即可控制 SRT 软体夹爪的气动控制器，实现对夹爪三种状态（初始、闭合、张开）的快速控制。“IN1:” 夹爪抓紧，“IN2:” 夹爪张开。

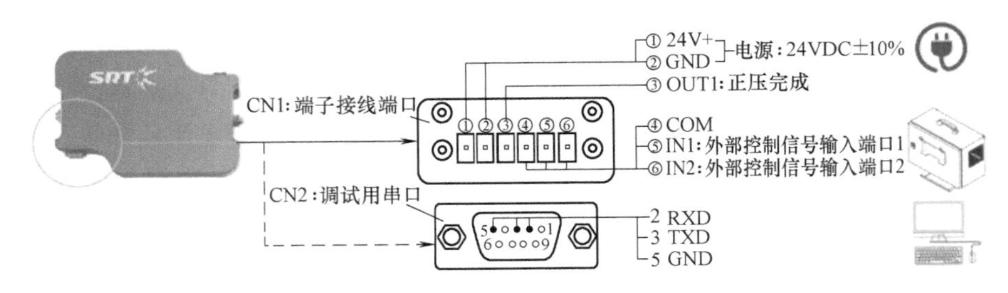

图 7-15　SRT 气动控制器 I/O 接线口

7.3.6　柔性夹爪搬运应用

1）通过实训台 PLC 实训接线面板，将机器人与柔性夹爪之间进行连线（请断电操作），见表 7-2。

表 7-2　柔性夹爪实训控制接线方法

序号	连接线颜色	A 端连接		B 端连接	
		功能模块	端口	功能模块	端口
1	红色	机器人 1	24V	外设信号	接线端子①端口
2	黑色	机器人 1	0V	外设信号	接线端子②端口
3	黑色	机器人 1	0V	外设信号	接线端子④端口
4	黄色	机器人 1 输出	DO_00	外设信号	接线端子⑤端口
5	黄色	机器人 1 输出	DO_01	外设信号	接线端子⑥端口

2）程序编写具体操作步骤见表 7-3。

表 7-3　机器人与柔性夹爪结合抓取物体在线编程步骤

序号	操作步骤	图　示
1	如右图所示，单击“在线编程”→“条件”→“基础条件”，添加“Set”命令指令	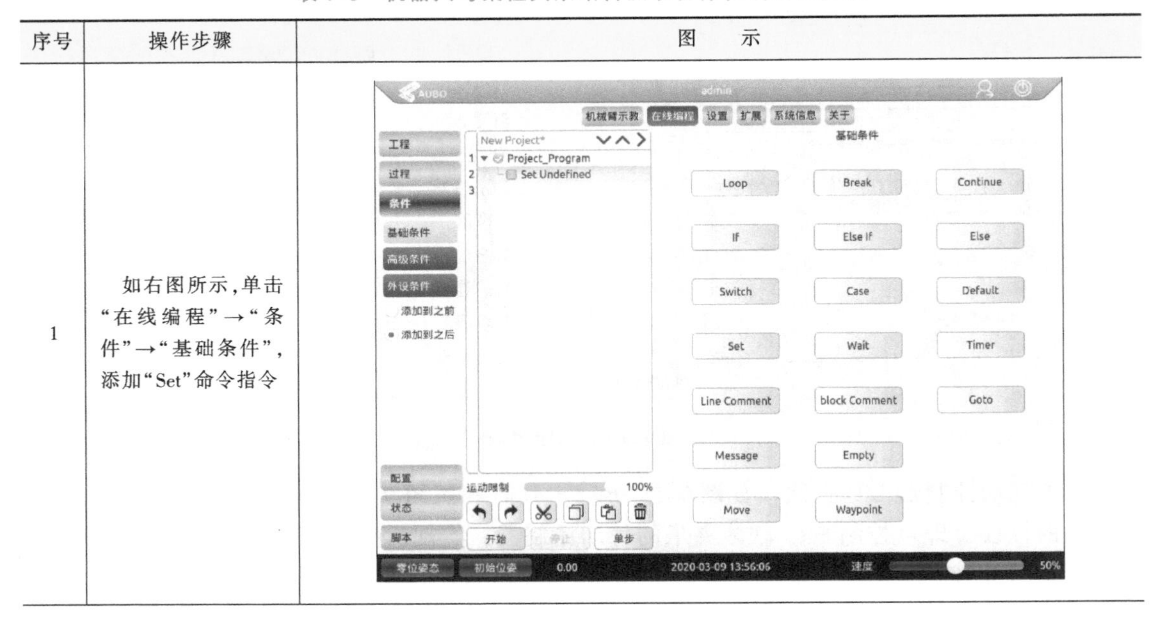

（续）

序号	操作步骤	图　示
2	如右图所示，设置Set参数，选择“DO_00”端口，设置为“low”。单击“确认”→“OK”按钮；再添加一个“Set”命令指令，选择“DO_01”端口，设置为“High”，打开夹爪	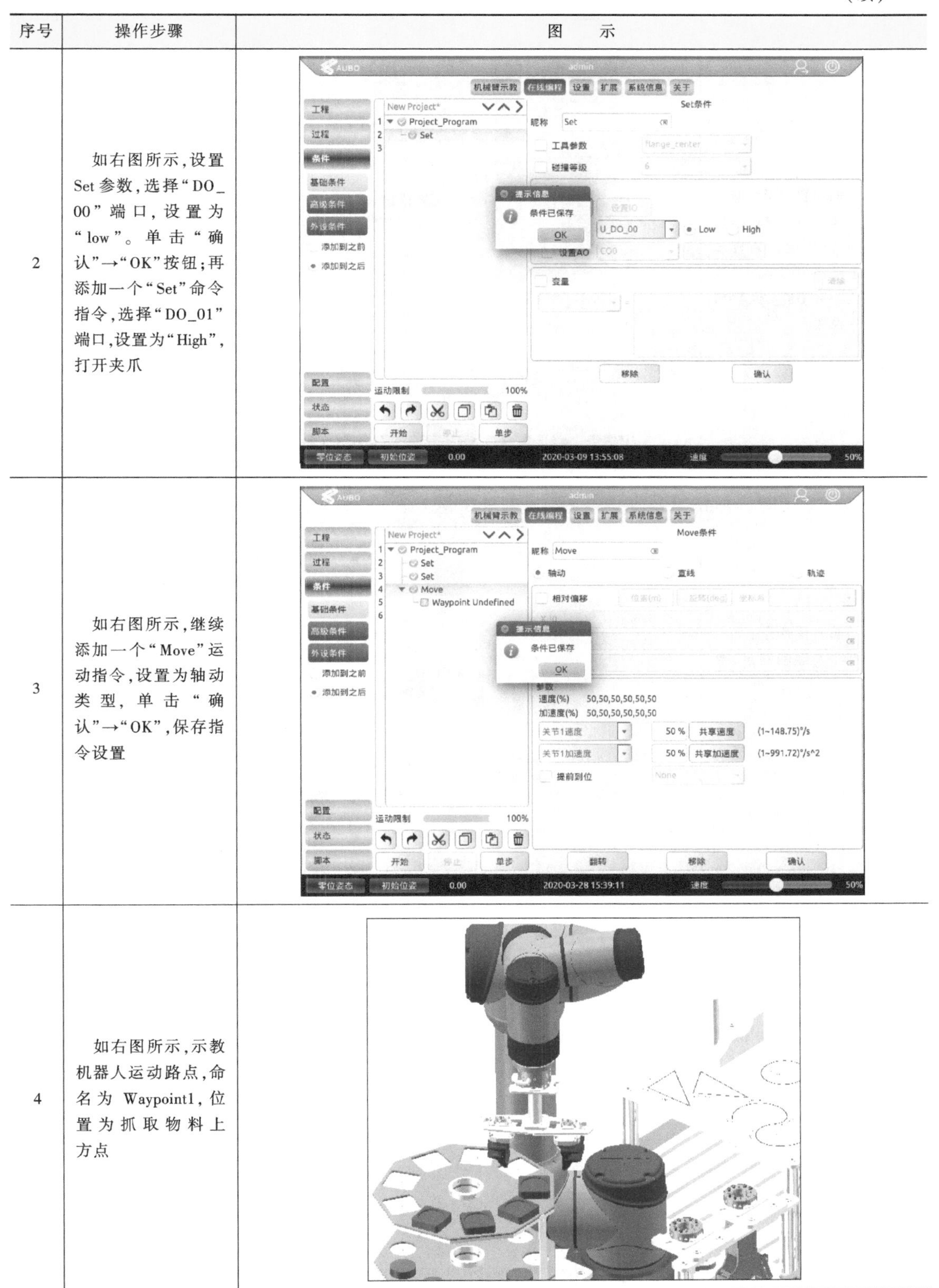
3	如右图所示，继续添加一个“Move”运动指令，设置为轴动类型，单击“确认”→“OK”，保存指令设置	
4	如右图所示，示教机器人运动路点，命名为Waypoint1，位置为抓取物料上方点	

（续）

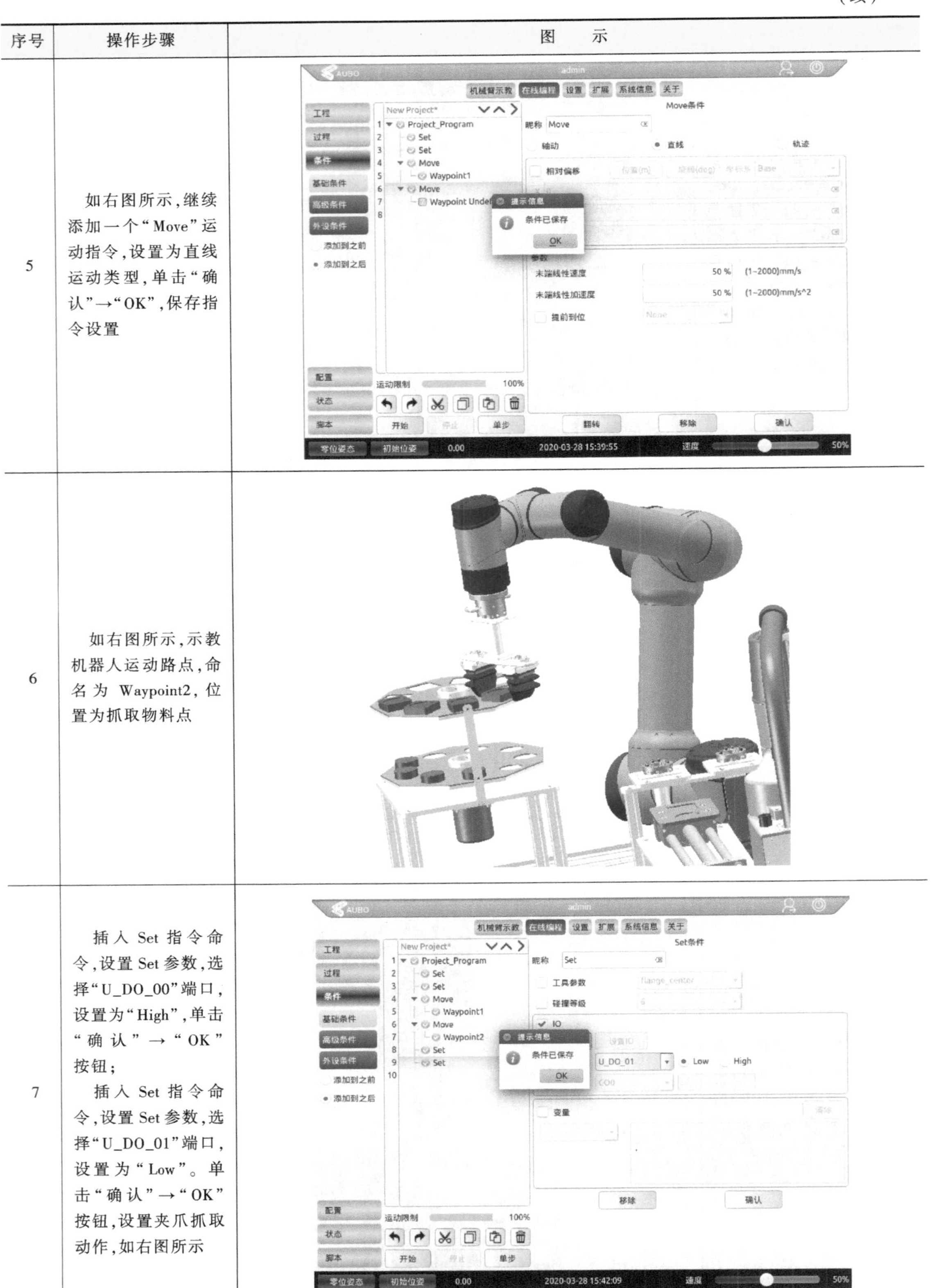

序号	操作步骤	图　示
5	如右图所示，继续添加一个“Move”运动指令，设置为直线运动类型，单击“确认”→“OK”，保存指令设置	
6	如右图所示，示教机器人运动路点，命名为 Waypoint2，位置为抓取物料点	
7	插入 Set 指令命令，设置 Set 参数，选择“U_DO_00”端口，设置为“High”，单击“确认”→“OK”按钮； 插入 Set 指令命令，设置 Set 参数，选择“U_DO_01”端口，设置为“Low”。单击“确认”→“OK”按钮，设置夹爪抓取动作，如右图所示	

（续）

序号	操作步骤	图　示
8	如右图所示，再添加一个路点，该路点“Move”运动指令设置为直线运动，示教点位同第一个路点，为 Waypoint1，为抓料点上方点（可通过复制功能实现）	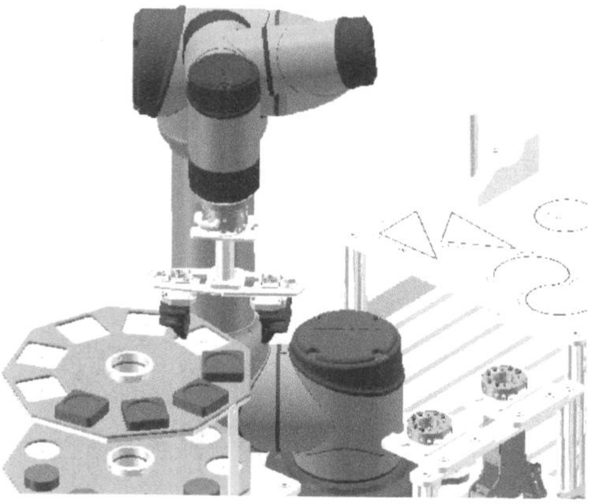
9	上述操作已实现将物料抓起的过程；下面再增加程序控制，将物料搬运至指定位置。如右图所示，首先，插入“Move”运动指令，设置一个安全经过路点 Waypoint0，设置为轴运动方式，路点位置根据实际情况添加	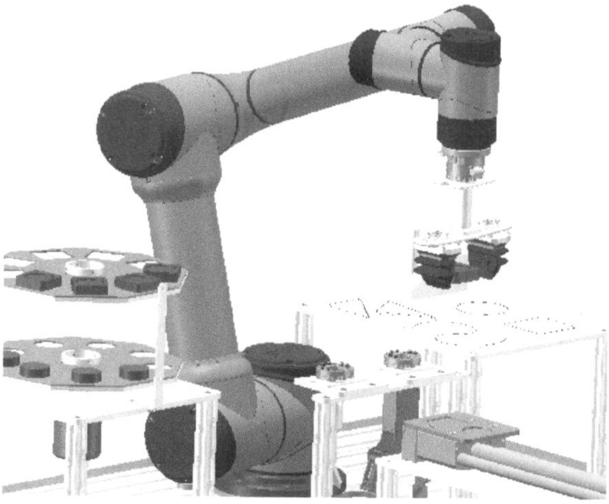
10	如右图所示，再添加一个路点，该路点“Move”运动设置为轴运动方式，示教点位 Waypoint3，为放料点上方点	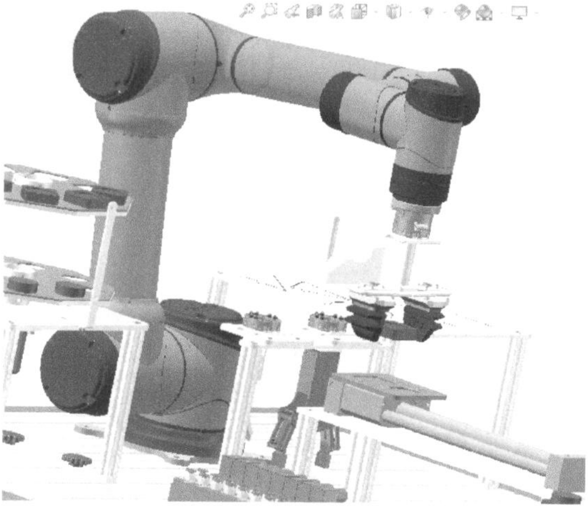

（续）

序号	操作步骤	图　　示
11	如右图所示，再添加一个路点，该路点“Move”运动指令设置为轴动方式，示教点位为 Waypoint4，为放料点点位	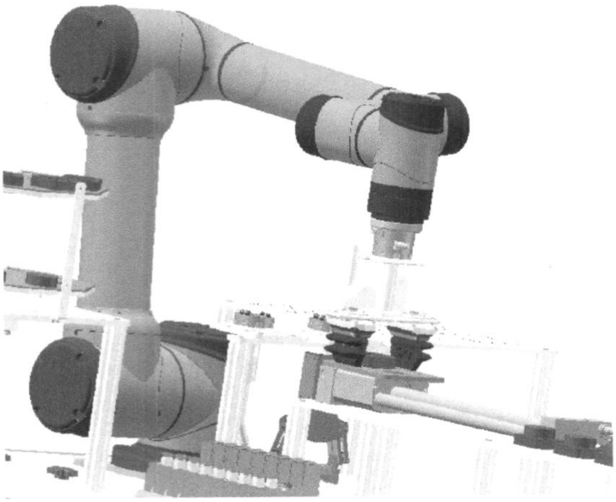
12	如右图所示，插入Set 指令命令，设置Set 参数，选择“U_DO_00”端口，设置为“Low”，单击“确认”→“OK”按钮； 插入 Set 指令命令，设置 Set 参数，选择“U_DO_01”端口，设置为“High”，单击“确认”→“OK”按钮，设置夹爪放料动作，如右图所示	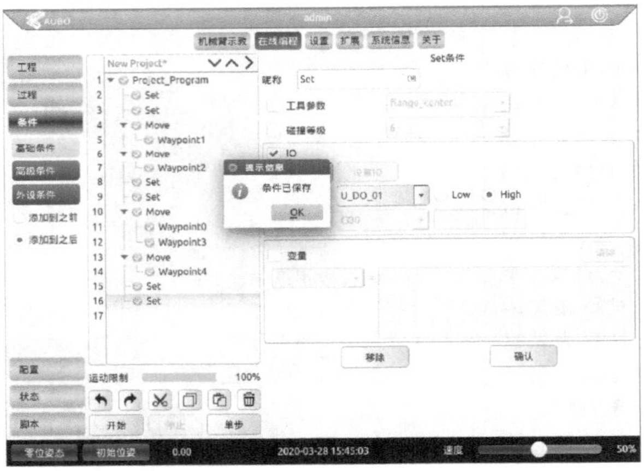
13	如右图所示，再添加一个路点，该路点“Move”运动指令设置为直线运动，示教点位同第一个路点为 Waypoint3，为放料点上方点（可通过复制功能实现）	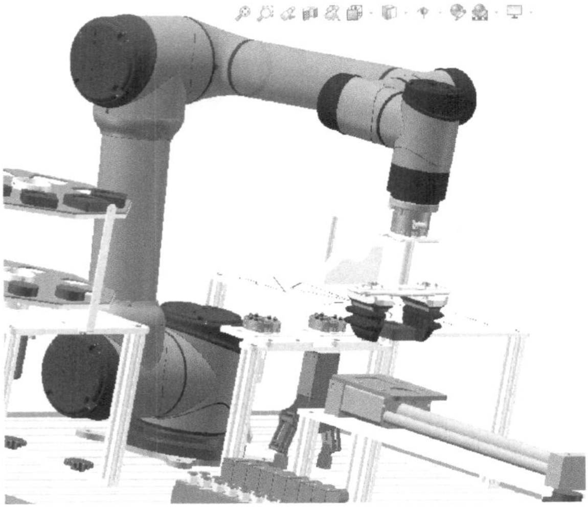

（续）

序号	操作步骤	图　示
14	如右图所示，再添加一组“Move”运动指令，运动类型为轴动，点位为初始安全点位，将机器人运动到初始位置，实验结束	

3）自动运行建立的程序，检查观看机器人物料搬运动作流程。

7.4　吸盘手爪应用

7.4.1　真空吸盘手爪的组成

如图7-16所示，真空吸盘手爪由空气压缩机、三联器、电磁阀、真空发生器和真空吸盘构成。

1）空气压缩机：用于产生高压空气的装置。

2）三联器：用来过滤压缩空气中的水蒸气、固体杂质等，保护气路元器件。

3）电磁阀：用于控制机器人气路通断的电控开关。

4）真空发生器：利用压缩空气通过机械结构产生负压差。

5）真空吸盘：执行元件，接触物体表面，用于吸取物体。

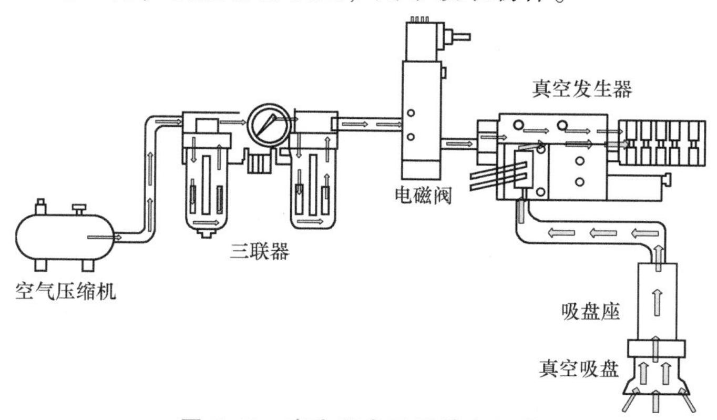

图7-16　真空吸盘手爪基本组成

7.4.2　真空吸盘的吸附原理

通气口与真空发生装置相接，真空发生装置启动后，通气口通气，吸盘内部的空气被抽走，形成了压力为 p_2 的真空状态。此时，吸盘内部的空气压力低于吸盘外部的大气压力 p_1，即 $p_2<p_1$，工件在外部压力的作用下被吸起。吸盘内部的真空度越高，吸盘与工件之间贴的越紧，如图 7-17 所示。

7.4.3 真空发生器原理

真空发生器的工作原理是利用喷管高速喷射压缩空气，在喷管出口形成射流，产生卷吸流动。在卷吸作用下，喷管出口周围的空气不断被抽吸走，使吸附腔内的压力降至大气压以下，形成一定的真空度，如图 7-18 所示。

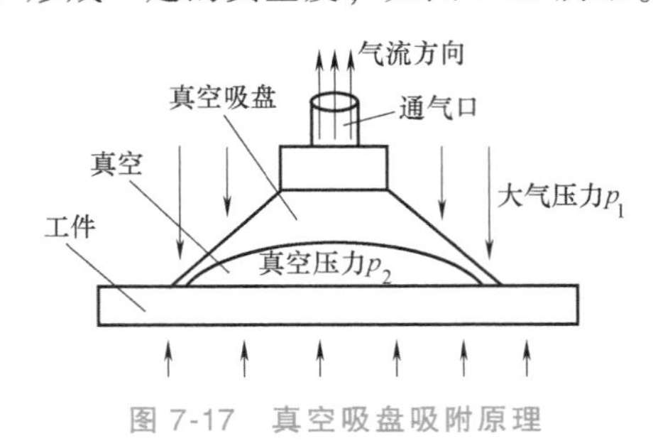

图 7-17 真空吸盘吸附原理

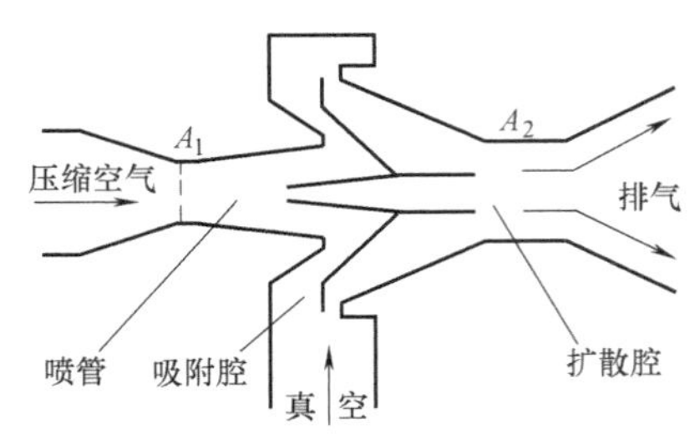

图 7-18 真空发生器工作原理示意图

由流体力学可知，不可压缩空气（气体在低速进，可近似认为是不可压缩空气）的连续性方程为：

$$A_1v_1=A_2v_2 \tag{7-1}$$

式中，A_1、A_2 为管道的截面面积（m^2）；v_1、v_2 为气流流速（m/s）。

由上式可知，截面增大，流速减小；截面减小，流速增大。对于水平管路，按不可压缩空气的伯努利理想能量方程为：

$$p_1+\frac{1}{2}\rho v_1^2=p_2+\frac{1}{2}\rho v_2^2 \tag{7-2}$$

式中，p_1、p_2 为截面 A_1、A_2 处相应的压力（Pa）；v_1、v_2 分别为截面 A_1、A_2 处相应的流速（m/s）；ρ 为空气的密度（kg/m^3）。

由上式可知，流速增大，压力降低，当 $v_2>v_1$ 时，$p_1>p_2$。当 v_2 增大到一定值，p_2 将小于一个大气压，即产生负压。故可用增大流速来获得负压，产生吸力。

按喷管出口马赫数 $M1$（出口流速与当地声速之比）分类，真空发生器可分为亚声速器管型（$M1<1$）、声速喷管型（$M1=1$）和超声速喷管型（$M1>1$）。亚声速喷管和声速喷管都是收缩喷管，而超声速喷管型必须是先收缩后扩张形喷管（即 Laval 喷嘴）。为了得到最大吸入流量或最高吸入口处压力，真空发生器都设计成超声速喷管。

7.4.4 真空吸盘常见结构

1）普通型真空吸盘，如图 7-19 所示。

单层吸盘：材料品种多，特点是适于搬运表面光滑的工件。适用于纸张及塑胶袋等薄型工件。

双层吸盘：接触工件时缓冲性能好，吸力强，其波纹管可作小行程移动，用来分离细小工件，适用于吸着面非水平的工件，但它很少用于垂直举升。适用于钢板、基板等有斜度的工件。

三层吸盘：与双层吸盘类似，能适用水平方向更大高度差，可做较长距离运送动作。

2）特殊型真空吸盘。特殊型真空吸盘是为了满足特殊应用场合而专门设计的，又分为异形吸盘和专用吸盘两种，这些吸盘的结构形状因吸附对象而异，种类繁多。图 7-20 所示为海绵真空吸盘。

图 7-19　普通型真空吸盘

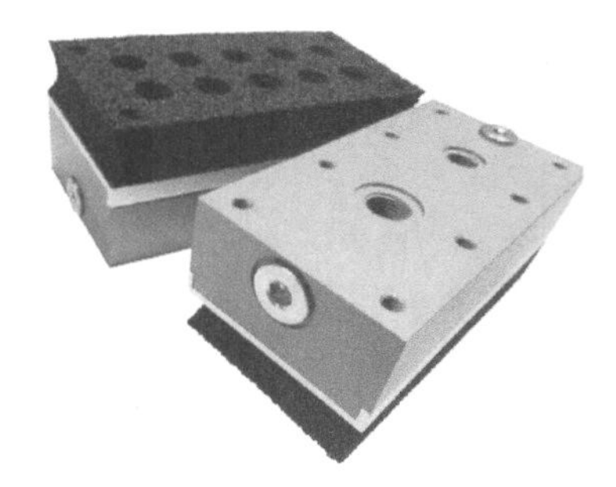

图 7-20　海绵真空吸盘

7.4.5　真空吸盘手爪搬运应用

以双机协作实训平台 SCARA 机器人吸盘手爪为例，讲述吸盘控制方法。

1）真空吸盘手爪电磁阀线路连接。通过实训台接线面板，将机器人与电磁阀之间进行连线（请断电操作），接线方法见表 7-4。

表 7-4　真空吸盘手爪实训控制接线方法

序号	连接线颜色	A 端连接		B 端连接	
		功能模块	端口	功能模块	端口
1	红色	机器人 2 输出	24V	外设信号	电磁阀 6 红色端口
2	黑色	机器人 2 输出	DO01	外设信号	电磁阀 6 黑色端口

2）在线编程具体操作步骤见表 7-5。

表 7-5　机器人使用吸盘手爪抓取物体在线编程步骤

序号	操作步骤	图　示
1	如右图所示，单击“程序”→新建“TXT”程序→“打开”	

（续）

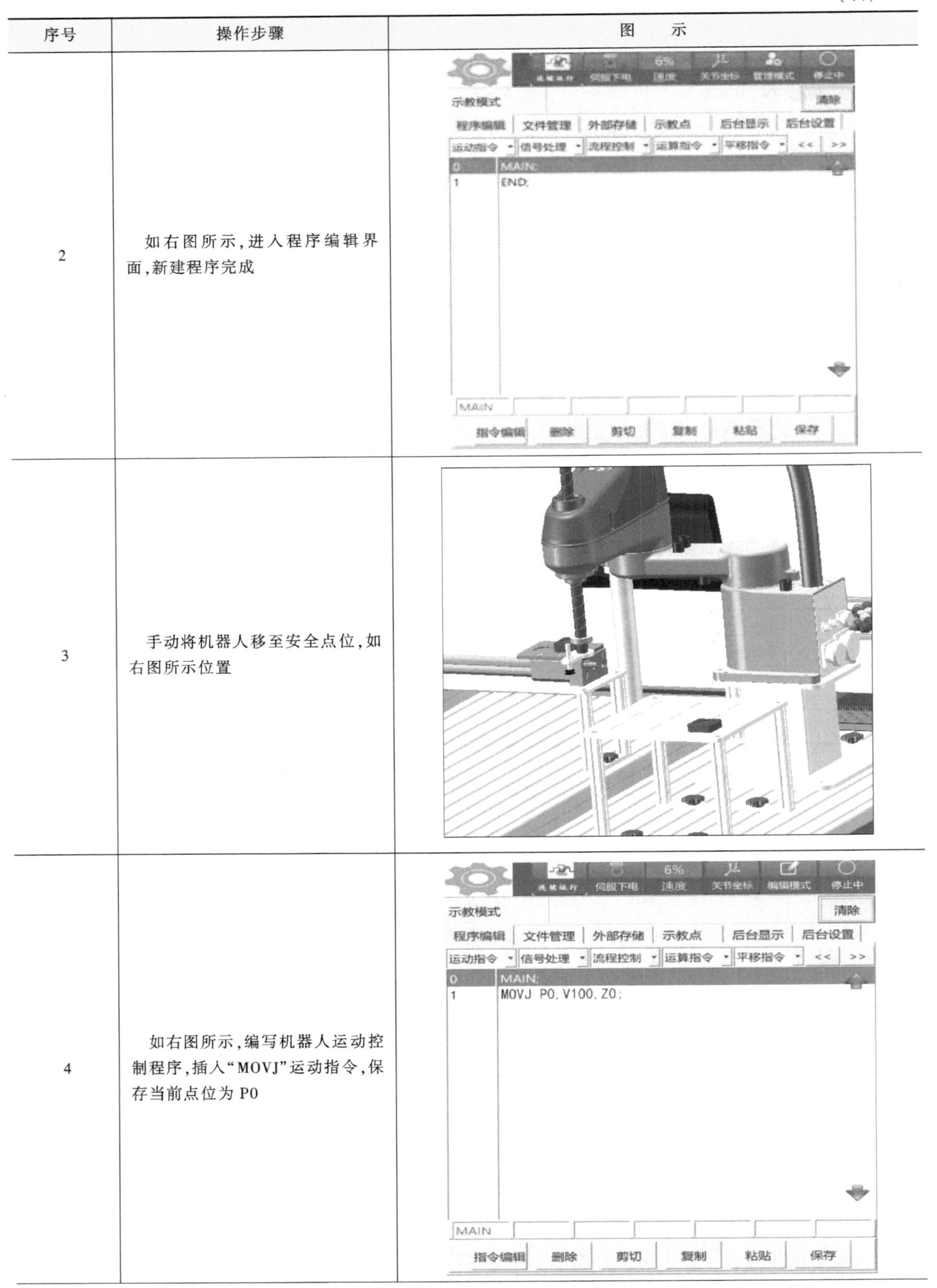

序号	操作步骤	图　示
2	如右图所示，进入程序编辑界面，新建程序完成	
3	手动将机器人移至安全点位，如右图所示位置	
4	如右图所示，编写机器人运动控制程序，插入“MOVJ”运动指令，保存当前点位为 P0	

（续）

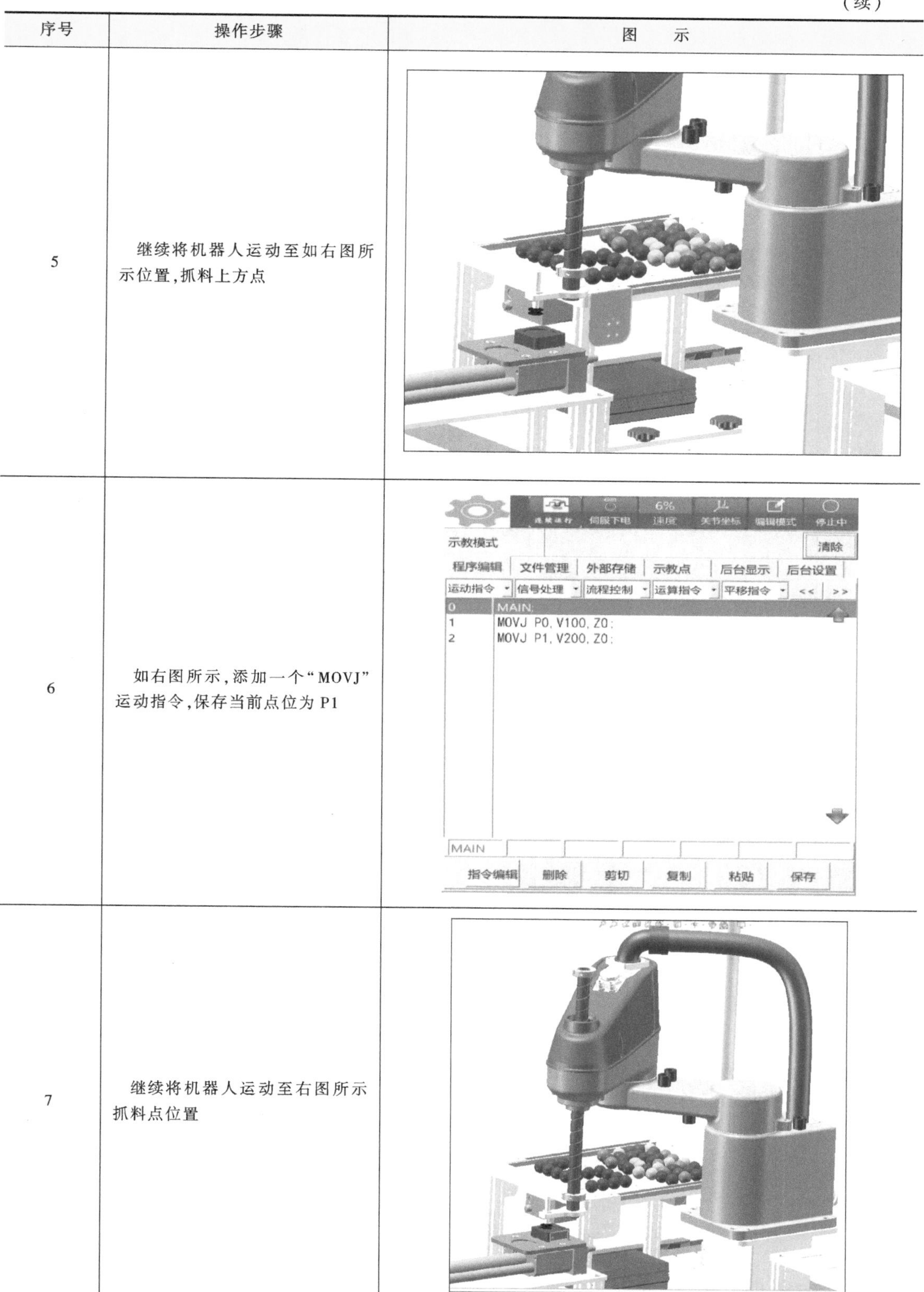

序号	操作步骤	图　示
5	继续将机器人运动至如右图所示位置，抓料上方点	
6	如右图所示，添加一个“MOVJ”运动指令，保存当前点位为P1	
7	继续将机器人运动至右图所示抓料点位置	

（续）

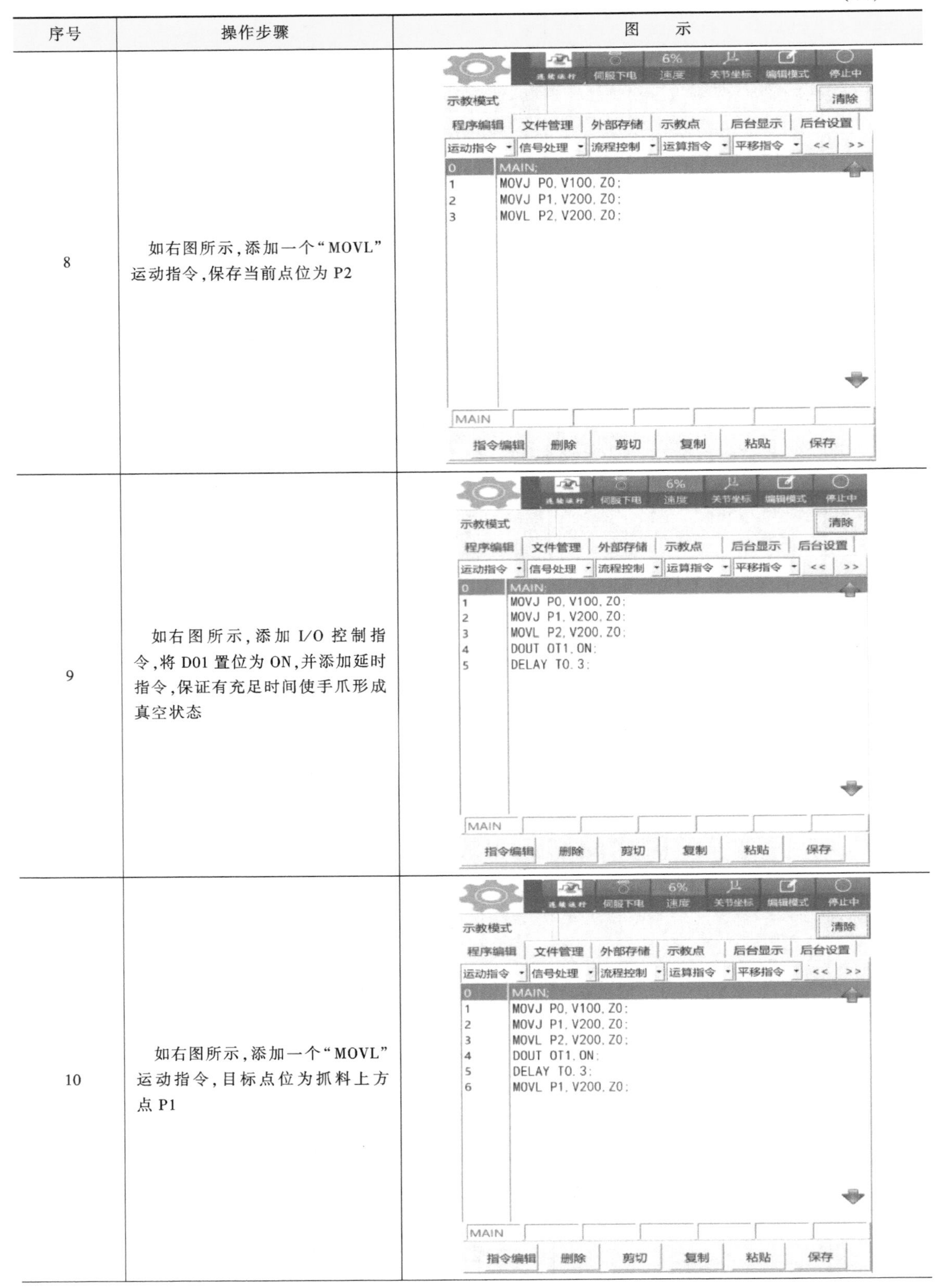

序号	操作步骤	图　示
8	如右图所示，添加一个“MOVL”运动指令，保存当前点位为P2	
9	如右图所示，添加I/O控制指令，将D01置位为ON，并添加延时指令，保证有充足时间使手爪形成真空状态	
10	如右图所示，添加一个“MOVL”运动指令，目标点位为抓料上方点P1	

（续）

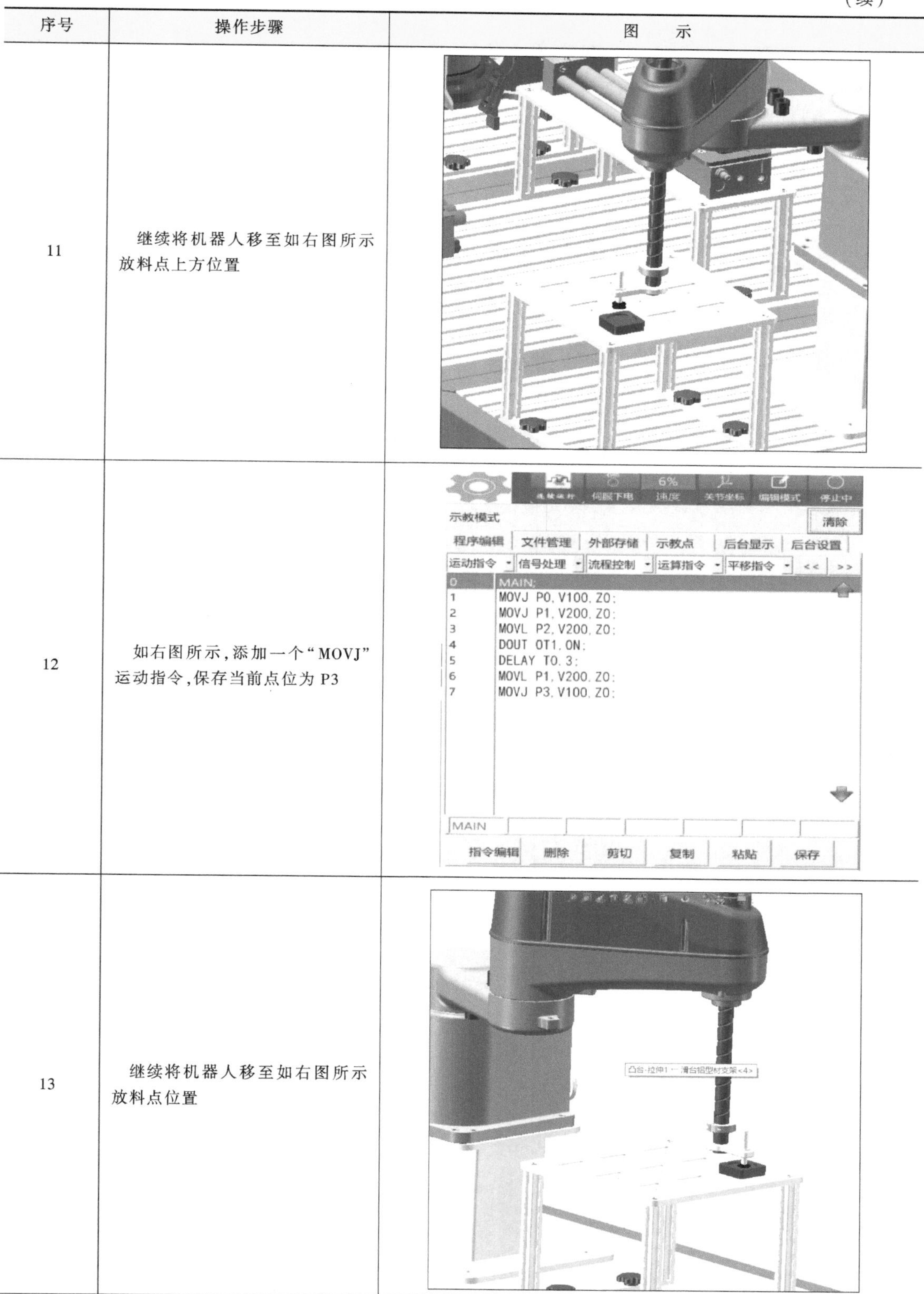

序号	操作步骤	图示
11	继续将机器人移至如右图所示放料点上方位置	
12	如右图所示，添加一个“MOVJ”运动指令，保存当前点位为P3	
13	继续将机器人移至如右图所示放料点位置	

（续）

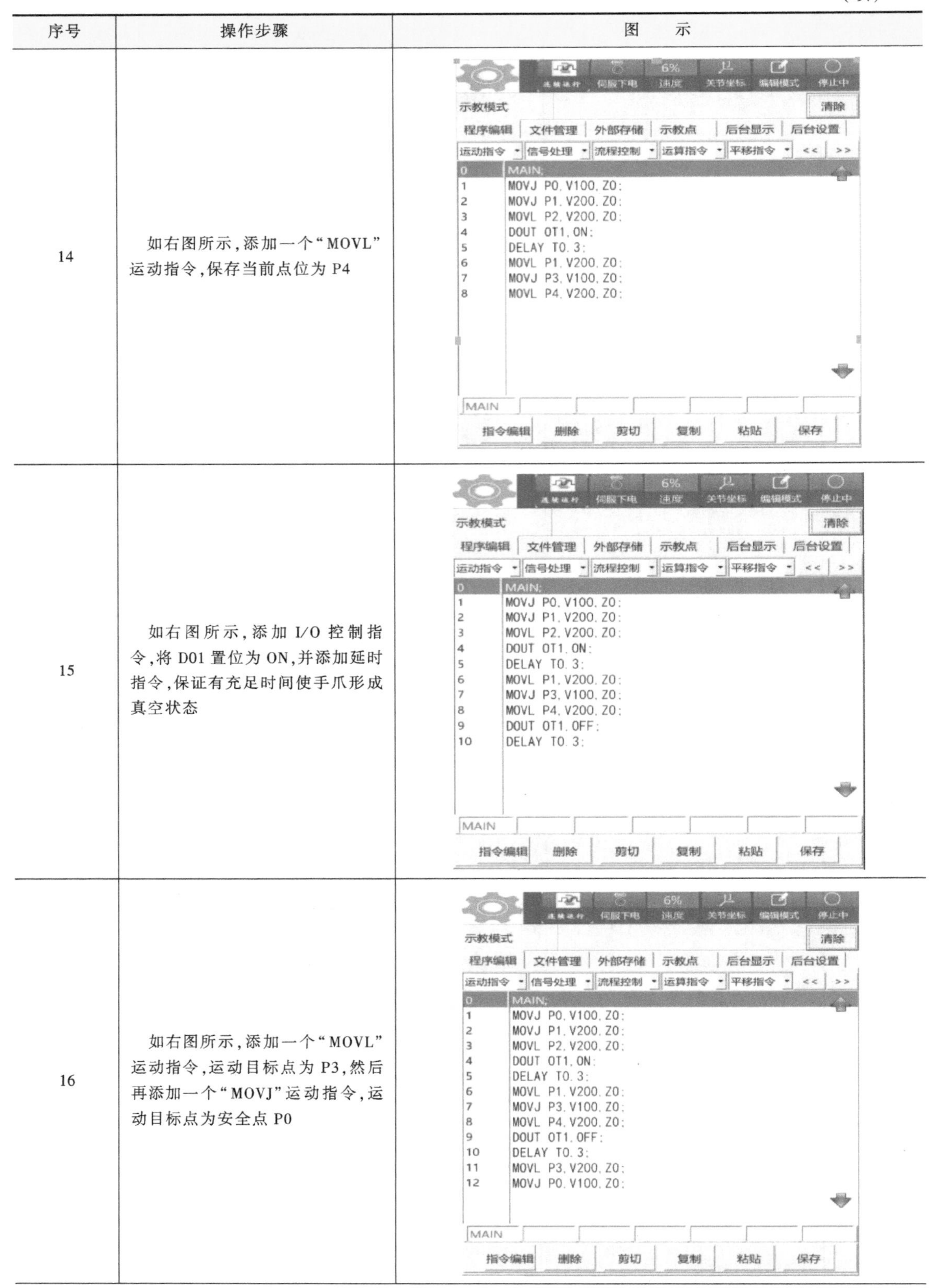

序号	操作步骤	图　示
14	如右图所示，添加一个“MOVL”运动指令，保存当前点位为 P4	
15	如右图所示，添加 I/O 控制指令，将 D01 置位为 ON，并添加延时指令，保证有充足时间使手爪形成真空状态	
16	如右图所示，添加一个“MOVL”运动指令，运动目标点为 P3，然后再添加一个“MOVJ”运动指令，运动目标点为安全点 P0	

（续）

序号	操作步骤	图　示
17	如右图所示，机器人运动到初始位置。程序编辑结束	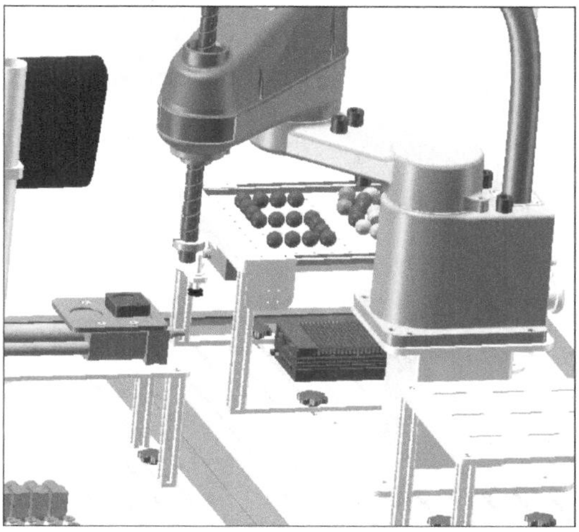

3）自动运行建立的程序，检查观看机器人物料搬运动作流程。

思考与练习

7.1　电动夹爪运动时需设置哪些参数？

7.2　柔性夹爪控制器怎样对接线进行控制？

7.3　吸盘手爪真空原理是什么？

7.4　分别练习三种手爪上、下料实训。

第 8 章　工业机器人码垛应用

知识目标

- ✓ 了解工业机器人码垛应用特点
- ✓ 了解工业机器人码垛常见设备
- ✓ 了解工业机器人码垛工艺包的设置流程
- ✓ 了解工业机器人码垛工艺包的操作

技能目标

- ✓ 熟练掌握机器人码垛工艺包的参数
- ✓ 熟练掌握机器人码垛操作流程

8.1　码垛应用简介

机器人码垛主要应用于物流产业，这也是工业机器人的典型应用，机器人码垛流水线如图 8-1 所示。码垛的意义在于依据集成单元化的思想，将成堆的物品通过一定的模式码成垛，使物品能够容易搬运、卸载以及存储。在物体的运输过程中，除了散装的或液体物品以外，一般的物品均是按照码垛的形式进行存储、运送的，以节约空间，承接更多的货物。

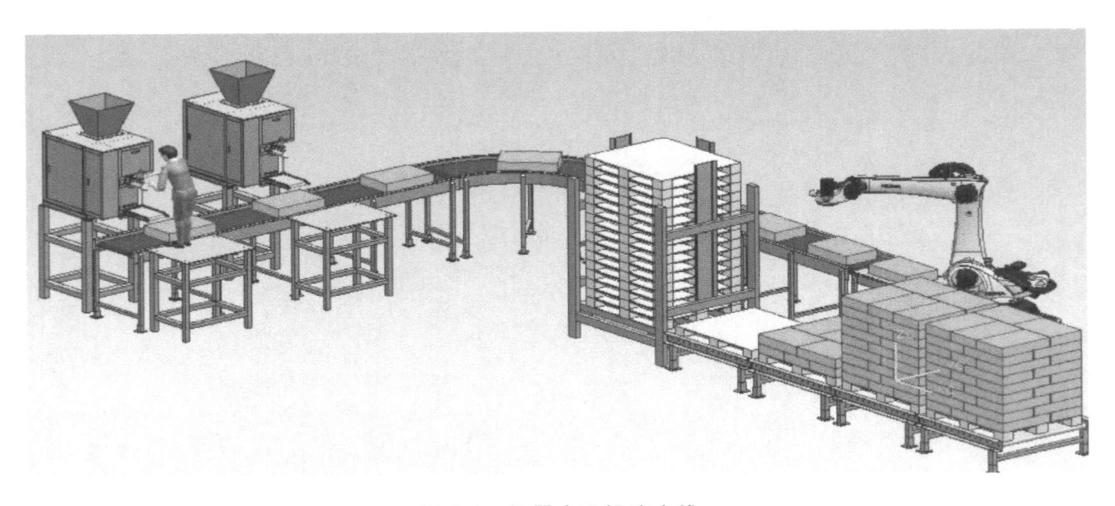

图 8-1　机器人码垛流水线

传统的码垛都是由人工来完成，这种码垛和存储方式在很多情况下无法适应当今高科技的发展，当生产线速度过高或者产品的质量过大时，人力就难以满足要求，而且利用人力来进行码垛，要求的人数多，付出的劳动成本很高，然而还不能提高生产效率。

为了提高搬运卸载的效率，提高码垛的质量，节约劳动成本，保证企业员工的人身安全，码垛机器人的研究变得意义重大。近年来，我国工厂自动化设备越来越先进，所以要求提高物流效率以降低生产成本。自动高速码垛机器人的应用越来越广，但是，相对于国外来说，我国目前对于码垛机器人的研制还处于较低水平，工厂使用的码垛机器人很多都是从国外引进的，自主研制品牌相对较少。所以，解决当前国内码垛机器人研制存在的问题，研发出适合我国工厂生产需求的码垛机器人具有重要的实际意义。

相对传统人工码垛，机器人码垛具有以下优点：

1. 节约仓库面积

码垛机器人可以把货物最大化地往高层进行一层一层的码垛，从而减少了使用面积，同时码垛机还可以把已码垛好的货物一层一层地拆下来，搬运完全没有问题。

2. 节约人力资源

节约人力资源这一点毋庸置疑。不管是人工操作，还是人工搬运，都需要大量的人力资源。有的企业仅仅搬运费每年就要花费 50 多万元，大企业则更多。有了全自动码垛机，这项费用就可以省掉了。

3. 可实现高效率搬运

人工搬运，每个人 1h 搬运的货物并不多，尤其是码垛到高处时，效率就更低了。全自动码垛机基本上不会受高度的影响。而且，无论码垛高低，效率都非常高。

4. 货物堆放更加整齐

在码垛时，最担心的就是横七竖八或倾斜。货物倒塌更是仓库中较大的安全隐患，人工堆垛时这种情况时常发生。但是使用全自动码垛机就不存在这个问题，它能够完成高水准码垛，减少了货物倾斜或倒塌的情况。

8.2　码垛应用基本组成单元

工业机器人码垛生产线为整合度较高的项目，这个项目的设备种类也比较多，包含：机器人抓取单元、输送单元、折边单元、封口单元、倒包压包单元、金属检测单元、重量检测单元、喷码打印单元、工业机器人码垛单元等。码垛机器人应用常见配套设备如下。

（1）码垛机械夹爪　作为码垛机器人的重要组成部分之一，码垛机械夹爪（也称手爪或抓手）的高可靠性、结构简单新颖、质量小等参数对码垛机器人的整体工作性能具有非常重要的意义。可根据不同的产品设计不同类型的机械手爪，使码垛机器人具有效率高、质量好、适用范围广、成本低等优势，并能很好地完成码垛工作。常用的码垛机器人夹爪主要包括：

1）夹抓式机械手爪。该类机械手爪主要用于袋装物的高速码放，如面粉、饲料、水泥、化肥等。夹抓式机械手爪如图 8-2 所示。

2）夹板式机械手爪。该类手爪主要用于整箱或规则盒装包装物品的码放，可用于各种行业。夹板式机械手爪可以一次码一箱（盒）或多箱（盒），如图 8-3 所示。

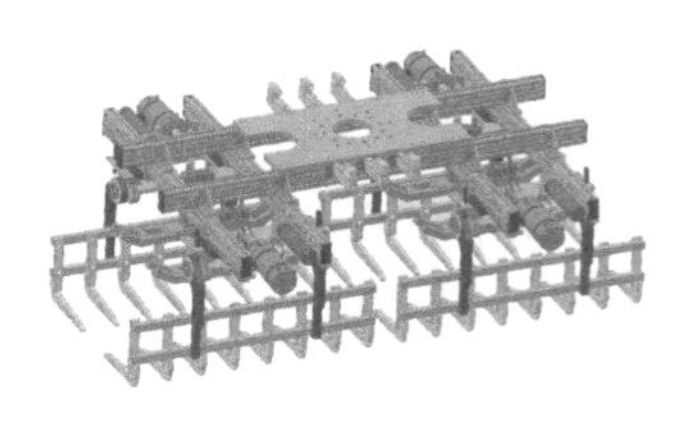

图 8-2 夹抓式机械手爪

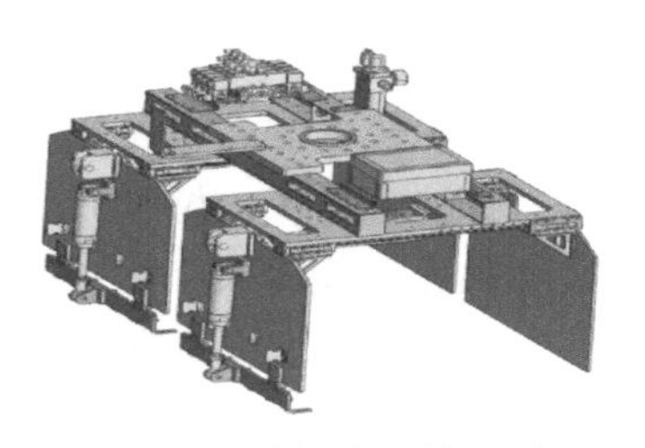

图 8-3 夹板式机械手爪

3）真空吸取式机械手爪。该类手爪主要用于适合吸盘吸取的码放物，如覆膜包装盒、听装啤酒箱、塑料箱、纸箱等。真空吸取式机械手爪如图 8-4 所示。

4）组合式手爪是前三种手爪的灵活组合，可同时满足多个工位码放，如图 8-5 所示。

图 8-4 真空吸取式机械手爪

图 8-5 组合式手爪

（2）封箱机　主要适用于纸箱的封箱包装，它可单机作业，也可与纸箱成形开箱机、装箱机、贴标机、捆包机、栈板堆叠机、输送机等设备配套成包装流水线使用。封箱机是包装流水线作业必需的设备，如图 8-6 所示。

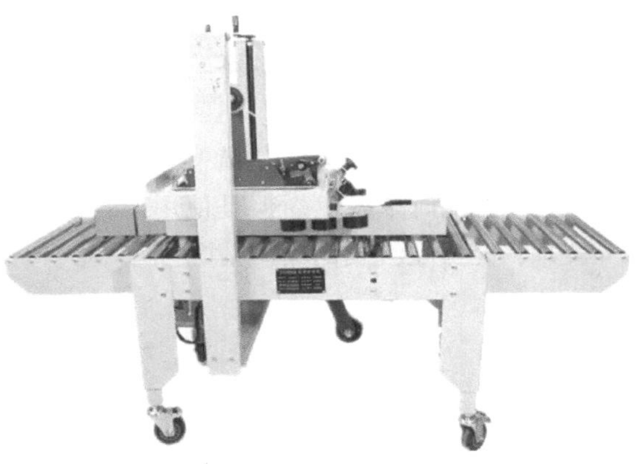

图 8-6 封箱机

（3）金属检测机　用于检测食品、药品、化妆品、纺织品等生产过程中混入的金属异物，如图 8-7 所示。

（4）重量复检机　通过重量检测，也可判断出成品的数量、漏装和错装，以及对合格品、欠重品、超重品分别统计，以达到产品质量控制的目的。重量复检机如图 8-8 所示。

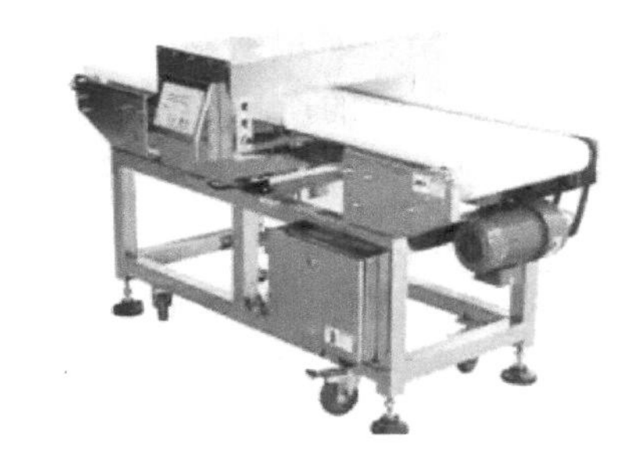

图 8-7 金属检测机

（5）自动剔除机　用于在包装袋出现含金属异常物以及称重复检超出重量误差时，将包装袋在输送序列被移出去的过程。自动剔除机也可集成到金属检测机或者重量复检机内，如图 8-9 所示。

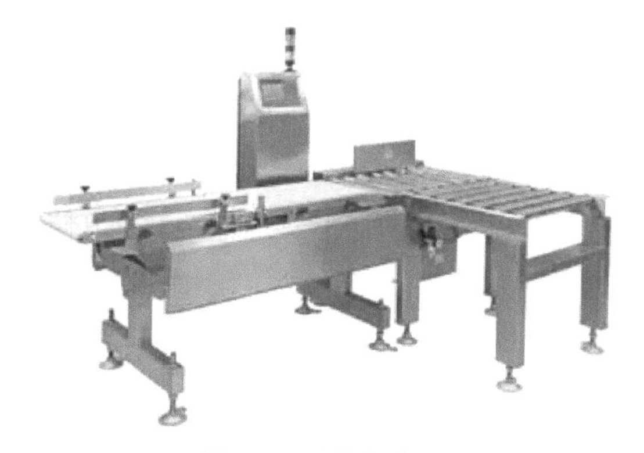
图 8-8　重量复检机

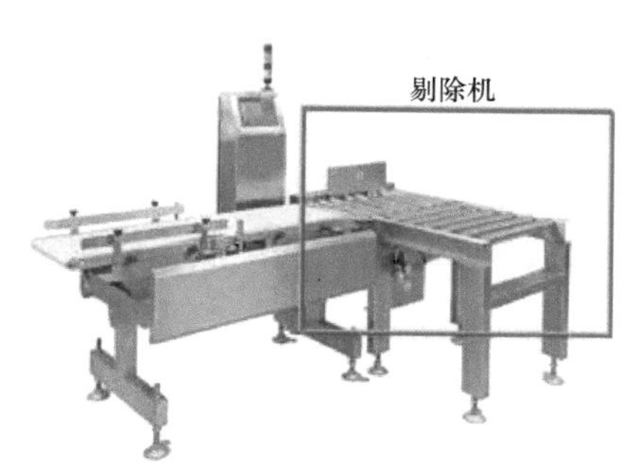

图 8-9　自动剔除机

（6）倒袋机　倒袋机是将输送机送来的料袋按预定的编组程序对料袋进行输送、倒袋和转位，流转到下道工序的设备，如图 8-10 所示。

（7）整形机　包装袋经过输送线后，需经过整形机辊子的压紧、整形，将包装袋内可能存在的积聚物均匀散开后才可以送至待码辊道输送机上。整形机如图 8-11 所示。

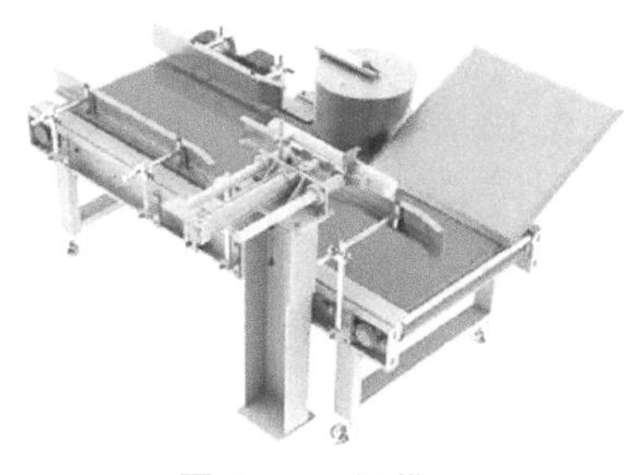
图 8-10　倒袋机

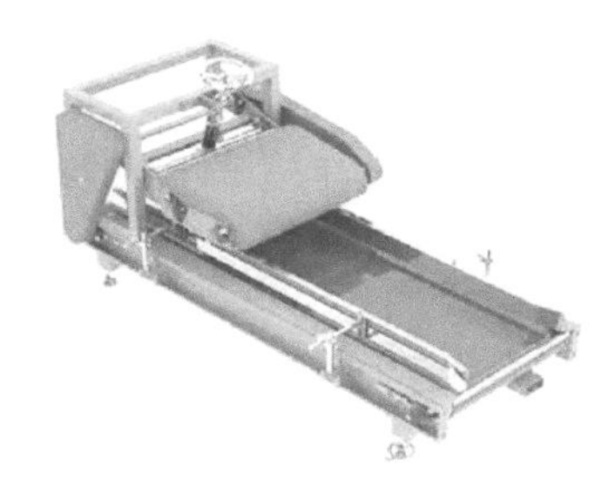
图 8-11　整形机

（8）待码输送机　待码输送机与机械手爪配套，以方便抓取，如图 8-12 所示。

（9）普通传送带　普通传送带是便于物料输送过程中的转弯，以及与下一工序的对接的设备，如图 8-13 所示。

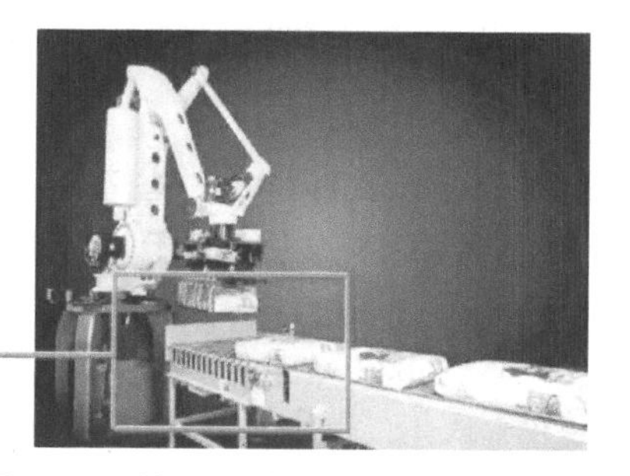

图 8-12　待码输送机

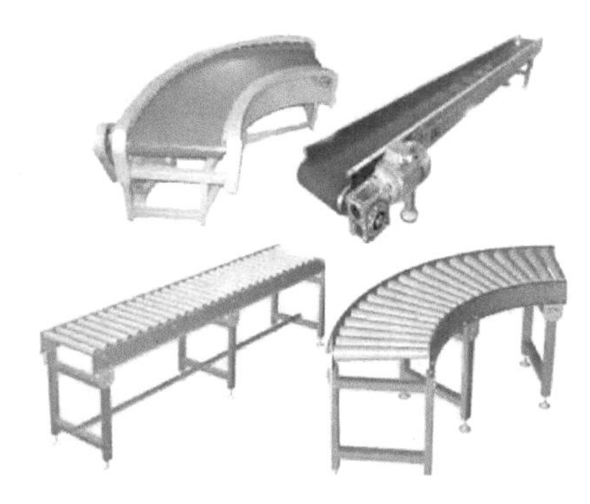
图 8-13　普通传送带

8.3　码垛工艺包应用实训

在实际工业物流领域，码垛或卸垛需求很大。例如，将摆放整齐的原材料分发到传送带上，取下注塑机生产的工件并整齐地码放到托盘上，将啤酒厂的啤酒依靠视觉分拣整齐地码垛到包装里，将牛奶厂散乱的牛奶整齐地码放到箱里等。若每个应用场景都需要工程师编程，将会使机器人的应用变得繁琐。所以，专业的码垛机器人具有专业的码垛工艺包功能，通过码垛工艺包将码垛或卸垛工艺参数化，以使这些应用灵活、高效。需通过实际操作机器人的码垛或卸垛流程以达到熟练使用机器人码垛或卸垛的目的。

8.3.1　码垛功能模块介绍

1）图 8-14 所示为码垛工艺包的用户坐标系设置界面。在该界面需选择一个用户坐标系（必选），用户坐标系的选择范围为用户已设定好的坐标系（该用户坐标系建议使用用户工具标定出来的坐标系）。这里选择的用户坐标系可理解为码垛或卸垛托盘的坐标系。该界面右侧为码垛工艺包的插件版本号等信息。

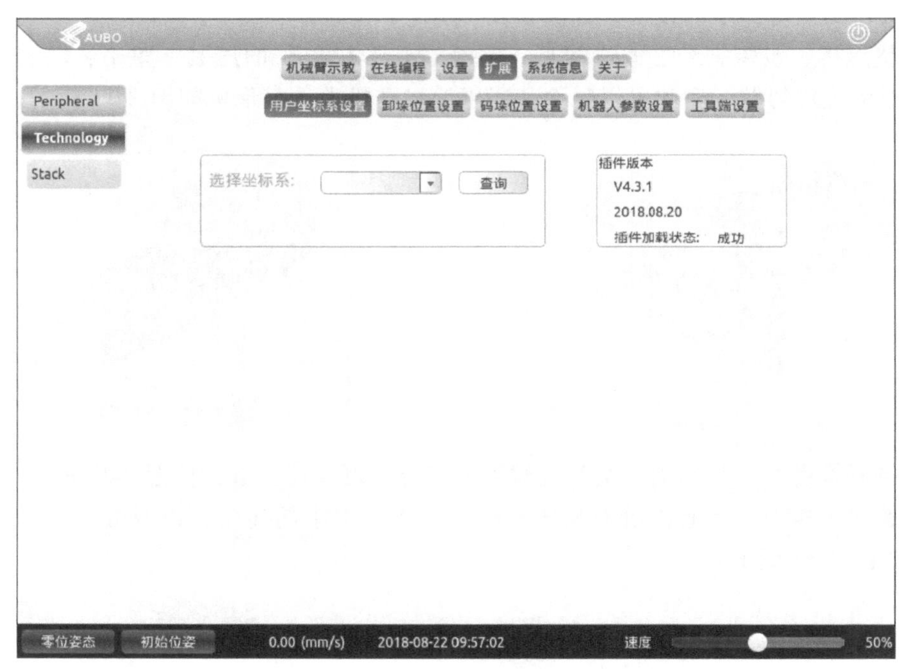

图 8-14　用户坐标系设置界面

2）图 8-15 所示为卸垛参数设置界面。在该界面中设置卸垛的一些基本参数：卸垛区的行数、列数、层数、点 1（界面中模型图所示）坐标信息，以及基于点 1 坐标的行偏移数值、列偏移数值和层偏移数值。

3）图 8-16 所示为卸垛高级参数设置界面，主要修正已经设置好的某一组路点中某个路点的位置。

设置参数包括：已经设置好的路点组名称（同保存的文件名称），更改路点组中的第几

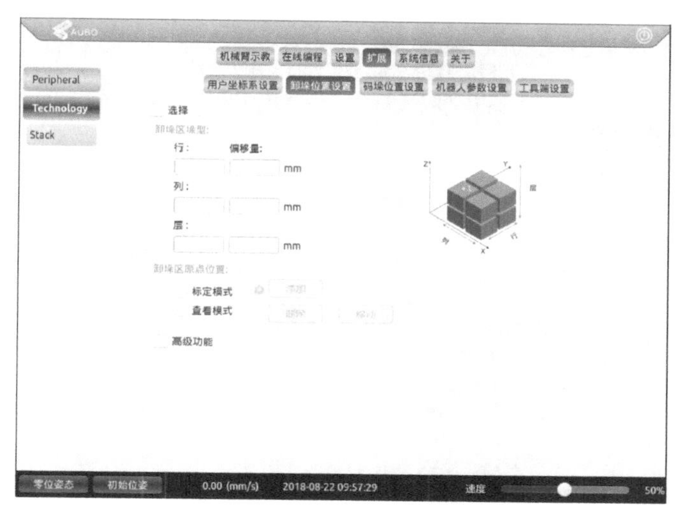

图 8-15 卸垛参数设置界面

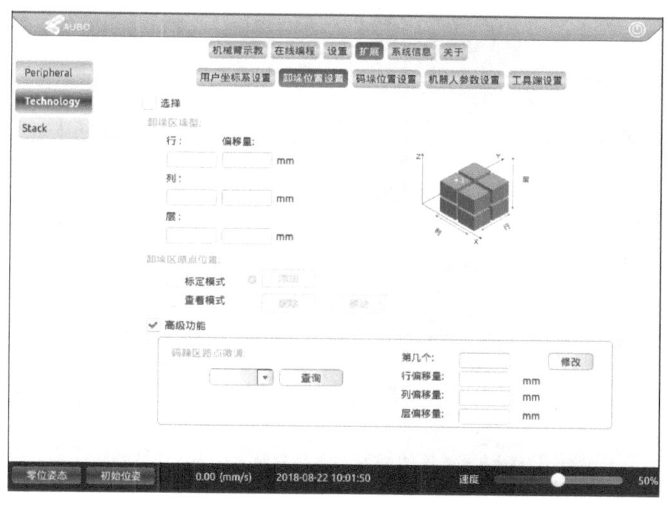

图 8-16 卸垛高级参数设置界面

个路点，该路点基于当前路点的行偏移数值、列偏移数值和层偏移数值。**注意：**图 8-16 中模型图所示用户坐标系（根据托盘定义）的 X 轴必须与卸垛区的行垂直，用户坐标系的 Y 轴必须与卸垛区的列垂直，用户坐标系的 Z 轴必须垂直托盘向上。行、列和层的偏移以 Y 轴、X 轴和 Z 轴的正方向为正值。例如，设置点 1 为原点，行偏移数值、列偏移数值和层偏移数值都为正。

4）图 8-17 所示为码垛参数设置界面。在该界面中设置关于码垛的一些基本参数：码垛区的行数、列数、层数、点 1（界面中模型图所示）坐标信息、基于点 1 坐标的行偏移数值、列偏移数值和层偏移数值。

5）图 8-18 所示为码垛高级参数设置界面，修正已经设置好的某一组路点中某个路点的偏移。

设置参数包括：已经设置好的路点组名称（同保存的文件名称），更改路点组中的第几

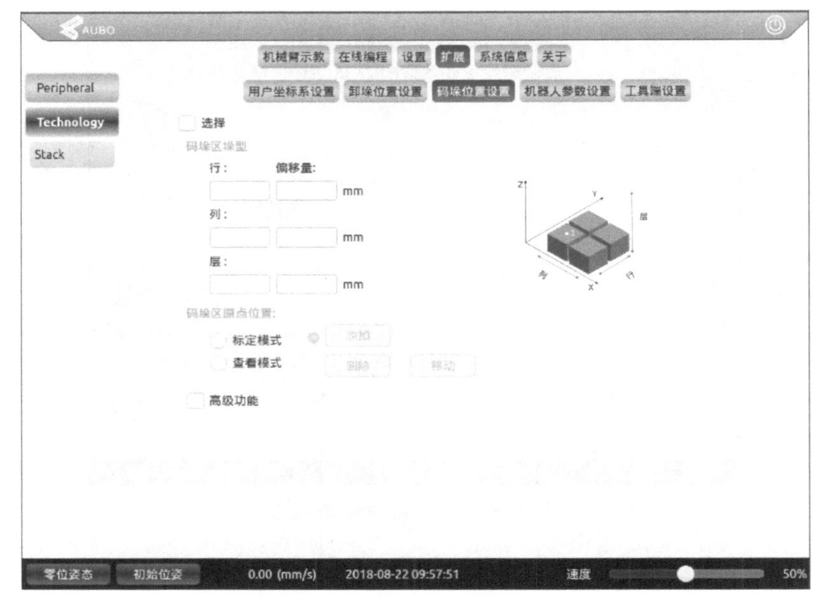

图 8-17　码垛参数设置界面

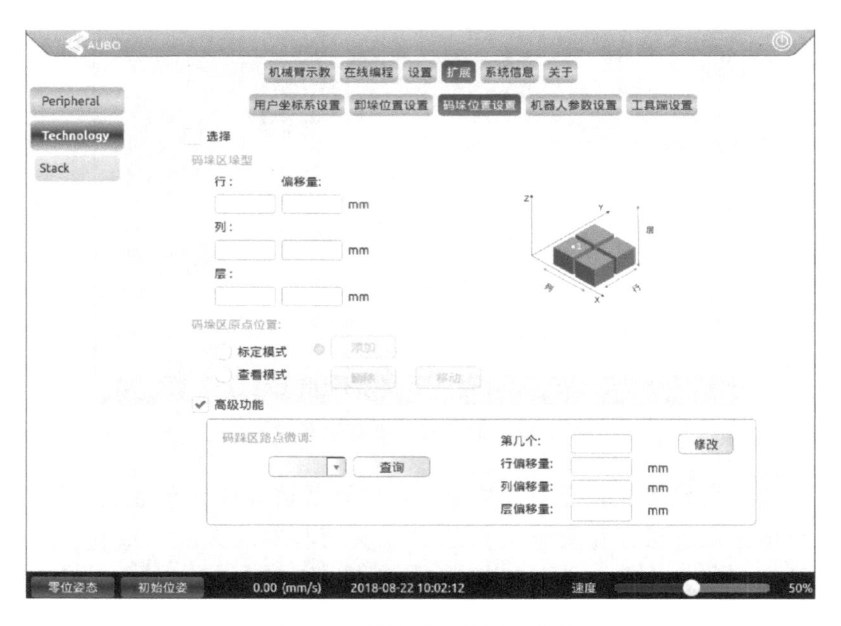

图 8-18　码垛高级参数的设置

个路点，该路点基于当前路点的行偏移数值、列偏移数值和层偏移数值。

6）图 8-19 所示为机器人参数及工艺参数设置界面。该界面中一部分为参数设置，包括关节运动速度、关节运动加速度、直线运动速度、直线运动加速度、准备点高度、取料（工件抓取）停留时间、放料（工件释放）停留时间和取料方向的选择。另一部分为码垛或卸垛参数查看及设置，可查看码垛或卸垛的总数量、码垛或卸垛完第几个，以及可设置从第几个开始码垛或卸垛。

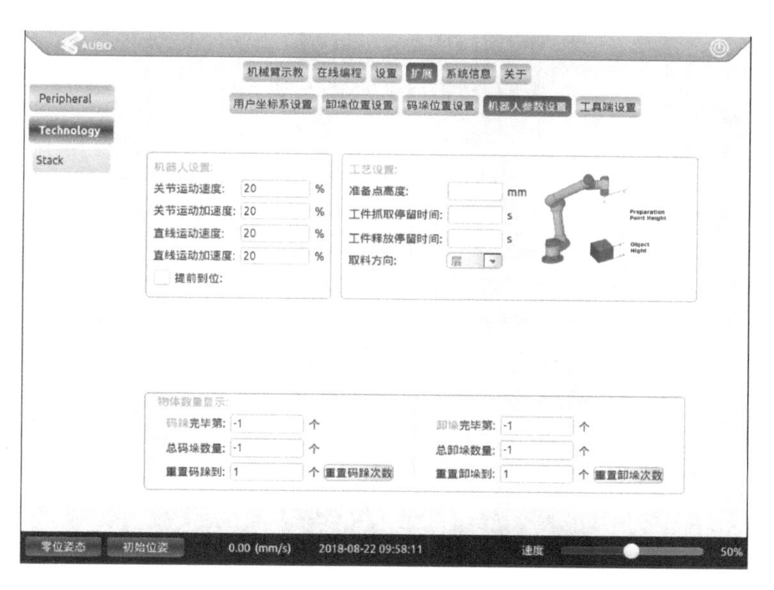

图 8-19 机器人参数及工艺参数设置界面

7）图 8-20 所示为机器人末端手爪 Robotiq 的参数设置。设置的参数有 Robotiq 电爪张开位置和 Robotiq 电爪闭合位置。界面下方为设置完所有参数后保存配置的最后一步，在该行输入文件名，单击“配置完成”即可。

图 8-20 Robotiq 工具端设置界面

8）图 8-21 所示为工具端输出 I/O 设置（提供六组 I/O 信号），该设置针对用户末端工具为 I/O 控制类型的手爪。可设置工具打开时 I/O 的状态及工具关闭时 I/O 的状态，设置完毕后可查询用户设置的 I/O 状态。若 I/O 设置错误，用户需要单击“重置”按钮重新设置 I/O 状态。

图 8-21　工具端输出 I/O 设置

8.3.2　码垛工艺包操作流程演示

操作目标：通过码垛工艺包，将右边的八个木块（卸垛区）按照左边木块的摆放方式，均匀码放在左边码垛区，如图 8-22 所示。具体操作步骤及相应的参数设置见表 8-1。

图 8-22　码垛示意图

表 8-1　码垛操作流程

序号	操作步骤	图　　示
	码垛区路点设置	
1	首先明确原点位置选取方法：右图中方格为码垛区，三角为机器人位置。若取料点是右图中五角星取料点 2，则码垛区示教原点为码垛 2。码垛 1 同理，目的为从里往外码垛	码垛1　码垛2 取料点2　机器人位置　取料点1

（续）

序号	操作步骤	图　示
码垛区路点设置		
2	右图为用户坐标系 X、Y 轴正半轴方向和码垛区行、列的方向。**注意**：行的方向与 X 轴垂直，列的方向与 Y 轴垂直，Z 轴方向朝上。接下来的参数正负皆与此有关	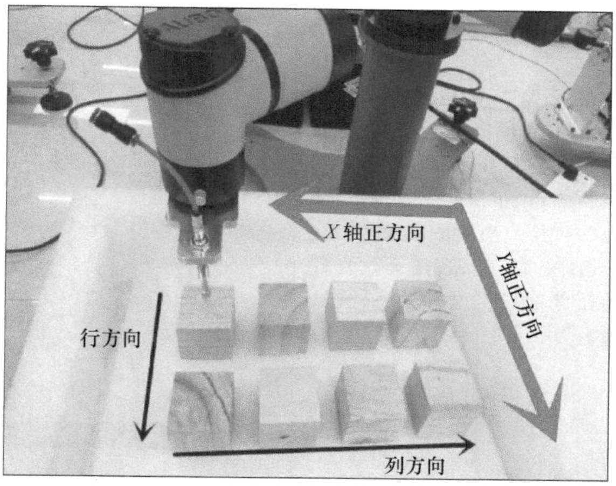
3	如右图所示，实际测得码垛区行偏移量为 100mm。在实际应用中可根据托盘三维图的尺寸填写界面中的行偏移数值	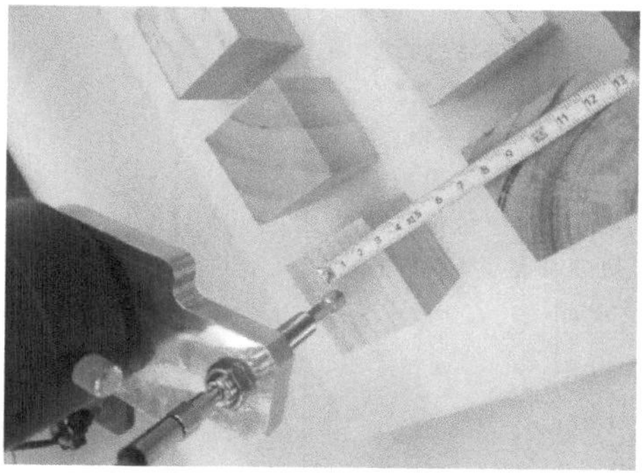
4	如右图所示，实际测得码垛区列偏移量为 -70mm。此处列偏移方向与 X 轴正方向相反，在实际应用中可根据托盘三维图的尺寸填写界面中的列偏移数值	

（续）

序号	操作步骤	图　示
		码垛区路点设置
5	在“设置”→“机械臂”→“坐标系标定”中根据实际的托盘新建一个坐标系。如右图所示切换界面到“扩展”→“码垛工艺包”→“用户坐标系设置”界面。单击“查询”按钮，选择建立好的托盘（用户）坐标系（必选），命名为 first	
6	如右图所示，切换界面到“码垛位置设置”，勾选“选择”。设置行、列、层数量及偏移值（与步骤 2 的方向相关），这里的数值为 2 行、4 列、1 层，行偏移量为 100mm，列偏移量为 -70mm，层偏移量为 0mm	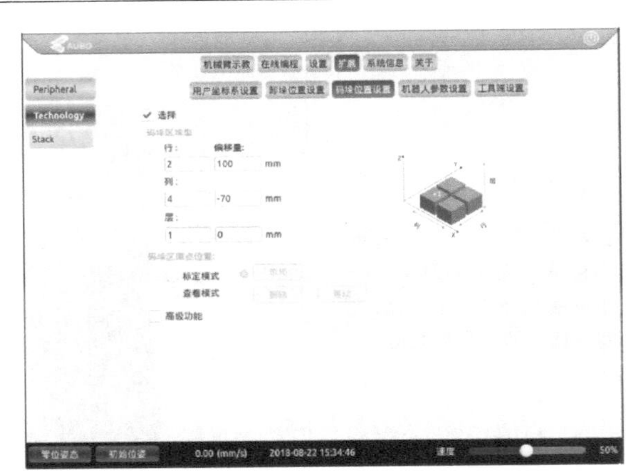
7	通过“机械臂示教”界面将机械臂移动到原点（该原点位置参考步骤 1），然后单击“标定模式”，单击“添加”，如右图所示，若“添加”按钮左侧的指示灯变为绿色则表示添加成功	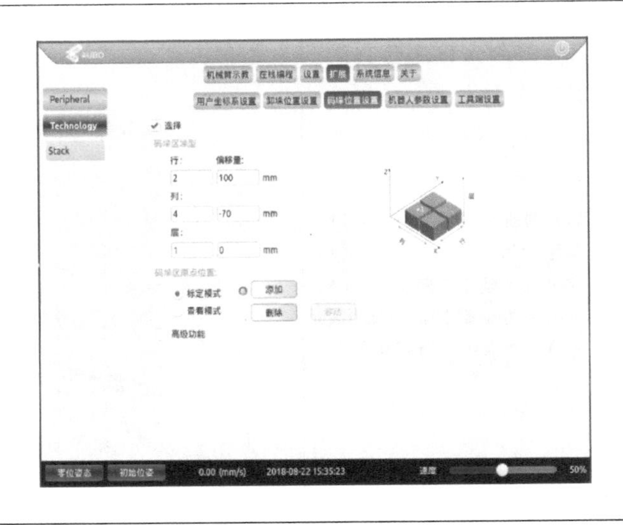

（续）

序号	操作步骤	图　　示
码垛区路点设置		
8	如右图所示，切换界面到“机器人参数设置”，根据实际情况设置参数为： 关节运动速度 20%； 关节运动加速度 20%； 直线运动速度 20%； 直线运动加速度 20%； 准备点高度 50mm； 工件抓取和释放时间均为 0.5s； 取料方向为层	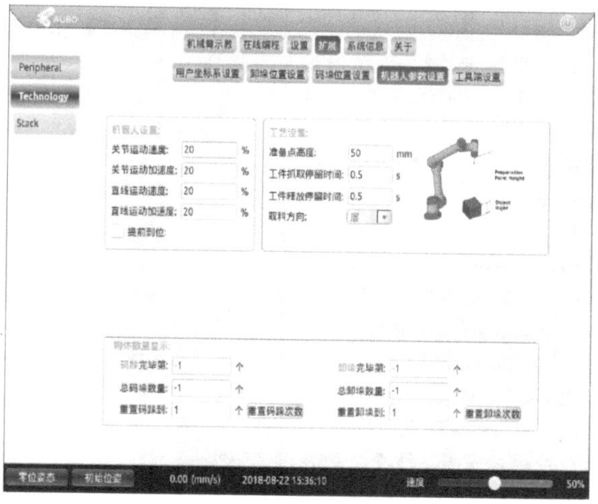
9	如右图所示，切换界面到“工具端设置”，工具端类型选为用户 I/O 输出，设置“工具打开时”，Di_out_01 为有效；设置“工具关闭时”，Di_out_01 为无效。 I/O 具体情况请根据实际设置，同时右侧可查询本次设置的 I/O 情况（断电不保留）	
10	参数配置完成之后，在保存文件处写入保存的文件名“Stack”，如右图所示，单击“配置完成”	

（续）

序号	操作步骤	图　示
		码垛区路点设置
11	如右图所示，单击“在线编程”→“脚本”→“加载”→“刷新”，可通过刚才配置的机器人控制器生成三个脚本： Stack_Judgment， Stack， Stack_Record 注：单击“配置”按钮后会生成三个脚本文件，其命名规则为“文件名-Judgment、文件名、文件名-Record”。该三个脚本文件的作用分别为码垛路点的执行、判断是否码垛完毕、码垛个数的记录	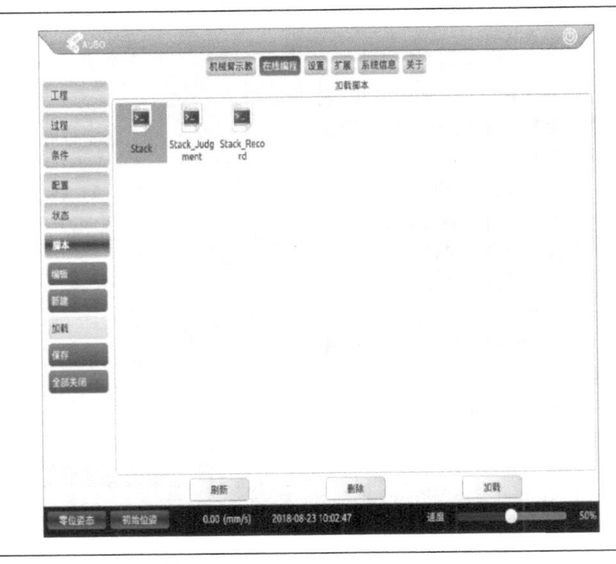
		卸垛区路点设置
12	首先明确原点位置选取方法。右图所示的中方格为卸垛区，三角为机器人位置。若放置点为图中五角星放置点2，则卸垛区示教原点为卸垛2。卸垛1同理，实现从外往里卸垛	 放置点1  机器人位置 放置点2 卸垛1 卸垛2
13	右图为用户坐标系 X 轴和 Y 轴正半轴方向及卸垛区行、列的方向，**注意**：行的方向与 X 轴垂直，列的方向与 Y 轴垂直，Z 轴方向向上。后续参数正负皆与此有关	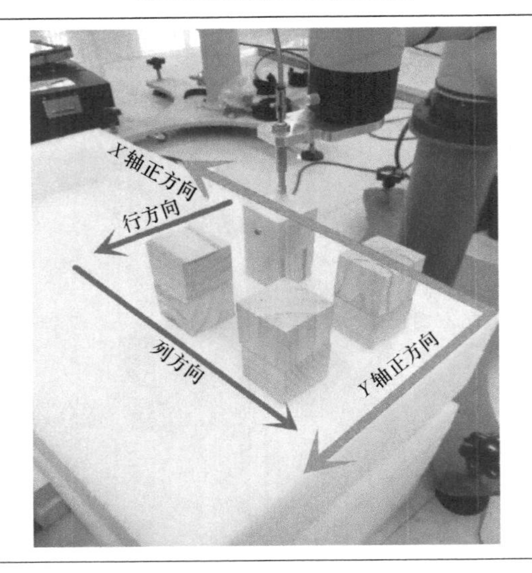

（续）

序号	操作步骤	图　示
卸垛区路点设置		
14	如右图所示，实际测得卸垛区行偏移量为 110mm。在实际应用中可根据托盘三维图的尺寸填写界面中的行偏移数值	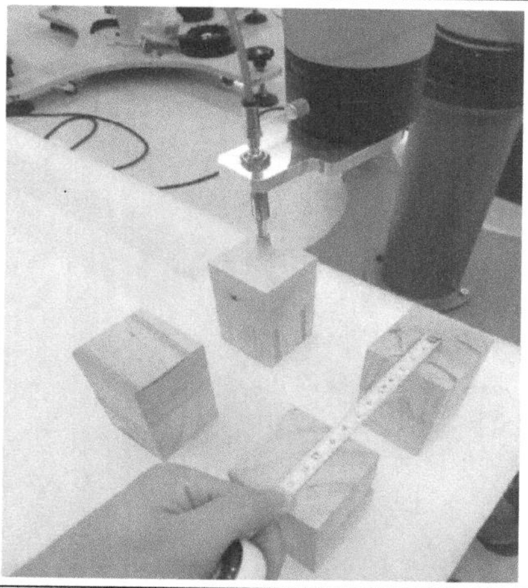
15	如右图所示，实际测得卸垛区列偏移量为-120mm。在实际应用中可根据托盘三维图的尺寸填写界面中的列偏移数值	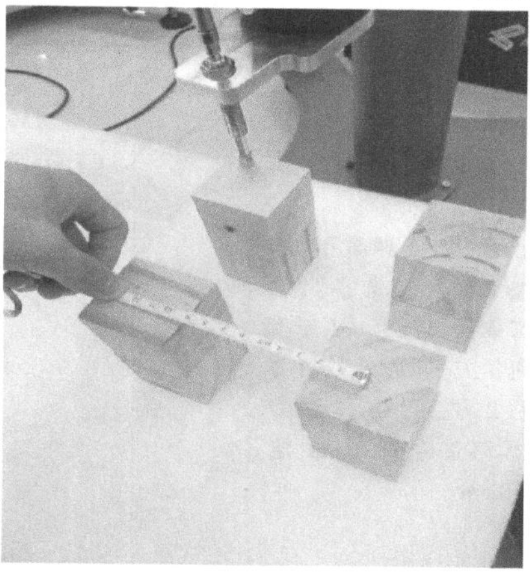
16	如右图所示，实际测得卸垛区层偏移量为 50mm。卸垛时 Z 轴的偏移量虽与卸垛层的方向相反，但并不必加"负号"，此负号系统已默认处理。在实际应用中可根据托盘三维图的尺寸填写界面中的层偏移数值	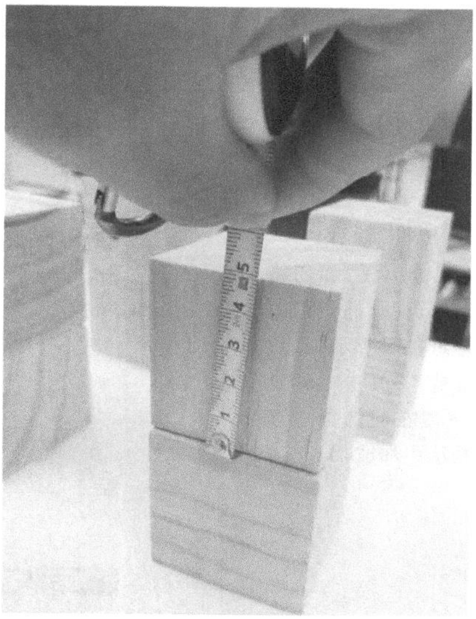

（续）

序号	操作步骤	图　示
		卸垛区路点设置
17	在“设置”→“机械臂”→“坐标系标定”中根据实际托盘新建一个坐标系后，切换界面到“扩展”→“Stack”→“用户坐标系设置”界面，如右图所示。单击“查询”按钮，选择建立好的托盘（用户）坐标系（必选），命名为“second”	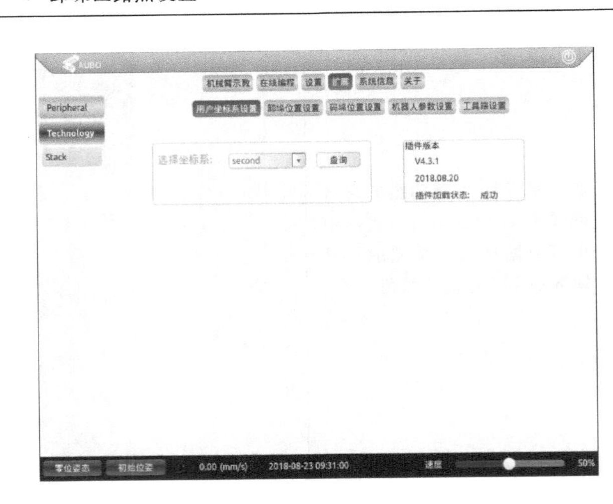
18	如右图所示，切换界面到“卸垛位置设置”，勾选“选择”，设置行、列、层数量及偏移值（与步骤2的方向相关）。此处数值为2行、2列、2层，行偏移量为110mm，列偏移量为-120mm，层偏移量为50mm	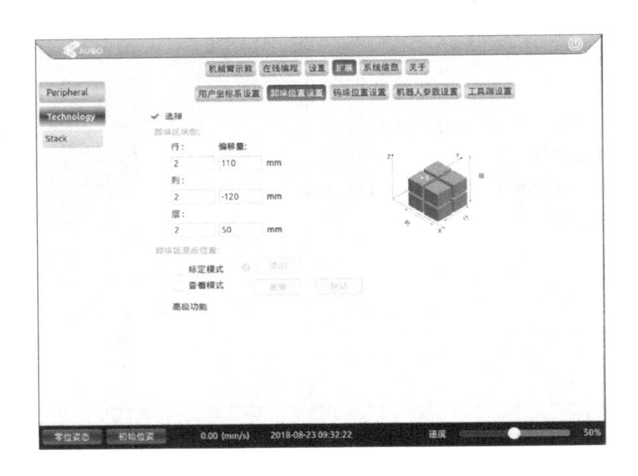
19	通过“机械臂示教”界面将机械臂移动到原点（该原点位置参考步骤1），如右图所示，然后单击“标定模式”，单击“添加”。若“添加”按钮左侧的指示灯变为绿色则表示添加成功	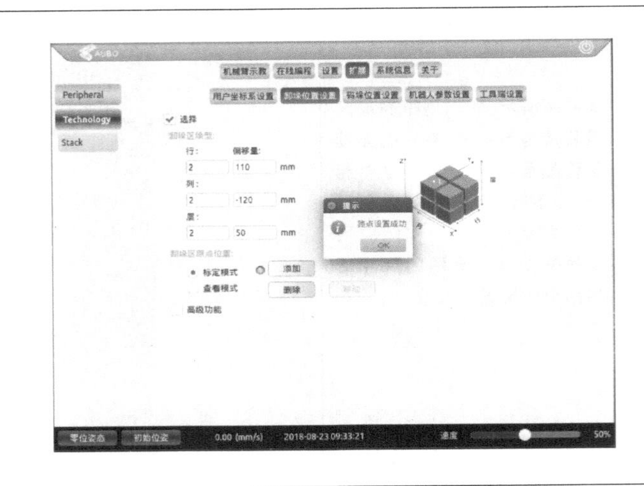

（续）

序号	操作步骤	图 示
	卸垛区路点设置	
20	如右图所示，切换界面到“机器人参数设置”，根据实际情况设置参数为： 关节运动速度 20%； 关节运动加速度 20%； 直线运动速度 20%； 直线运动加速度 20%； 准备点高度 50mm； 工件抓取停留和释放停留时间均为 0.5s； 取料方向为层	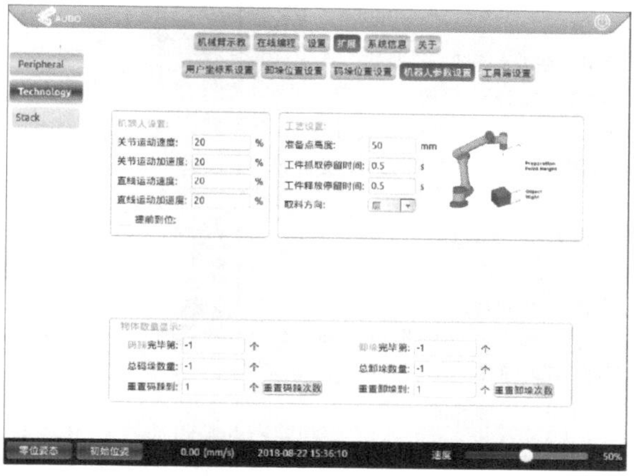
21	如右图所示，切换界面到“工具端设置”，工具端类型选为用户 I/O 输出，设置“工具打开时”，Di_out_01 为有效；设置“工具关闭时”，Di_out_01 为无效。请根据实际设置 I/O，同时右侧可查询本次设置（断电不保留）	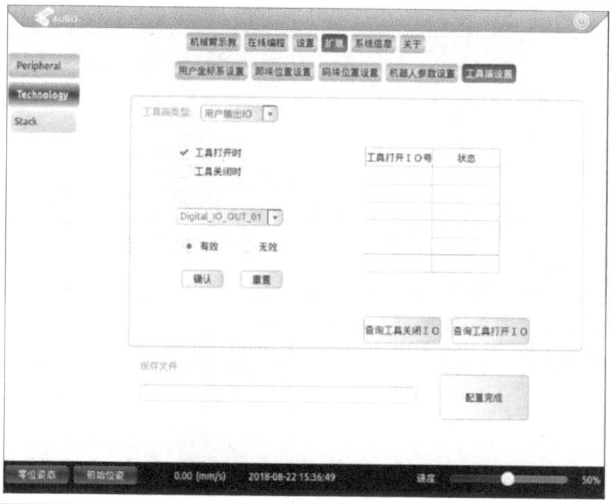
22	如右图所示，参数配置完成后，在保存文件处输入保存的文件名“Destack”，单击“配置完成”	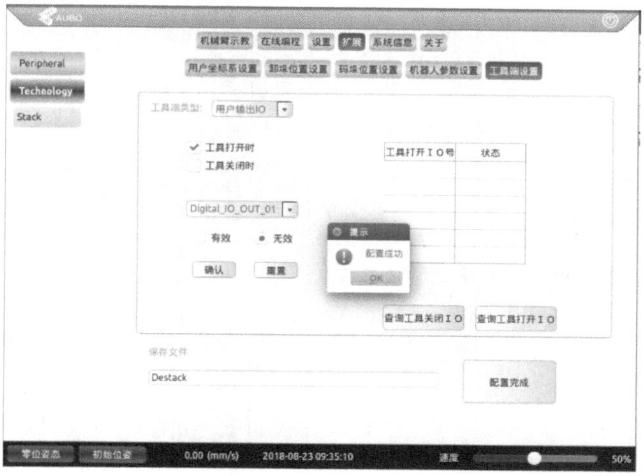

（续）

<table>
<tr><th>序号</th><th>操作步骤</th><th>图　示</th></tr>
<tr><td colspan="3">卸垛区路点设置</td></tr>
<tr><td>23</td><td>单击“在线编程”→“脚本”→“加载”→“刷新”后便可显示出配置完成生成的三个脚本文件，如右图所示，其文件命名规则为：
文件名-Judgment；
文件名；
文件名-Record；
该三个脚本文件的作用分别为判断是否卸垛完毕、卸垛路点的执行和卸垛个数的记录</td><td>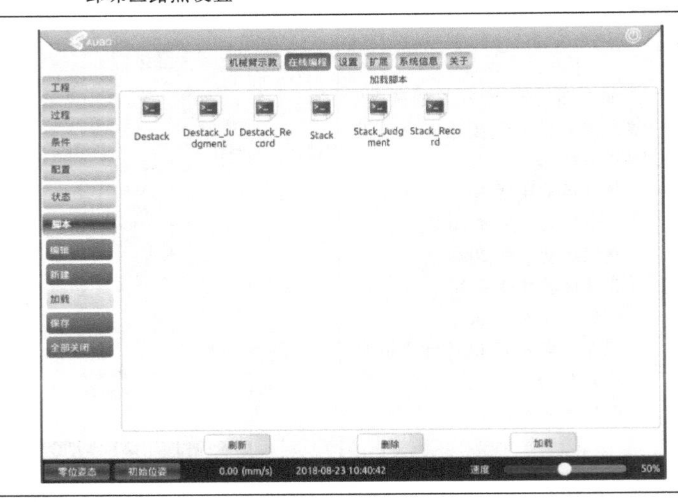
</td></tr>
<tr><td colspan="3">卸垛和码垛的在线编程</td></tr>
<tr><td>24</td><td>如右图所示，单击“在线编程”，创建一个新的工程，并加入一个“Loop”，单击“高级条件”，在“Loop”中添加六个“Script”（脚本文件）</td><td>
</td></tr>
<tr><td>25</td><td>如右图所示，单击第一个未定义的脚本，然后单击“脚本文件”</td><td>
</td></tr>
</table>

（续）

序号	操作步骤	图　示
卸垛区路点设置		
26	如右图所示，将六个未定义脚本分别添加。根据名称可知其中前三个脚本为卸垛部分，后三个脚本为码垛部分	
27	如右图所示，最后在卸垛脚本前添加一组路点（用于规定机械臂在卸垛时的准备点位置），在码垛前添加一组路点（用于设置码垛之前的过渡点和准备点），最后保存工程，开始运行	

思考与练习

8.1　码垛或者卸垛时，路点集合中的一个路点位置不合适，应怎样调节？

8.2　机器人码垛或卸垛时，如何定义码垛或卸垛的入点方向？

8.3　如何定义机器人手爪 I/O 信号量以及机器人在抓取或者释放时的停留时间？

第 9 章　工业机器人焊接应用

知识目标

✓ 了解工业机器人焊接应用特点
✓ 了解工业机器人焊接应用常见设备
✓ 了解工业机器人焊接路径分类

技能目标

✓ 学会机器人焊枪工具坐标系建立
✓ 掌握机器人焊接路径编程
✓ 熟练掌握模拟焊枪的控制流程

9.1　焊接应用简介

机器人焊接应用是从事焊接（包括切割与喷涂）的工作场景应用，如图 9-1 所示。根据国际标准化组织（ISO）工业机器人术语标准焊接机器人的定义，工业机器人是一种多用途、可重复编程的自动控制操作机（Manipulator），具有三个或更多可编程的轴，用于工业自动化领域。为了适应不同的用途，机器人最后一个轴的机械接口，通常是一个连接法兰，可安装不同工具或称为末端执行器。焊接机器人就是在工业机器人的末轴法兰装接焊钳或焊（割）枪，使之能进行焊接、切割或热喷涂。

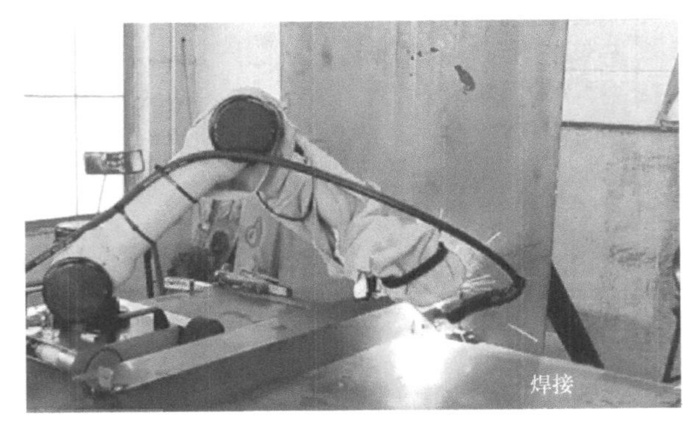

图 9-1　焊接工作站

随着电子技术、计算机技术、数控及机器人技术的发展，自动焊接机器人，至 20 世纪 60 年代开始用于生产，其技术已日益成熟，主要有以下优点：

1）稳定和提高焊接质量，能将焊接质量以数值的形式反映出来；

2）提高劳动生产率；

3）改善工人劳动强度，可在有害环境下工作；

4）降低了对工人操作技术的要求；

5）缩短了产品改型换代的准备周期，减少了相应的设备投资。

9.2　焊接应用基本组成单元

机器人焊接应用主要包括机器人和焊接设备两部分。机器人由机器人本体和控制柜（硬件及软件）组成。而焊接装备，以弧焊及点焊为例，则由焊接电源（包括其控制系统）、送丝机（弧焊）、焊枪（钳）等部分组成。对于智能机器人还应有传感系统，如激光、摄像传感器及其控制装置等。周边辅助设备还包括烟雾处理设备、吸尘设备等。图 9-2 所示为 ABB 机器人焊接功能包的组成。

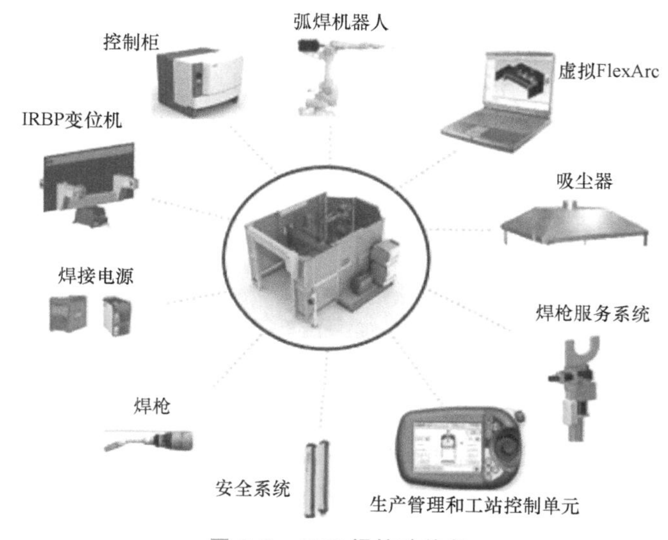

图 9-2　ABB 焊接功能包

下面将具体介绍焊接应用中必不可少的三大设备：焊枪、焊接电源和变位机。

9.2.1　焊枪

焊枪利用电焊机的高电流、高电压产生的热量聚集在其终端，将焊丝熔化，熔化的焊丝渗透到需焊接的部位，冷却后，被焊接的物体牢固地连接成一体。焊枪功率的大小取决于电焊机的功率和焊接材质。焊接机器人可分为两类：弧焊机器人与点焊机器人。故焊枪也有所区别，如图 9-3 和图 9-4 所示。

图 9-3　弧焊焊枪

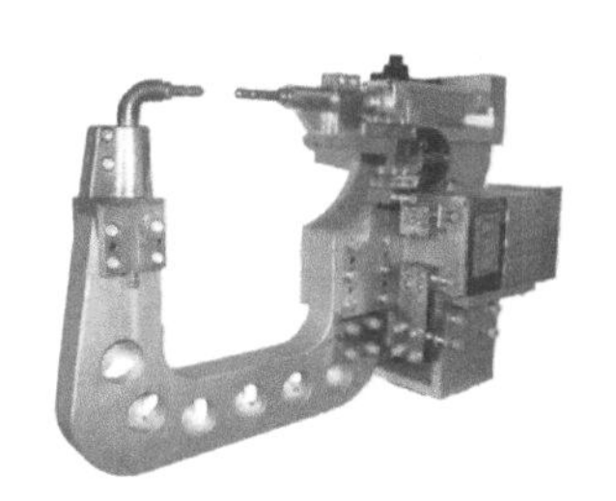

图 9-4　点焊焊枪

电弧焊，是指以电弧作为热源，利用空气放电的物理现象，将电能转换为焊接所需的热能和机械能，从而连接金属的焊接方法。主要方法有焊条电弧焊、自动埋弧焊、气体保护焊等，它是应用最广泛、最重要的熔焊方法，电弧焊焊件占焊接生产总量的60%以上。

点焊，是指焊接时利用柱状电极，在两块搭接工件接触面之间形成焊点的焊接方法。点焊时，先加压使工件紧密接触，随后接通电流，在电阻热的作用下工件接触处熔化，冷却后形成焊点。点焊主要用于厚度4mm以下的薄板构件冲压件焊接，特别适合汽车车身和车厢、飞机机身的焊接，但不能焊接有密封要求的容器。

9.2.2 焊接电源

焊接电源又称为电焊机，利用正负两极在瞬间短路时产生的高温电弧来熔化焊条焊料和被焊材料，使被接触物相结合。其结构十分简单，就是一个大功率的变压器，如图9-5所示。

图9-5 焊接电源

1. 焊接电源的分类

按输出电源种类，焊接电源一般可分为两种，一种是交流电源，一种是直流电源。

2. 电焊机的原理

焊接电源将220V/380V交流电变为低电压、大电流，可以转化为直流电压也可以转化为交流电压。电焊变压器有自身的特点，可以使电压在焊条引燃后急剧下降。除了一次线圈的220V/380V电压变换外，二次线圈也有抽头或者铁心来调节电压。可调铁心电焊机一般是一个大功率的变压器，利用电感原理做成的。电感量在接通和断开时会产生巨大的电压变化，利用正负两极在瞬间短路时产生的高压电弧来熔化电焊条上的焊料，而使其结合。在焊条和工件之间施加电压，通过划擦或接触的方式引燃电弧，用电弧的能量熔化焊条和加热母材。

9.2.3 变位机

变位机是改变焊件、焊机或焊工的空间位置来完成机械化、自动化焊接的各种机械设备。一般情况下有伸臂式、座式和双座式这三种常见的样式。变位机一般应用于焊接行业中。

1. 伸臂式焊接变位机

这种设备的回转工作台安装在伸臂一端，伸臂一般相对于某倾斜轴呈角度回转，而此倾斜轴的位置多是固定的，但有的也可在小于100°的范围内上下倾斜，如图9-6所示。该类变位机变位范围大，作业适应性好，但整体稳定性差；其适用范围为1t以下中、小工件的翻转变位，在焊条电弧焊中应用较多；多为电动机驱动，承载能力在0.5t以下，适用于小型罕见的翻转变位；也有液压驱动的，承载能力大，适用于结构尺寸不大，但自重较大的焊件。

图9-6 伸臂式焊接变位机

2. 座式焊接变位机

其工作台有一个整体翻转的自由度，可以将工件翻转到理想的位置进行工作，另外工作台还有一个旋转的自由度。该类变位机已经系列化生产，主要用于一些管盘的工作，如图9-7所示。工作台边同回转机构支承在两边的倾斜轴上，工作台以焊接速度回转，倾斜边通过扇形齿轮或液压缸，多在 140°的范围内恒速倾斜。该类变位机稳定性好，一般不用固定在地基上，搬移方便。

3. 双座式焊接变位机

它是集翻转和回转功能于一身的变位机械。翻转和回转分别由两根轴驱动，夹持工件的工作台除能绕自身轴线回转，还能绕另一根轴倾斜或翻转，它可以将焊件上各种位置的焊缝调整到水平的或“船型”的易焊位置施焊，适用于框架型、箱型、盘型和其他非长型工件的焊接，如图 9-8 所示。

图 9-7 座式焊接变位机

图 9-8 双座式焊接变位机

9.3 工业机器人焊接应用实训

9.3.1 焊接功能模块介绍

1）机器人集成平台具有焊接轨迹模拟练习模块，如图 9-9 所示。轨迹模块可以练习协作机器人的基本运动方式，对协作机器人的操作和使用有着一定的指导作用。轨迹示教模组展示了协作机器人功能为：

① 作业平面：水平面、垂直面、任意倾斜面；

② 运动轨迹：直线运动、圆运动、圆弧运动、3D 曲线运动等；

③ 运动方式：坐标平移、坐标旋转；

④ TCP 标定。

2）模拟焊枪模块是根据真实焊枪外观设计的，可更贴近真实焊接调试应用场景，有利于更合理地规划路径和程序。模拟焊枪如图 9-10 所示。

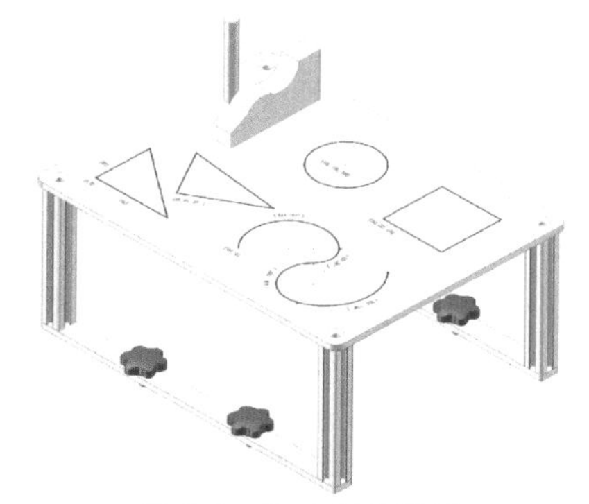

图 9-9 轨迹标定模组

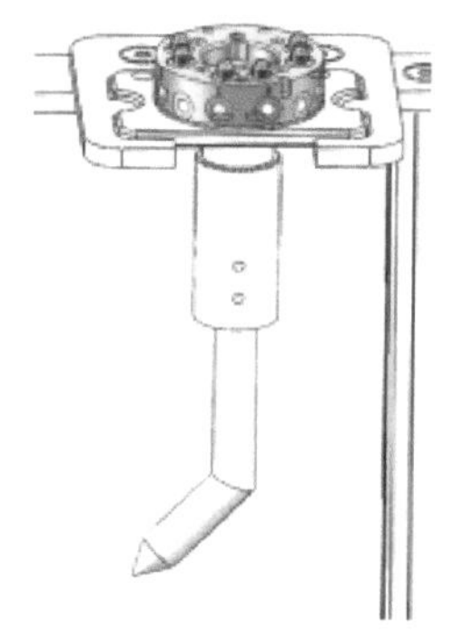

图 9-10 模拟焊枪

9.3.2 焊接模拟功能操作演示

1）将装有模拟焊枪的快换工具安装在 AUBO-i5 机器人末端。在电气实训台上进行电气连接，见表 9-1。

2）手动控制机器人 I/O 信号，将“U_DO00”置为“High”并将“U_DO01”置为“Low”，此时快换钢珠收回，将焊枪快换末端安装在机器人上。将“U_DO00”置为“Low”并将“U_DO01”置为“High”，此时快换钢珠弹出卡住快换，完成焊枪安装。

表 9-1 焊接模拟电控连接方法

序号	连接线颜色	A 端连接		B 端连接	
		功能模块	端口	功能模块	端口
1	红色	机器人 1 输出	24V	外设信号	电磁阀 1 红色端口
2	黑色	机器人 1 输出	DO00	外设信号	电磁阀 1 黑色端口
3	红色	机器人 1 输出	24V	外设信号	电磁阀 2 红色端口
4	黑色	机器人 1 输出	DO00	外设信号	电磁阀 2 黑色端口

3）加载“guijishijiao”程序文件。

4）自动运行机器人程序，机器人将按照示教轨迹进行运动。

5）程序分析见表 9-2。

表 9-2 焊接模拟程序分析

轨迹板部分	程序	Move 参数说明	图　示
TCP 标定点	Move Waypoint01 Waypoint02	关节 最大速度:50% 最大加速度:50%	
圆	Move Waypoint03 Waypoint04 Waypoint05	轨迹:cir(圆) 最大速度:5% 最大加速度:5%	(125, 155, *R*66)
正方形	Move Waypoint06 Waypoint07 Waypoint08 Waypoint09 Waypoint10	直线 最大速度:20% 最大加速度:30%	(200, 122, *L*66)

（续）

轨迹板部分	程序	Move 参数说明	图示
三角形 1	Move Waypoint11 Waypoint12 Waypoint13 Waypoint14	直线 最大速度:20% 最大加速度:30%	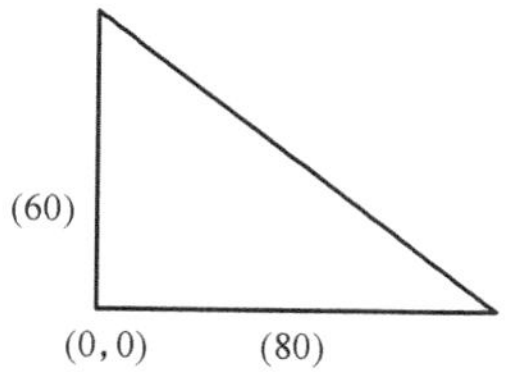 (60) (0,0) (80)
三角形 2	Move Waypoint15 Waypoint16 Waypoint17 Waypoint18 Waypoint19	直线 最大速度:20% 最大加速度:30%	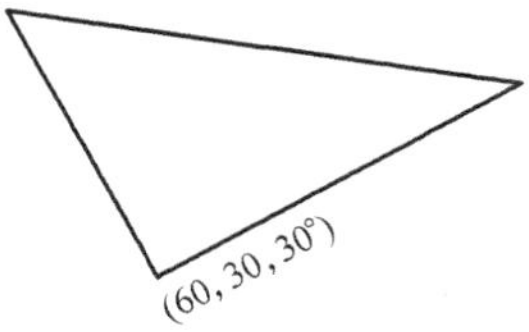 (60,30,30°)
圆弧 1	Move Waypoint20 Waypoint21 Waypoint22	轨迹:arc(圆弧) 最大速度:5% 最大加速度:5%	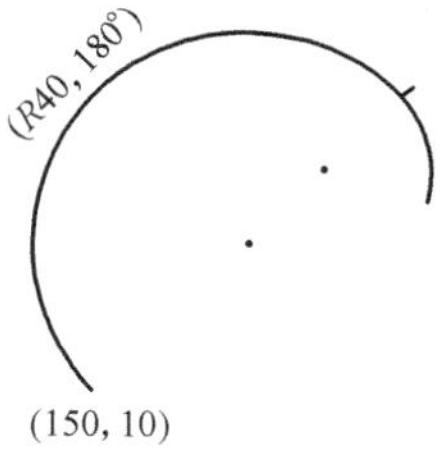 (R40,180°) (150,10)
圆弧 2	Move Waypoint23 Waypoint24 Waypoint25	轨迹:arc(圆弧) 最大速度:5% 最大加速度:5%	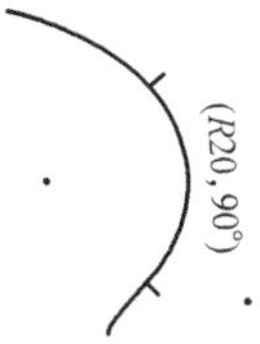 (R20,90°)
圆弧 3	Move Waypoint26 Waypoint27 Waypoint28	轨迹:arc(圆弧) 最大速度:5% 最大加速度:5%	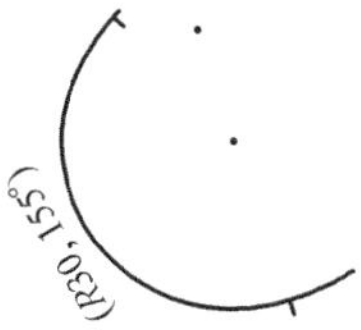 (R30,155°)
圆弧 4	Move Waypoint29 Waypoint30 Waypoint31	轨迹:arc(圆弧) 最大速度:5% 最大加速度:5%	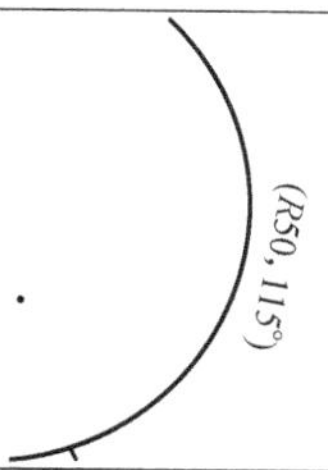 (R50,115°)
侧面直线斜坡 1	Move Waypoint32 Waypoint33 Waypoint34 Waypoint35	直线 最大速度:20% 最大加速度:30%	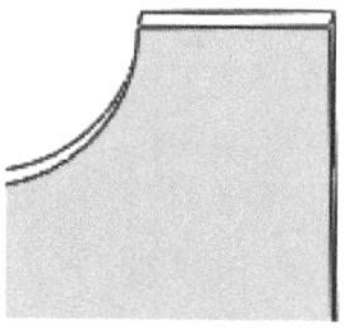

（续）

轨迹板部分	程序	Move 参数说明	图 示
侧面曲面斜坡 1	Move Waypoint36 Waypoint37 Waypoint38	轨迹：arc（圆弧） 最大速度：5% 最大加速度：5%	
侧面曲面斜坡 2	Move Waypoint39 Waypoint40 Waypoint41	轨迹：arc（圆弧） 最大速度：5% 最大加速度：5%	
侧面直线斜坡 2	Move Waypoint42 Waypoint43	直线 最大速度：20% 最大加速度：30%	

思考与练习

9.1 焊接工作站基本构成都有哪些设备？

9.2 焊接变位机分为哪几类？

9.3 机器人焊接路径分为几种？

9.4 练习机器人编程进行焊接实训。

第10章　工业机器人视觉应用

知识目标

✓ 了解视觉系统分类
✓ 了解视觉系统特点
✓ 了解视觉系统标定方法
✓ 了解机器人与视觉相机集成应用

技能目标

✓ 能够对相机进行标定和通信设置
✓ 能够设置相机图像采集流程
✓ 掌握视觉相机小球颜色识别流程设计
✓ 掌握 SCARA 机器人小球分拣实训调试

10.1　视觉应用简介

在很多工业自动化生产线上，来料的工件顺序不固定。当工件在生产线上运动到机械臂工作范围时，要求机械臂能准确抓取工件，此时机械臂需配合视觉系统完成抓取。而机械臂的运动过程基于自身各种坐标系，如基坐标系、工具坐标系等。一般相机在拍摄图片完成后输出“像素”坐标，此坐标传输给机械臂，机械臂无法直接使用。因此，视觉系统输出的坐标值必须与机械臂坐标系统统一，统一坐标系的过程称为“标定”。标定完成后，机械臂可直接使用相机输出的坐标。

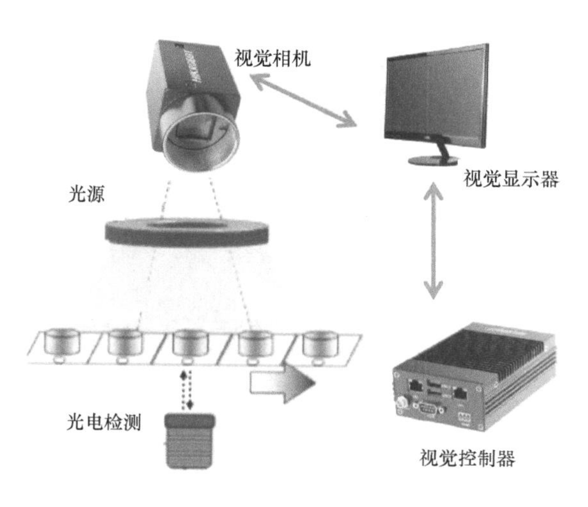

图 10-1　海康机器视觉系统

视觉系统一般分为嵌入式一体智能相机和 PC-Based 视觉系统两种。本章实训中，主要介绍海康的机器视觉系统，如图 10-1 所示，属于第二种形式。

按视觉系统提供的信息来分，视觉系统又可分为 2D 视觉系统和 3D 视觉系统。2D 视觉系统仅能提供平面信息，如工件的 X、Y 轴信息。3D 视觉系统还可给出工件的高度信息以及姿态信息。

视觉系统由图像获取系统、图像处理与

分析系统组成。图像获取系统由光源、镜头、工业相机、图像采集卡、机械固定结构组成，图像处理与分析系统由工控机、图像处理分析软件和图形交互界面组成。

10.2 工业机器人视觉原理

10.2.1 通信设置

本节视觉系统与机械臂采用以太网通信，需设置机械臂、视觉系统在同一网段内，即其 IP（Internet Protocol）地址第三组数字相同。例如，可以这样设置：

1）机器人 IP 地址设置为“192.168.0.10”，子网掩码设置为“255.255.255.0”，网关设置为“192.168.0.1”；

2）视觉控制器电脑 IP 地址设置为“192.168.0.20”，子网掩码、网关与机器人设置相同；

3）相机 IP 地址设置为“127.0.0.1”，子网掩码、网关与机器人设置相同。

1. 机器人 IP 地址设置

机器人 IP 地址设置具体操作步骤为：

1）依次单击“设置”→“系统”→“网络”；

2）选择网卡信息，例“earth0”，输入如图 10-2 所示信息；

3）输入完成后单击“保存”按钮；

4）重启示教器后设置生效。

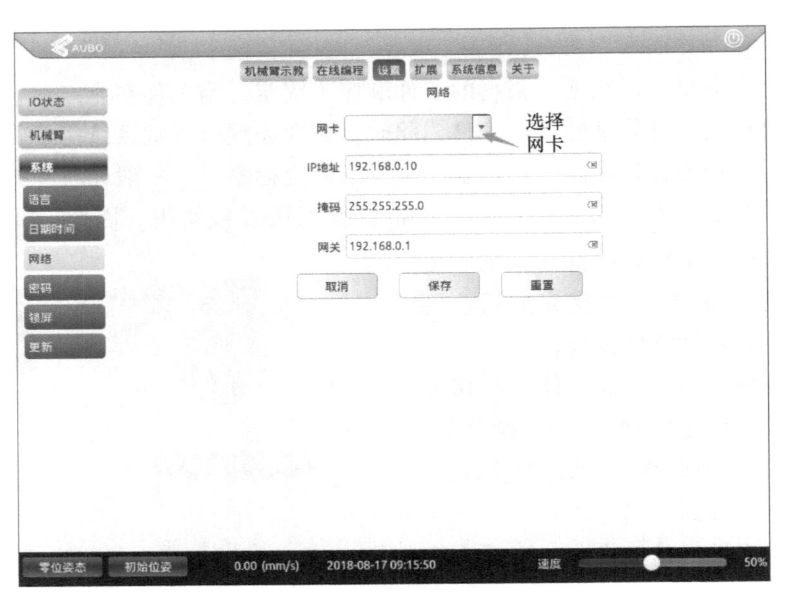

图 10-2 设置机器人网络

2. 视觉控制器电脑 IP 地址设置

视觉控制器电脑 IP 地址设置步骤为：

1）单击电脑的“控制面板”；

2）单击“网络和控制中心”；

3）单击“更改适配器配置”；

4）选择以太网右键→“属性”；

5）选择“TCP/IPv4”，如图 10-3a 所示；

6）设置如图 10-3b 所示的网络信息；

7）单击“OK”，设置完成。

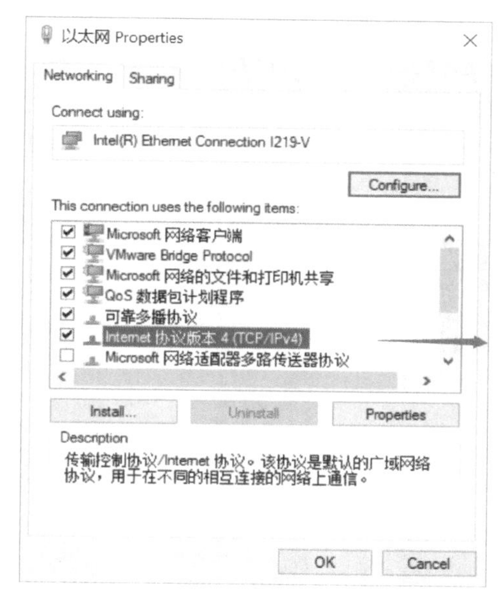

a) 以太网局性界面

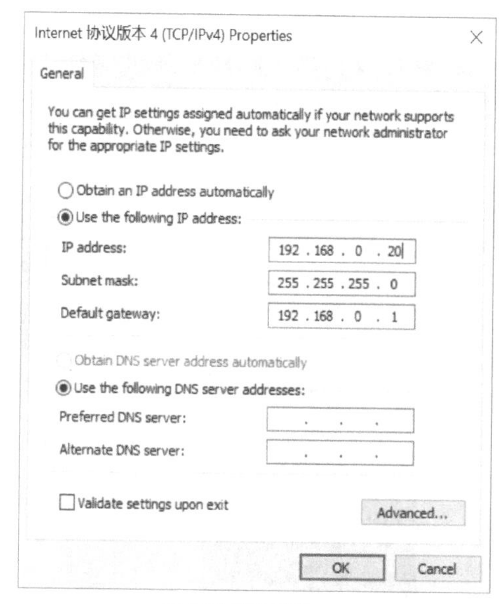

b) 网络信息设置

图 10-3　设置机器人网络

3. 相机通信设置

（1）TCP 通信设置　TCP 通信是一种面向连接的、可靠的、基于字节流的传输层通信，当发送数据或接收数据选择通信设备时，可以配置 TCP 通信。

在相机软件中打开通信管理，添加 TCP 服务端或者客户端，设置 IP 地址和端口，如图 10-4 所示。

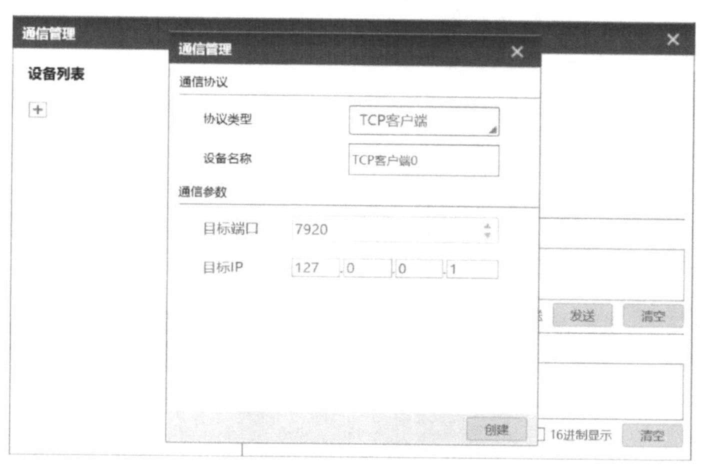

图 10-4　相机通信设置

（2）接收数据　接收数据主要用于不同流程之间的数据传输，该模块可借助不同媒介进行数据传输。其参数设置的具体步骤如下。

1）输入配置。选择输入数据来源进行输入配置，数据源可选择从全局变量配置，如图 10-5a 所示，数据队列配置，如图 10-5b 所示，或通信设备配置如图 10-5c 所示，以接收数据。接收数据源为全局变量或数据队列时，最多可配置 16 个输入，需要提前在全局变量和数据队列里配置。通信管理中可配置 TCP 客户端、TCP 服务端、UDP 和串口。当接收数据为通信设备时，仅可配置为 1 个输入。

2）获取行数。每个队列最多可以有 256 行，选择接收数据的行数。

3）输入数据。如图 10-6 所示，设置变量名称用来存储接收的数据，变量 var0 接收的数据来源是 0 数据队列的 queue0。如图 10-7 所示，示例方案为从全局变量中接收数据并格式化显示。

a) 全局变量配置

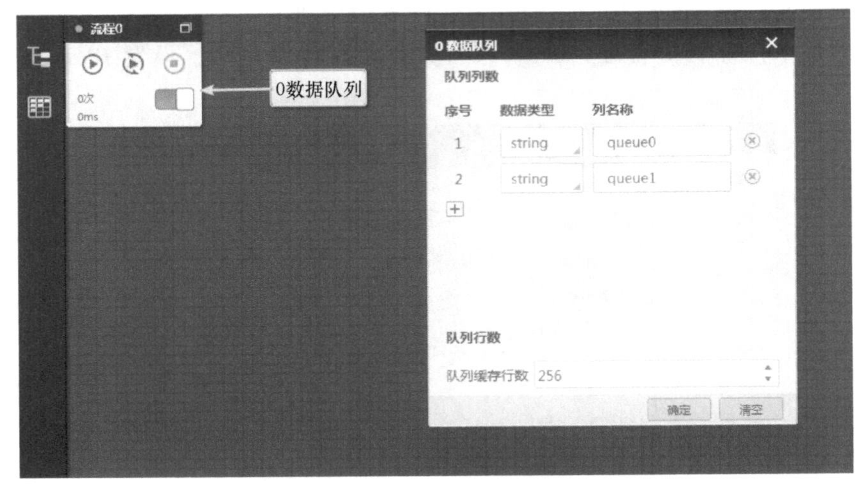

b) 数据队列配置

图 10-5　接收数据配置

c) 通信设置配置

图 10-5　接收数据配置（续）

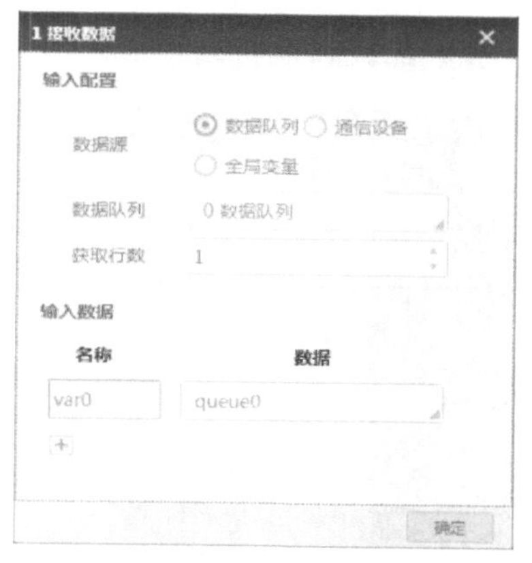

图 10-6　变量 var0 接收的数据来源

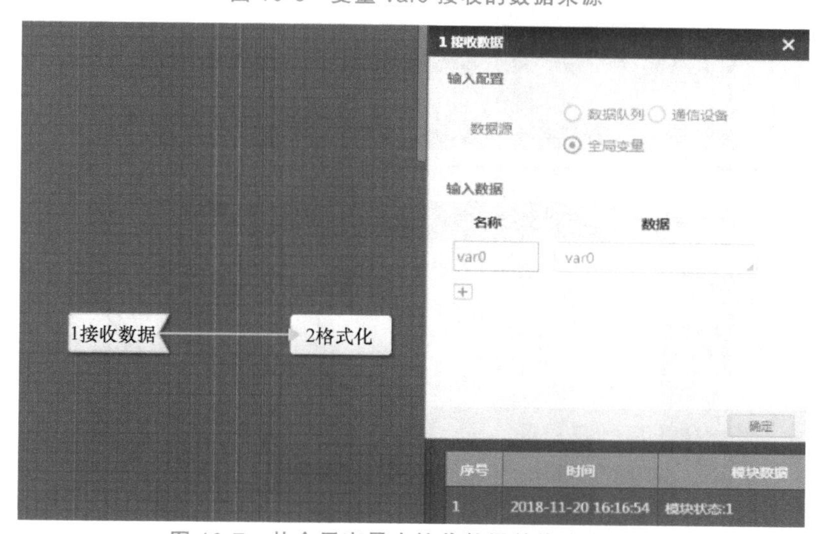

图 10-7　从全局变量中接收数据并格式化显示

(3) 发送数据

1) 输出配置。如图 10-8 所示，可将流程中的数据发送到数据队列、通信设备或全局变量中。当配置输出至数据队列或全局变量时，最多可配置 16 个输出。当配置输出至通信设备时，仅能配置 1 个输出。

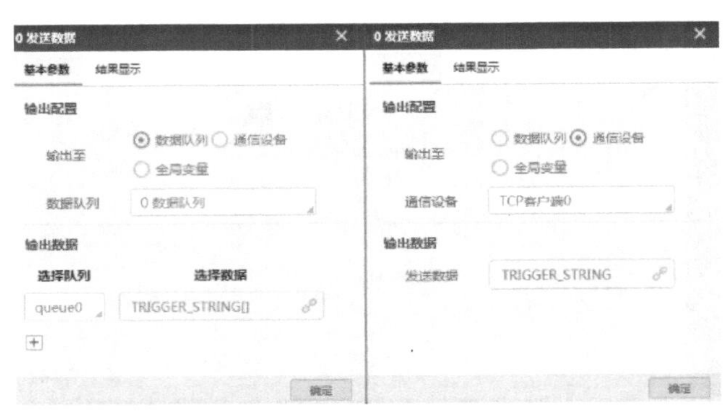

图 10-8　数据发送配置

2) 发送数据。选择需要发送的数据进行数据发送。示例中将圆查找得到的半径通过发送数据模块发送至全局变量中，参数配置和运行结果如图 10-9 所示。

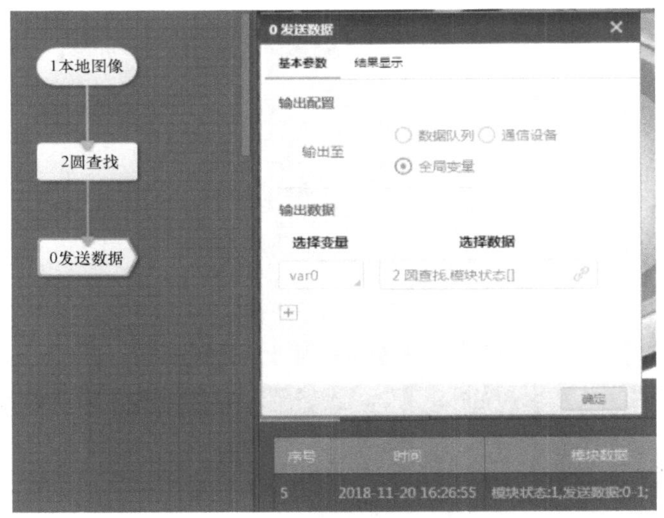

a) 参数配置

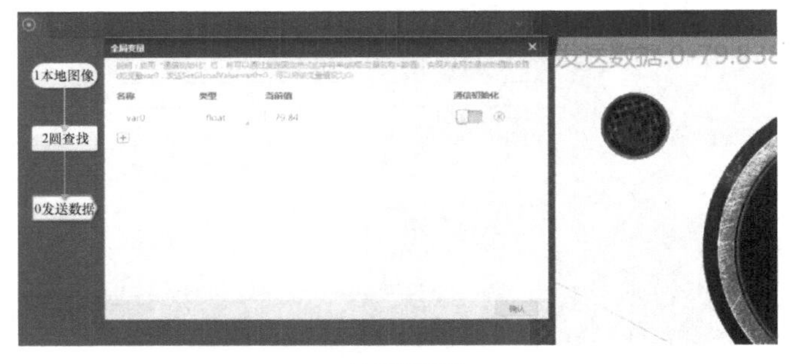

b) 运行结果

图 10-9　参数设置和运行结果

3）发送数据模块通过 TCP 通信方式与外部设备进行数据传输，参数配置选定如图 10-10 所示。

10.2.2　相机的标定

标定主要用于确定相机坐标系和机械臂世界坐标系之间的转换关系。通过相机像素坐标和物理坐标的关系设定，实现相机坐标系和执行机构物理坐标系之间的转换，并生成标定文件的过程称为相机标定。图 10-11 所示为相机标定前机器人的位姿。相机标定常见方法分为 N 点标定和标定板标定两种。

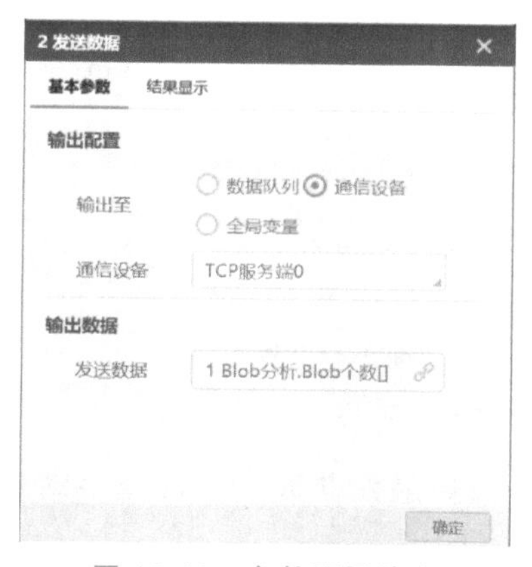

图 10-10　参数配置选定

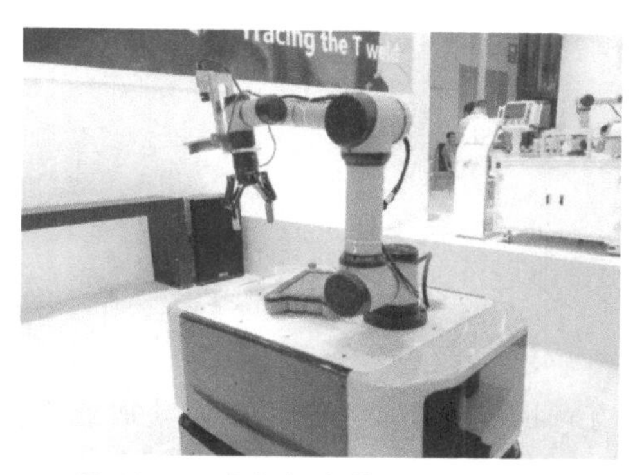

图 10-11　相机标定前机器人的位姿

1. 相机的 N 点标定

在实际的使用过程中，主要有上相机抓取（图 10-12a），和下相机对位（图 10-12b）两种标定方式。

相机标定的建议方案如图 10-13 所示。其中“分支模块”的作用主要是判断特征匹配是否匹配成功，匹配成功进入“N 点标定”，否则格式化一个特定字符，最终将字符发送出去反馈该次匹配结果。

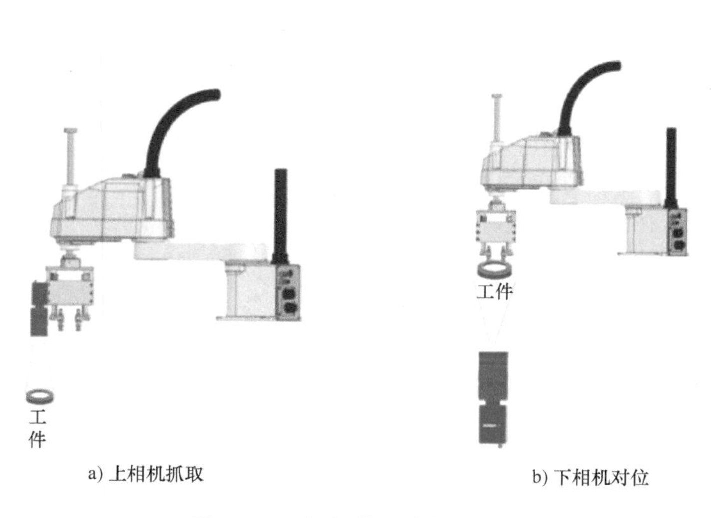

图 10-12　相机的两种标定方式

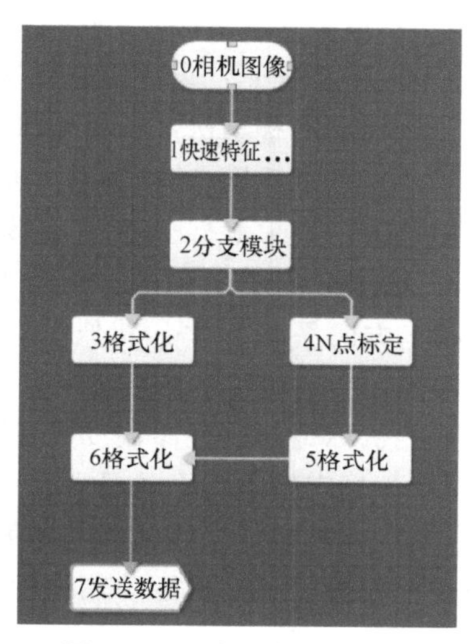

图 10-13　建议方案流程图

以“下相机对位”为例，N 点标定是通过机械臂带动相机按照参数设定的方向移动，每次移动都会触发相机进行取图。此时方案中的标定模块同步进行标定，最终生成标定文件。

相机标定的基本参数设置如图 10-14a 所示，图 10-14b 为标定设置步骤示意图。

a) 基本参数设置

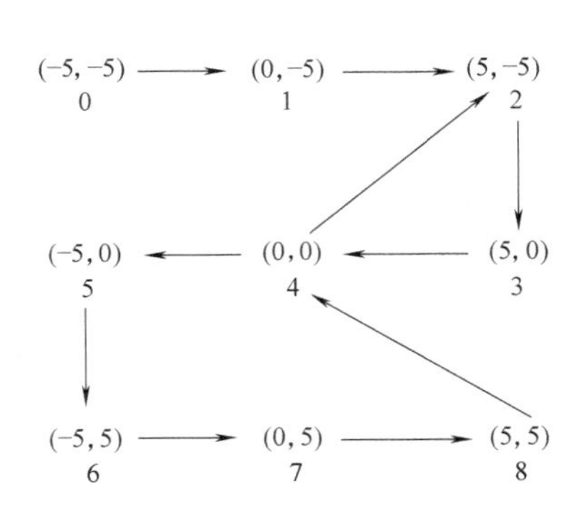

b) 标定设置步骤

图 10-14　标定基本参数设置和标定设置步骤

1）标定点获取：选择触发获取或手动输入，通常选择触发获取。当选择手动输入时，支持“N 点标定”模块单独运行。

2）标定点输入：选择按点或按坐标输入。

3）图像点：N 点标定的标定点，通常直接链接特征匹配里面的特征点。

4）平移次数：平移获取标定点的次数，只针对 X/Y 方向的平移，一般设置为 9 点。

5）旋转次数：旋转轴与图像中心不共轴时需设置旋转次数，一般设置为 3 次，且旋转在第 5 个点的位置进行。

6）标定原点：一般设置为 4，从 0 开始计数，即为最中间的那个点。

7）基准点 X、基准点 Y：标定原点的物理坐标，通常设置成（0，0）。

8）偏移 X、偏移 Y：机械臂每次运动向 X 或 Y 方向的物理偏移量，偏移量可正可负。

9）移动优先：设置机械臂每次运行优先偏移的方向。

10）换向移动次数：机械臂转换方向次数。

11）基准角度/角度偏移：旋转的初始角度和每次旋转的角度。如果旋转 3 次，旋转角度从 −10° 到 0°，再到 10°，则基准角度为 −10°，角度偏移为 10°。图 10-14b 中 X 或 Y 方向平移 9 次，其他方向旋转 3 次，偏移量为 5，X 轴优先，换向移动次数为 3。

相机标定的运行参数设置如图 10-15 所示。

1）标定原点：默认是 4，可根据需求自己设置。

2）相机模式：相机模式有相机静止上相机位、相机静止下相机位、相机运动三种标定方式。相机静止上相机位为相机固定不动，且在拍摄工件上方。相机静止下相机

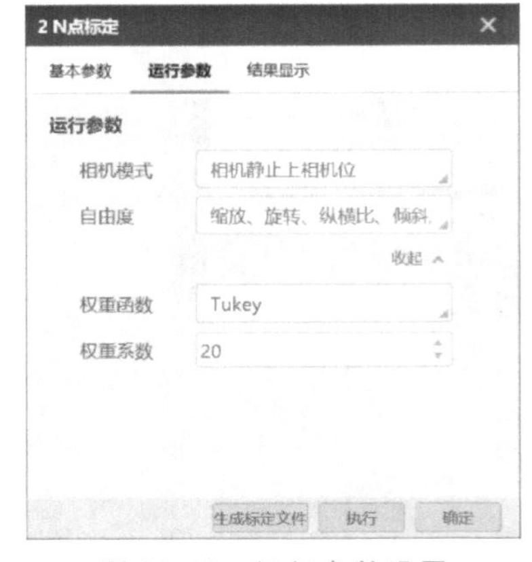

图 10-15　运行参数设置

位为相机固定不动，且在拍摄工件下方。相机运动为相机随机械臂运动。

3）自由度：可根据具体需求选择，有“缩放、旋转、纵横比、倾斜、平移及透射”，“缩放、旋转、纵横比、倾斜和平移”，“缩放、旋转及平移”这 3 种，三个参数分别对应“透视变换”、“仿射变换”和“相似性变换”。

4）权重函数：可选最小二乘法、Huber、Tukey 和 Ransac 算法函数。建议使用默认参数设置。

5）权重系数：选择 Tukey 或 Huber 权重函数时的参数设置项，权重系数为对应方法的削波因子，建议使用默认值。

6）距离阈值：选择 Ransac 权重函数时的参数设置项，表示剔除错误点的距离阈值。值越小，点集选取越严格。当点集精度不高时，可适当增加此阈值。建议使用默认值。

7）采样率：选择 Ransac 权重函数时的参数设置项，当点集精度不高时可适当降低采样率。建议使用默认值。

2. 相机的标定板标定

标定板标定分为棋盘格和圆两种标定板。

以棋盘格标定为例讲解：输入棋盘格灰度图及棋盘格的规格尺寸参数，一般我们会使用黑白块相间的标准板进行标定，黑白块边长为 1cm。软件将计算出图像坐标系与棋盘格物理坐标系之间的映射矩阵、标定误差、标定状态，单击生成标定文件即可完成标定。此工具会生成一个标定文件，以供标定转换使用。生成标定文件按钮可以选择生成的标定文件保存路径，如图 10-16 所示。相机标定板标定的运行参数设置如图 10-17 所示。

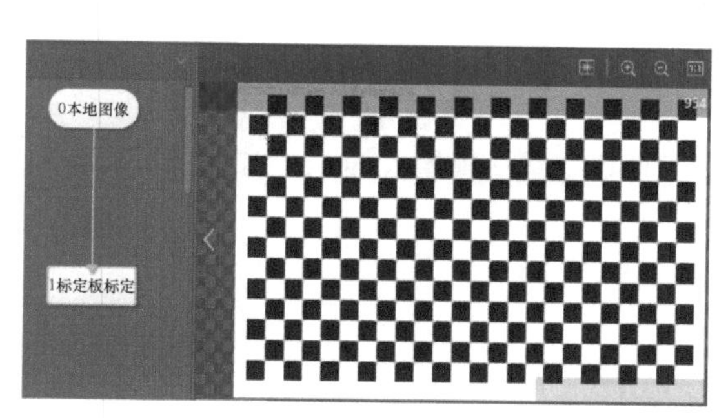

图 10-16 标定板标定

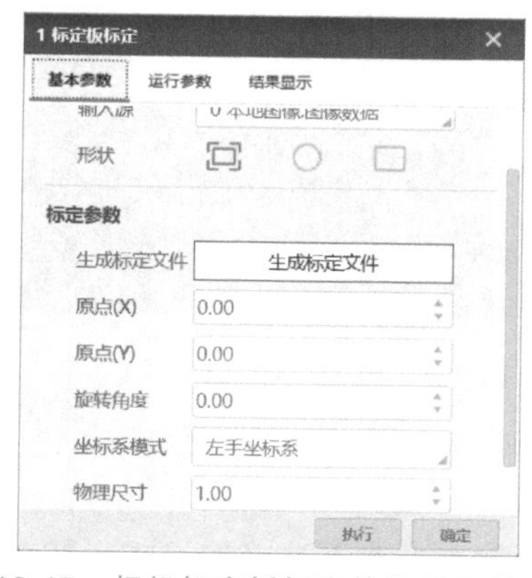

图 10-17 相机标定板标定的运行参数设置

1）生成标定文件：选择生成的标定文件存放路径。

2）原点（X）、原点（Y）：该原点为物理坐标的原点，可以设置原点的坐标，即图中 X 轴和 Y 轴原点的位置。

3）旋转角度：标定板的旋转角度。

4）坐标系模式：选择左手坐标系或右手坐标系。

5）物理尺寸：棋盘格每个黑白格的边长或圆板两个相邻圆心的圆心距，单位是 mm。

6）标定板类型：标定板分为棋盘格标定板和圆标定板。

7）自由度：分为“缩放、旋转、纵横比、倾斜、平移及透射”，“缩放、旋转、纵横比、倾斜和平移”，“缩放、旋转及平移” 3 种，3 种参数设置分别对应 “透视变换”、“仿射变换” 和 “相似性变换”。

8）灰度对比度：棋盘格图像相邻黑白格子之间的对比度最小值，建议使用默认值。

9）中值滤波状态：提取角点之前是否执行中值滤波，有 “执行滤波” 与 “无滤波” 两种模式，建议使用默认值。

10）亚像素窗口：该参数表示是否自适应计算角点亚像素精度的窗口尺寸，当棋盘格每个方格占的像素较多时，可适当增加该值，建议使用默认值。

11）权重函数：可选最小二乘法、Huber、Tukey 算法函数。建议使用默认参数设置。

12）权重系数：选择 Tukey 或 Huber 权重函数时的参数设置项，权重系数为对应方法的削波因子，建议使用默认值。

3. 相机映射

如图 10-18 所示，相机映射模块通过两个相机的对应像素点对，标定出两个相机坐标系的转换关系，输出标定文件、标定状态和标定误差。

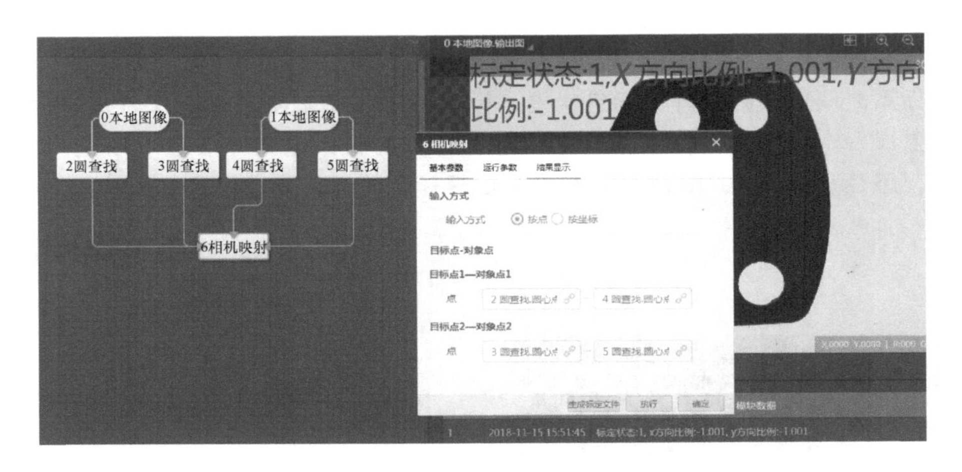

图 10-18　相机映射设置界面

1）输入方式：选择按点或者按坐标输入。

2）目标点-对象点：选择目标点和对象点，需要至少大于 1 对。

3）生成标定文件：输出标定文件。

4. 标定转换

完成标定后，可通过标定转换模块，实现相机坐标系和机械臂世界坐标系之间的转换。具体的操作步骤为：在标定转换中单击 “加载标定文件”，选择标定时保存的标定文件路径加载。其流程如图 10-19 所示。

通过特征匹配模板查找工件在相机坐标系中的位置，加载已保存的标定文件，单击 “运行” 即可完成操作。输出标定转换后工件就可以显示在机械臂世界坐标系的位置，如图 10-20 所示。

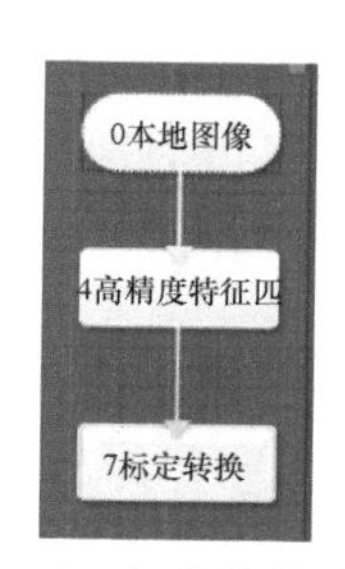

图 10-19　标定转换流程图

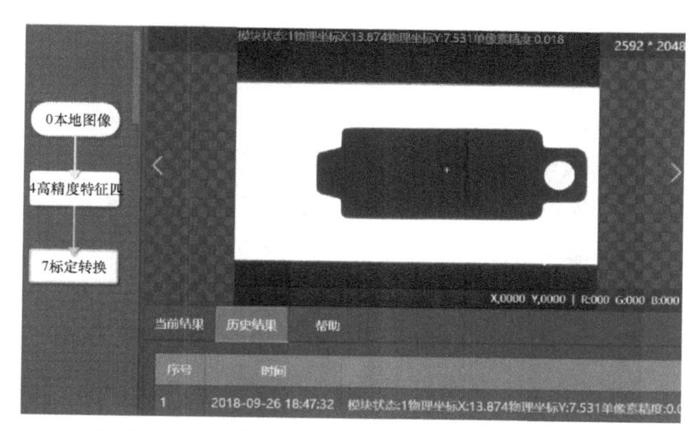

图 10-20　工件在机械臂世界坐标系的位置显示

通过外部通信，控制相机抓取图片，并利用特征模板等功能来实现被测工件图像像素坐标定位的功能。在标定转换模块中加载已生成的标定文件，把像素坐标转换为机械臂坐标输出，将机械臂坐标值通过格式化，外部通信发送给机械臂单元，完成控制机械臂的功能。视觉方案中使用标定文件完成机械臂操作的基本流程图，如图 10-21 所示。

图 10-21　机械臂操作的基本流程图

1）图像坐标点输入：选择按点或者按坐标的输入方式及图像点的来源。

2）标定文件：加载标定文件。

10.2.3　相机图像采集

1. 相机拍照模式设置

拖动“相机图像”模块到流程编辑区，在选择相机栏下拉菜单可看到当前在线的所有相机，选择想要连接的相机。依据方案需求，配置相应的相机参数，software 模式下单击“单次运行”可触发一次相机取图；单击“连续运行”即可连续预览图像，同时可根据需求进行参数调节，如图 10-22 所示。

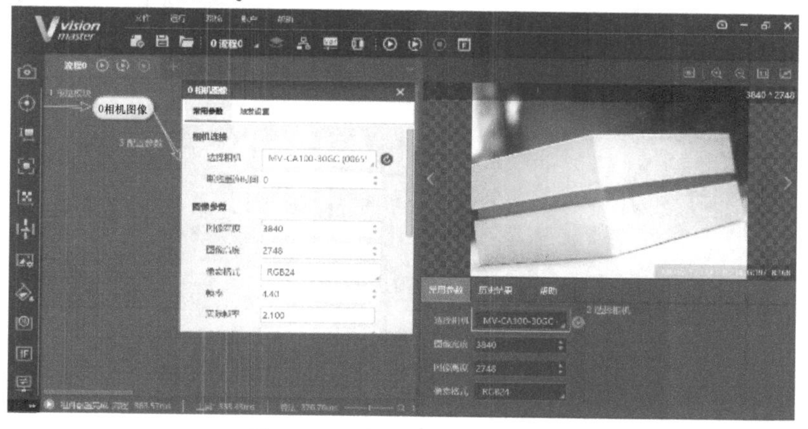

图 10-22　相机拍照参数调节

1）选择相机：可以选择当前局域网内在线的 GigE、线阵相机或者 U3V 相机进行连接，可兼容 Basler、灰点等第三方相机，最大图像数据为 130M。

2）图像宽度、图像高度：可以查看并设置当前被连接相机的图像宽度和高度。

3）帧率：可以设置当前被连接相机的帧率，帧率影响采图的快慢。

4）实际帧率：当前相机的实时采集帧率。

5）曝光时间：当前打开相机的曝光时间，曝光影响图像的亮度。

6）像素格式：像素格式有两种，分别是 Mono8 和 RGB 24。

7）断线重连时间：当相机因为网络等因素断开时，在该时间内，模块会进行重连。

8）增益：在不增加曝光值的情况下，通过增加增益来提高亮度。

9）Gamma：Gamma 校正提供了一种输出非线性的映射机制，Gamma 值为 0~1，图像暗处亮度提升；Gamma 值为 1~4 时，图像暗处亮度下降。

10）行频：当连接的相机是线阵相机时，可以设置相机的行频。

11）实际行频：实际运行过程中的行频。

12）触发源：可以根据需要选择触发源，其中软触发为 Vision Master 控制触发相机，也可接硬触发，需要配合外部硬件进行触发设置。

13）触发延迟：接收到触发信号后过触发延迟设置的时间程序产生响应。

14）字符触发过滤：开启后可通过外部通信控制功能模块是否运行。输入字符：选择输入字符的来源。触发字符：未设置字符时传输进来任意字符都可触发流程，设置字符后传输进来相应字符可触发流程，传输进来的字符与设置的字符不一致时流程不被触发。

注意：需在停止预览时设置相机的常用参数，并且建议在 mvs 客户端先调节好参数，再同步到 Vision Master 客户端。

2. 本地图像

拖动“本地图像”模块到流程编辑区，单击可加载图片文件夹、单击可删除图像，如图 10-23 所示。本地图最小宽度为 64mm，最小高度为 64mm，最大图像数据为 130M，最大图像分辨率为 8192 * 6144。

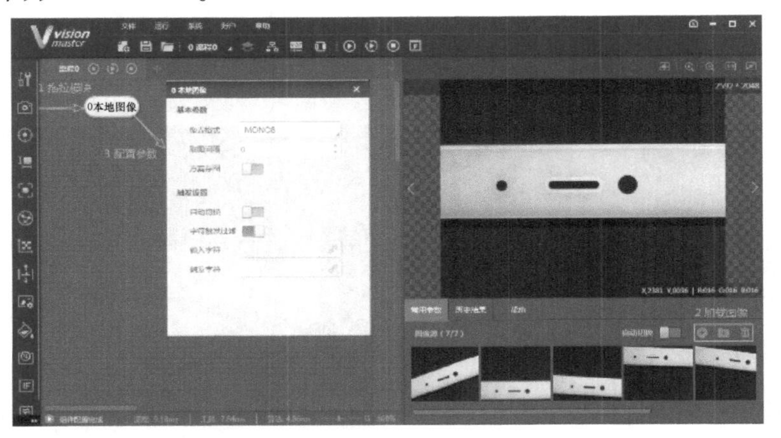

图 10-23　本地图像模块操作界面

双击本地图像可进行参数设置。需设置的参数主要有像素格式、取图间隔、方案存图和触发设置。

1）像素格式：可设置像素格式为 MONO8 或 RGB24。

2）取图间隔：可设置自动切换的取图间隔时长，单位为 ms。

3）方案存图：可设置保存方案时是否包括本地图片。

4）自动切换：每次运行会切换到下一张图像。

5）字符触发过滤：开启后可通过外部通信控制功能模块是否运行。“输入字符”为选择输入字符的来源。“触发字符”指未设置字符时传输进来任意字符都可触发流程，设置字符后传输进来相应字符可触发流程，传输进来的字符与设置的字符不一致时流程不被触发。

3. 存储图像

拖动“存储图像”模块到流程编辑区，双击后可配置相应的参数，配置完成后运行流程，可对相机图像、本地图像或者图像处理工具处理过的图像进行存储。具体的参数配置如图 10-24 所示。

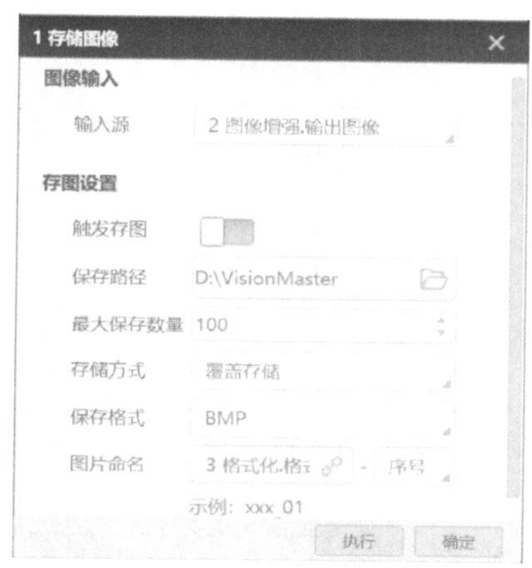

图 10-24　存储图像参数设置界面

1）输入源：选择存图的来源，可选择的主要方案有相机图像、本地图像或者处理后的图像。

2）触发存图：可设置触发变量，配合存图条件进行存图，存图条件有全部保存、OK 时保存、NG 时保存和不保存。

3）保存路径：可修改存储图像的路径。

4）最大保存数量：在设置的路径下最多能保存的图像数量。

5）存储方式：设置达到最大存储数量或所在磁盘空间不足时对图片处理的方式，可选择覆盖存储或停止存储两种方式。

6）保存格式：图片格式有 BMP 和 JPEG 两种。

7）图片命名：可自定义前缀或者订阅之前模块数据作为前缀，序号或者日期作为后缀，如“IMG-1”，触发存图时命名格式会随着模块状态发生变化，如“IMG-OK-1”。

10.3　工业机器人视觉定位抓取应用

以 AUBO-i5 机器人为例通过视觉系统进行定位抓取实训，如图 10-25 所示。

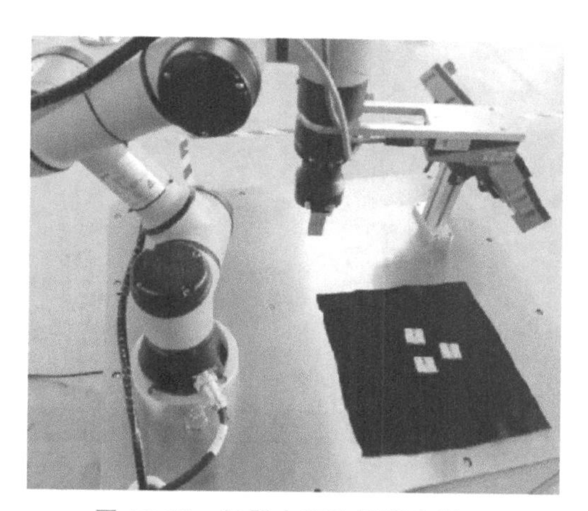

图 10-25　机器人定位抓取实训

1. 相机插件安装及参数设置

1）如图 10-26 所示，将插件压缩包“libCamera. so. tar. gz”放到“Home/AuboRobotWorkSpace/OUR-i5/bin/Plugin/Camera”目录并解压，解压完成后删除压缩文件，重启示教器后生效。

2）在示教器中依次单击“Extensions”→“Settings”→“Camera”，进入相机插件设置界面。

3）如图 10-27 所示，在界面下方“Type”选择“Json”，选择完成后单击“Settings”按钮，设置成功后出现提示对话框；左侧“Connect mode”选择“Http”，之后单击“Connect”按钮，连接成功后出现提示对话框。

4）如图 10-28 所示，单击相机插件设置界面上方“Config”选项卡，进入插件配置界面。双击左侧要绑定的数据“Y”，右侧会出现对应的匹配项，单击“Bind nam”的下拉菜单，选择要匹配的数据。一般匹配选项为“robotPositionX1”、“robotPositionY1”和“angle1”。

5）在“*ScriptName”后输入要保存脚本的名称，完成后单击右下角“Save”按钮，保存成功后会有对话框提示。至此在机器人中设置相机通信步骤完成。

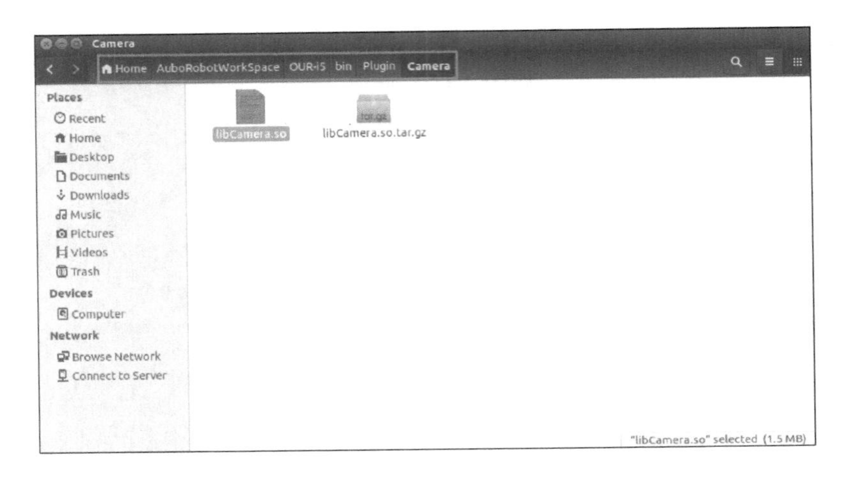

图 10-26　导入相机插件

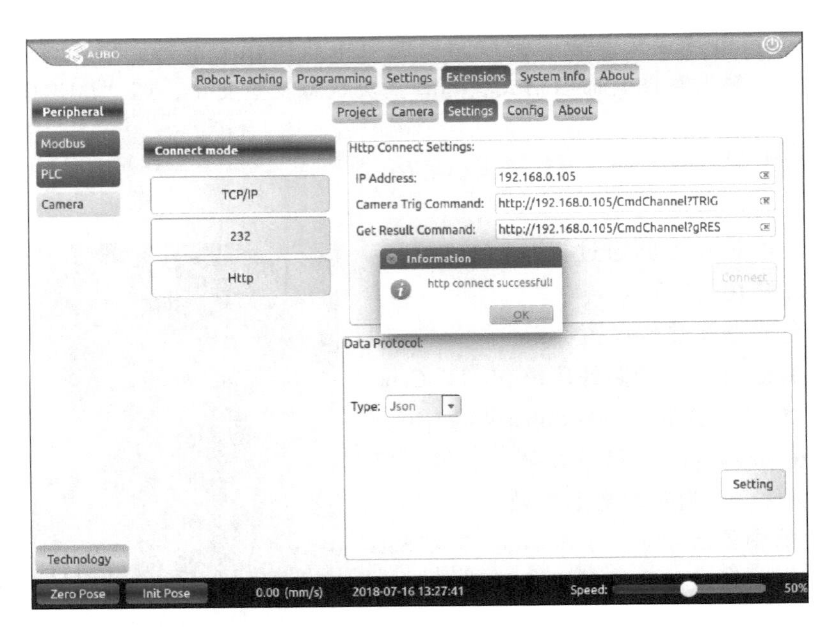

图 10-27　相机插件设置界面（一）

图 10-28　相机插件设置界面（二）

2. 程序调试

因 2D 相机无法提供工件高度、机器人姿态等信息，故需进一步调试方可达到需求，具体调试信息在脚本中进行。

（1）脚本调试　脚本调试步骤为：

1）依次单击“在线编程”→“脚本”，之后单击左下方的“刷新”按钮，出现名称为“cameraDemmo”的脚本文件。

2）单击脚本文件，单击右下角的“加载”按钮，成功后如图 10-29 所示。

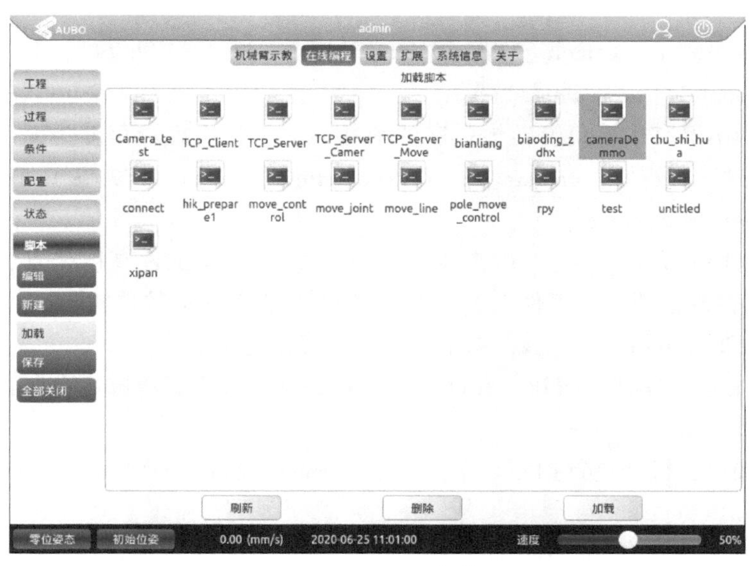

图 10-29　脚本加载

（2）在线编程调试

1）打开之前的“Camera”工程，将“Camera”脚本文件添加到工程中，添加完成后如

图 10-30 所示。

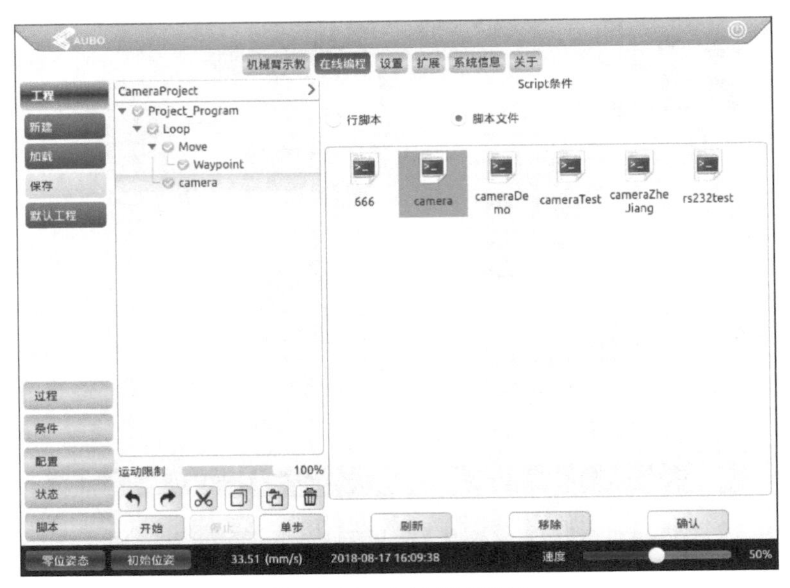

图 10-30 在线编程调试

2）运行工程，观察机械臂是否运动到工件上方，若不是，请检查之前的操作步骤是否有遗漏。

3）修改获得坐标单位：原脚本文件中 pose_x1_from_camera = script_common_interface (PluginType. CameraPlugin,"get_pose_x1_from_camera|") 直接获得相机的输出值 X，由于之前标定时从示教器读取的数值是以米为单位，故这里无需除以 1000.0。pose_y1_from_camera 做同样的处理。

4）修改 camera_rz：camera_rz = rpy2quaternion ({d2r(-179.99), d2r(0.0053), d2r(-89.99)+d2r(angle1_from_camera)})。

d2r 是 lua 脚本语言中将角度转为弧度的函数，由于相机旋转角度为弧度输出，故无需再次进行单位转换，故改为 camera_rz = rpy2quaternion ({d2r(-179.99), d2r(0.0053), d2r(-89.99) + angle1_from_camera})。

5）修改 local prepare_pose_z = 0.5。因 2D 相机无法提供工件高度信息，故手动给出机器人运动高度。将机械臂移至工件上方，此高度可通过读取示教器机器人位置的 Z 值来获得，之后手动修改 prepare_pose_ z，脚本文件至此修改完毕。

6）单击左侧的“保存”按钮，重新命名进行保存，如重新将脚本命名为“Camera”。

3. 视觉接口说明

1）调用此接口相机会进行拍照动作：script_common_interface(PluginType. CameraPlugin," camera_take_photo|")

2）调用此接口相机会返回拍照信息，相机插件会刷新数据：script_common_interface (PluginType. CameraPlugin,"camera_get_result|")

3）分别从相机中获得“X、Y、angle”的值，不做任何处理：①script_common_interface(PluginType. CameraPlugin,"get_pose_x1_from_camera|")，表示从相机中获得“X”的

值。②script_common_interface（PluginType. CameraPlugin,"get_pose_y1_from_camera|"），表示从相机中获得“Y”的值。③script_common_interface（PluginType. CameraPlugin,"get_angle1_from_camera|"），表示从相机中获得“angle”的值。

4）判断数据是否响应完成，数据响应完成则返回整型数1，否则返回整型数0：script_common_interface（PluginType. CameraPlugin,"data_response_finish|"）

4. 脚本程序分析

1）存储用户坐标系。程序为：

```
init_global_move_profile()
set_joint_maxacc({1.308997,1.308997,1.308997,1.570796,1.570796,1.570796})
set_joint_maxvelc({1.308997,1.308997,1.308997,1.570796,1.570796,1.570796})
set_end_maxvelc(2.5000000)
set_end_maxacc(2.500000)
```

2）相机拍照。程序为：

```
camera_user_waypoint1 = {-0.000003, -0.127267, -1.321122, 0.376934, -1.570796, -0.000008}
camera_user_waypoint2 = {-0.186826, -0.164422, -1.351967, 0.383250, -1.570795, -0.186831}
camera_user_waypoint3 = {-0.157896, 0.011212, -1.191991, 0.367593, -1.570795, -0.157901}
script_common_interface(PluginType.CameraPlugin, "camera_take_photo|")
```

3）相机获取拍照结果：

```
script_common_interface(PluginType.CameraPlugin, "camera_get_result|")
```

4）从插件中获得绑定的“x1”坐标，原数据单位为毫米：

```
pose_x1_from_camera = script_common_interface(PluginType.CameraPlugin,"get_pose_x1_from_camera|")
```

5）从插件中获得绑定的“y1”坐标，原数据单位为毫米：

```
pose_y1_from_camera = script_common_interface(PluginType.CameraPlugin,"get_pose_y1_from_camera|")
```

6）从插件中获得绑定的“angle1”值，原数据单位是弧度还是角度：

```
angle1_from_camera=script_common_interface(PluginType.CameraPlugin,"get_angle1_from_camera|")
```

7）根据示教器修改参数，其中“angle1_from_camera”单位为角度：

```
camera_rz=rpy2quaternion({d2r(-179.99), d2r(0.0053), d2r(-89.99) + angle1_from_camera})
```

8）设置机械臂运动准备点的高，单位为米，根据实际需要更改：

```
local prepare_pose_z=0.5
```

9）设置机械臂运动目标点的高，单位为米，根据实际需要更改：

```
local catch_pose_z=0.45
```

10）存储准备位置的3个点信息：

local prepare_pose_table = { }

11）存储目标位置的 3 个点信息：

local catch_pose_table = { }

12）存储从相机获得的“x1”点：

table. insert(prepare_pose_table, pose_x1_from_camera)

13）存储从相机获得的“y1”点：

table. insert(prepare_pose_table, pose_y1_from_camera)

14）存储手动给的准备点：

table. insert(prepare_pose_table, prepare_pose_z)

15）存储从相机获得的“x1”点：

table. insert(catch_pose_table, pose_x1_from_camera)

16）存储从相机获得的“y1”点：

table. insert(catch_pose_table, pose_y1_from_camera)

17）存储手动给的目标点：

table. insert(catch_pose_table, catch_pose_z)

18）关节运动到准备点，末端关节旋转单位为角度，使用 4. 2. 0 及以上版本：

move_joint(get_target_pose (prepare_pose_table, camera_rz, false, {0. 0, 0. 0, 0. 0}, {1. 0, 0. 0, 0. 0, 0. 0}), true)

19）根据需要修改和调用：

move_joint(get_target_pose(prepare_pose_table, camera_rz, false, {0. 0, 0. 0, 0. 0}, {1. 0, 0. 0, 0. 0, 0. 0}, CoordCalibrateMethod. zOzy, camera_user_waypoint1, camera_user_waypoint2, camera_user_waypoint3, {0. 0, 0. 0, 0. 0}), true)

20）用户 I/O：

set_robot_io_status(RobotIOType. RobotBoardUserDO, "U_DO_ 00", 0)

21）工具端 I/O：

set_robot_io_status(RobotIOType. RobotToolDO, "T_DI/O_00", 0)

10.4 工业机器人视觉分拣应用

以实训平台 SCARA 机器人为例通过视觉系统进行分拣小球实训。

1. 机器人通信模块设置

打开九宫格菜单界面的“应用”选项，选择“通讯模块”界面对 TCP/IP 进行通信参数设置，如图 10-31 所示。（注：书中一般用“通信”，但限于软件版本，软件界面为“通讯”，其含义与“通信”相同。）

单击“通路选择”输入框，输入“1”，切换到“通讯 1 通道”。进行如下设置：

服务器地址为：192. 168. 2. 55

端口：6000

超时时间：1200

通路名：camera

首字符：0

尾字符：0

相关参数说明如下：

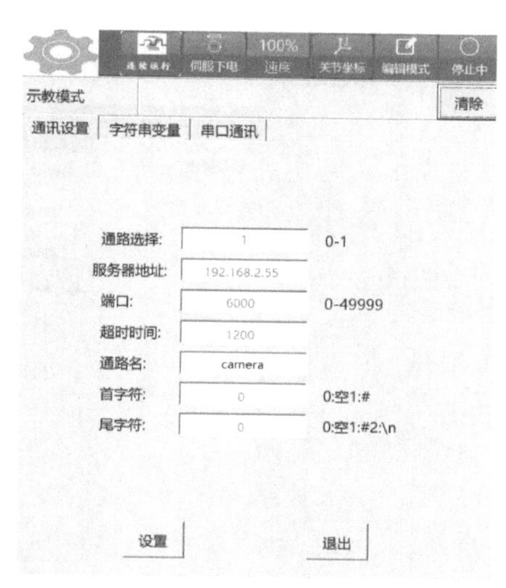

图 10-31　机器人通讯设置

1）通路选择：系统支持两路通信选择，该参数可以设置为0或者1。

2）服务器地址：即服务器端的IP地址，当机器人控制器作为客户端时，则需要填入服务器IP地址；当机器人控制器作为服务器端时，则可以不填该参数。本平台视觉相机作为服务器，故输入IP地址为视觉相机的IP地址。

3）端口：服务器端口又是本地端口号，前者是对于控制器作为客户端而言，后者是对于控制器作为服务器端而言。这里要求服务器和客户端的这个参数必须相同。输入的为视觉相机的端口号。

4）超时时间：Socket通信时非阻塞模式下的延迟时间，对于接收指令SOCKRECV，控制器会在这段时间内不停扫描设备端是否有数据发送过来，如果有则马上接收。如果超出这段时间仍然没有数据发送到控制器，则示教程序会自动执行SOCKRECV的下一条指令。

5）通路名：通路名是给Socket取的名字相当于控制器Socket的ID。

6）首字符：本机器人控制系统的TCP/IP功能能让用户自定义接收和发送协议。用户可以在接收或发送的有效数据前自定义首字符和尾字符，保证有效数据的安全性。首字符可以为空，也可以为#号，根据需要填入0或者1。

7）尾字符：同上，尾字符可以为空，可以为#号或者换行，或根据需要填入0、1或者2。

单击进入“字符串变量”选项卡，将“STR［01］”字符变量设置为“camera”（必须与“通讯设置”里的通路名称一致），如图10-32所示。

2. 视觉相机“通讯模块”设置

1）打开“Vision Master”，选择“新建方案”，单击“系统”→“通讯方案”进行“网络通信设置”，如图10-33所示。

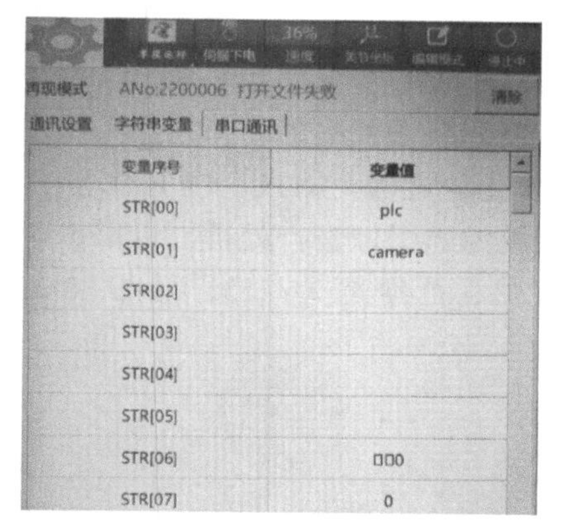

图 10-32　机器人字符串变量

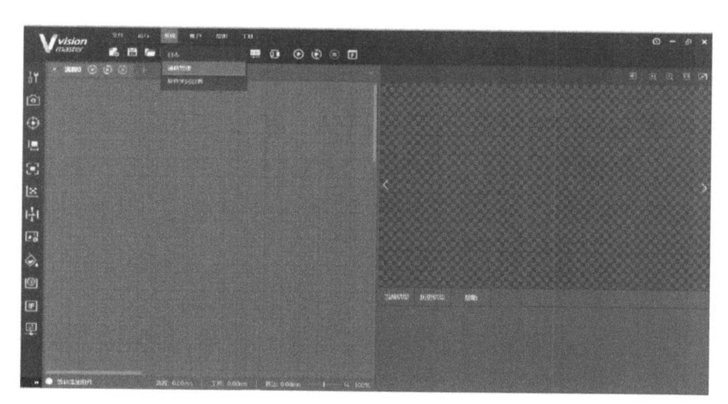
图 10-33　相机“网络通信设置”

2）单击“+”添加设备，选择协议类型为“TCP 服务端”，服务器端口号设置为“6000”，IP 地址设置为“192.168.2.55”，如图 10-34 所示。

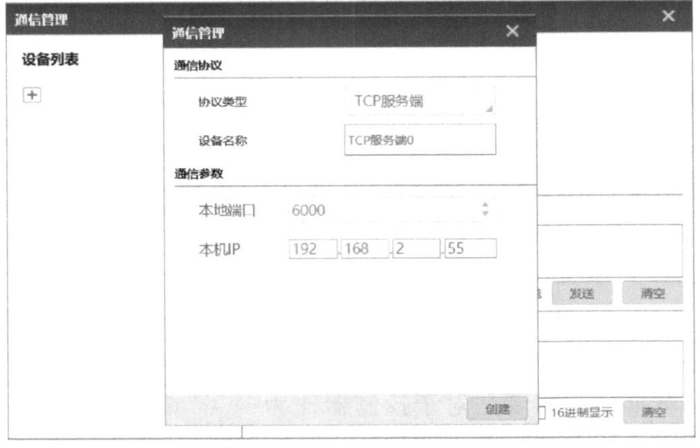

图 10-34　相机 IP 设置

3）单击“创建”完成设备创建，开启“触发方案”功能，并打开服务器开关，如图 10-35 所示。

图 10-35　打开相机通信服务

3. 打开视觉相机流程

加载相机分拣流程“ball”，如图 10-36 所示。

分拣流程最重要的模块就是颜色抽取模块，颜色抽取工具的颜色空间可以是 RGB、HSV 或 HSI，根据需要抽取的各通道亮度设置各通道范围参数，从彩色图像中抽取指定颜色范围的像素部分并输出 8 位二值图像，抽取实际上就是一个二值化的过程。输入一幅 RGB 格式图像，选择在 RGB 空间下三个通道的抽取范围，对处理区域内的图像进行处理，返回颜色抽取后的图像。三通道的参数代表彩色图像三通道的灰度值，范围是 0～255，如图 10-37 所示。

颜色空间：可设置 RGB、HSV 或 HSI。

通道上限和通道下限：可设置 3 个通道颜色抽取的范围。

4. 分拣颜色参数设定

1）如图 10-38 所示机器人主菜单界面，单击“变量”选项，进入变量设定界面。

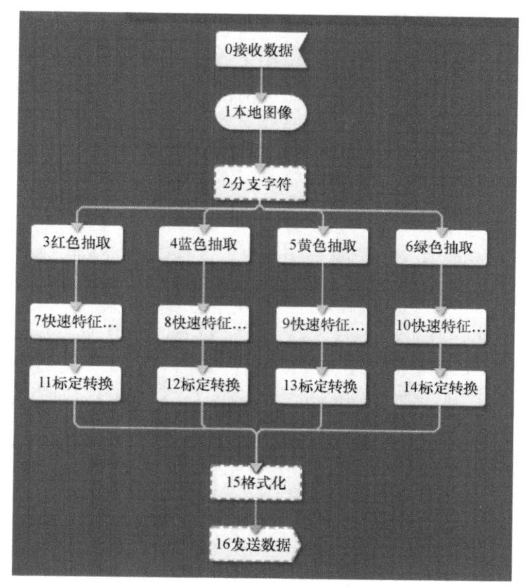

图 10-36　相机流程建立

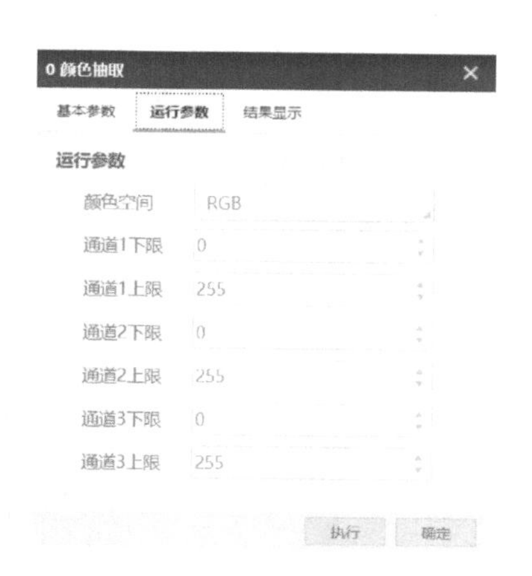

图 10-37　颜色抽取

图 10-38　机器人主菜单界面

2）单击“整数型”变量，对“I［03］”变量值进行设置，变量含义由视觉流程“分支字符”中的参数决定，1 代表红色，2 代表蓝色，3 代表黄色，4 代表绿色。参数设置界面如图 10-39 所示。

5. 机器人程序运行

1）钥匙开关旋转到“示教模式”，加载程序“ball”。

2）钥匙开关旋转到“自动模式”，按使能按键使机器人使能，按“程序启动”按钮，启动程序。

3）机器人将通过视觉引导，在小球平台对指定颜色小球进行自动挑选并摆放，如图 10-40 所示。

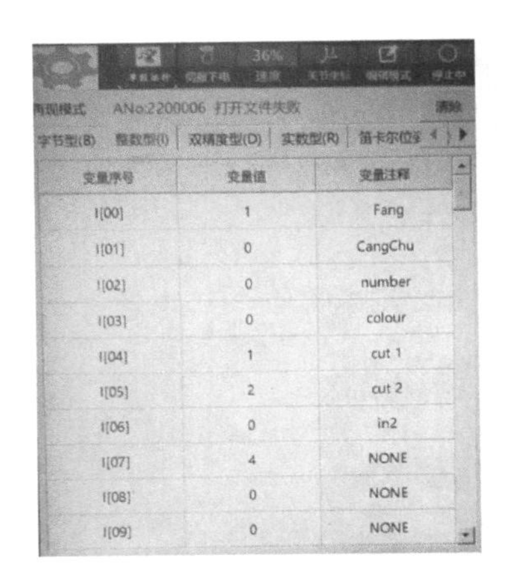

图 10-39　机器人参数设置界面

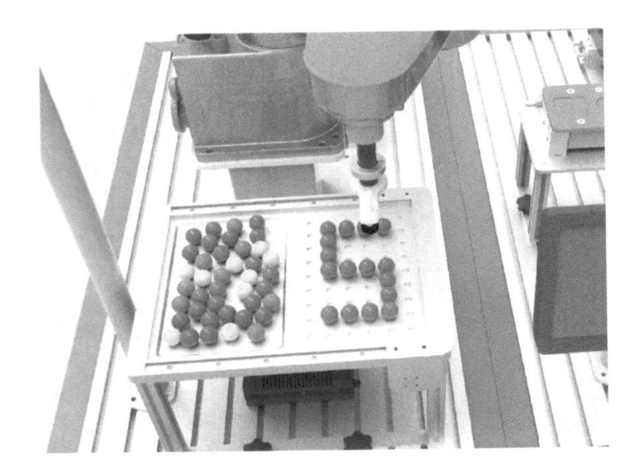

图 10-40　机器人分拣小球

思考与练习

10.1　简述视觉系统的分类及组成。

10.2　简述视觉系统与机械臂通信设置过程。

10.3　简述视觉相机的标定分类及过程。

10.4　练习工业机器人视觉定位抓取应用实训步骤并了解其原理。

10.5　练习工业机器人视觉分拣应用实训步骤并了解其原理。

参 考 文 献

[1] 林燕文，魏志丽．工业机器人系统集成与应用［M］．北京：机械工业出版社，2018.
[2] 张志良．电工基础［M］．北京：机械工业出版社，2010.
[3] 郗继贵，于之靖．视觉测量原理与方法［M］．北京：机械工业出版社，2011.